はじめに

　我が国においては、科学技術創造立国の理念の下、産業競争力の強化を図るべく「知的創造サイクル」の活性化を基本としたプロパテント政策が推進されております。

　「知的創造サイクル」を活性化させるためには、技術開発や技術移転において特許情報を有効に活用することが必要であることから、平成９年度より特許庁の特許流通促進事業において「技術分野別特許マップ」が作成されてまいりました。

　平成１３年度からは、独立行政法人工業所有権総合情報館が特許流通促進事業を実施することとなり、特許情報をより一層戦略的かつ効果的にご活用いただくという観点から、「企業が新規事業創出時の技術導入・技術移転を図る上で指標となりえる国内特許の動向を分析」した「特許流通支援チャート」を作成することとなりました。

　具体的には、技術テーマ毎に、特許公報やインターネット等による公開情報をもとに以下のような分析を加えたものとなっております。
　・体系化された技術説明
　・主要出願人の出願動向
　・出願人数と出願件数の関係からみた出願活動状況
　・関連製品情報
　・課題と解決手段の対応関係
　・発明者情報に基づく研究開発拠点や研究者数情報　など

　この「特許流通支援チャート」は、特に、異業種分野へ進出・事業展開を考えておられる中小・ベンチャー企業の皆様にとって、当該分野の技術シーズやその保有企業を探す際の有効な指標となるだけでなく、その後の研究開発の方向性を決めたり特許化を図る上でも参考となるものと考えております。

　最後に、「特許流通支援チャート」の作成にあたり、たくさんの企業をはじめ大学や公的研究機関の方々にご協力をいただき大変有り難うございました。

　今後とも、内容のより一層の充実に努めてまいりたいと考えておりますので、何とぞご指導、ご鞭撻のほど、宜しくお願いいたします。

独立行政法人工業所有権総合情報館

理事長　藤原　譲

生分解性ポリエステル　　エグゼクティブサマリー

第6番目の汎用樹脂を狙う生分解性ポリエステル

■ 大型プラントの完成で活気づく生分解性ポリエステル

　プラスチックが大量に生産され消費されるようになると、廃棄物処理が困難となり、環境汚染の元凶とまで言われるようになってきた。そのような社会的背景から生分解性ポリマーへの期待が高まり、研究・開発が盛んに行われている。

　2001年10月、カーギル・ダウは米国ネブラスカ州にポリ乳酸（NatureWorks）の14万トン／年のプラントを完成させた。これにより、生分解性ポリマーの価格が大幅ダウンする見通しがついたとみられている。

■ 活気づく用途開発

　2001年に予想される生分解性ポリマーの使用量は5000トンである。生分解性ポリマーの現在のもっとも大きな用途は、廃棄物処理法による野焼きの禁止により代替の進む農業用マルチフィルムである。それに次ぐ比較的大きな用途としては緩衝材を含めた一般包装材料である。今後の用途開発において期待されているものは食品包装用途とコンポスト用の生ゴミ袋および繊維用途である。食品包装用途はポリオレフィン等衛生協議会のポジティブリストに合格する必要があり、現在同協議会で検討中である。またコンポスト用生ゴミ袋については、従来から地方の町村で小規模ながら検討されていた。しかし、大幅な需要増加を望むためには、食品リサイクル法の施行により食品製造業者によって排出される生ゴミの焼却が制限されることにより、生ゴミのコンポスト化に使用される生分解性ポリマーの袋の普及が必要条件である。そのためには都会において作製されたコンポストを運搬を可能とするインフラを整備する必要がある。繊維としては生分解性だけではなく、透水・透湿のような生分解性以外の性質を利用した用途も期待される。

■ 再び増加する特許出願

　生分解性ポリエステル全体の1990年から1999年までの出願件数は2,347件である。1989年に生分解性プラスチック研究会が発足され、そのため出願件数、出願人数とも急上昇したが、具体的な用途が見つからないこともあり、1996年を境に1997年では出願件数、出願人数とも、かなり落ち込んだが、その後、具体的な用途とコスト低下の可能性が見えてきたこともあり、残った出願人により出願件数は著しく上昇している。

生分解性ポリエステル　　エグゼクティブサマリー

第6番目の汎用樹脂を狙う生分解性ポリエステル

■ 生分解性ポリマーの中でのポリエステルの重要性

　生分解性ポリマーにはポリエステルおよびデンプンで代表される多糖類がある。デンプンは単独ではポリエステルより安価であるが、非常にもろく、耐水性がない。それを解決する方法としてポリエステル類とブレンドが商品化されているがこの場合はコスト的なメリットは損なわれる。ポリエステルは一般に耐水性は良好であり、その中で特に脂肪族ポリエステルは比較的良好な生分解性を示すことが知られている。しかも脂肪族ポリエステルは化学合成または発酵合成により製造することが可能であり、また出来たポリマーもポリ乳酸、ポリブチレンサクシネート、ポリエチレンサクシネート、ポリカプロラクトン、ポリ 3-ヒドロキシブチレートなど多くの種類のポリマーを作製することが可能であり、それ自身かなり特徴のある物性を示すが、さらにそれらをブレンドすることにより、機械的性質、耐熱性、生分解性をはじめとする種々の性質を制御することが可能である。

■ 技術開発の拠点は関東と関西地方に集中

　選定した主要 20 社の開発拠点をみると関東、関西地方に集中しているが、中部、中国、四国、九州にも存在する。北海道と東北地方にはない。九州は製造メーカー、四国は加工メーカの拠点のみである。独自の技術を有する企業が活発な技術活動を行っている。

■ 技術開発の課題

　生分解性ポリマーを発展させるためには生分解性の制御と低価格化が必要である。前者については組成物化を中心に多くの研究開発が行われている。低価格化のためには原料を安価に製造することが必要で、トウモロコシの一部分ではなく、トウモロコシ全体を有効利用することや、サゴヤシのようなトウモロコシ以外からの出発を考えることも重要である。

　生分解性ポリエステルを食品包装材料として用いるための大きな課題は、ガスバリア性と耐熱性である。ガスバリア性はポリ乳酸単独では不十分であるが、他のポリマーと積層したり複合化して、新しい材料の開発が行われている。また耐熱性については芳香族基の導入や新しい材料の開発が行われている。

　生分解性ポリマーは単に生分解性だけではなく、ガスバリアと生分解や、生分解と透水・透湿のような生分解以外の両方の性質をもたせることが開発のために重要である。また、他の汎用ポリマーと単に競合するのではなく、特徴を生かして共存するような方向で考えるべきである。

生分解性ポリエステル　主要構成技術

急上昇中の用途関連特許

生分解性ポリエステル技術は、合成反応とそれに続く組成物・処理、加工と用途から成り立っている。出願件数をみると合成反応については95年をピークに減少傾向にある。これに対して、用途に対応した出願は最近上昇傾向を示している。また、組成物・処理および加工に関する出願件数も高い水準を維持している。現在、生分解性ポリエステルに関する出願の40％近くは用途に係わるものであり、実用化に向けての開発検討に力を入れていることが伺われる。また、物性改良のため、組成物・処理の出願件数も全体の1/4を占める。

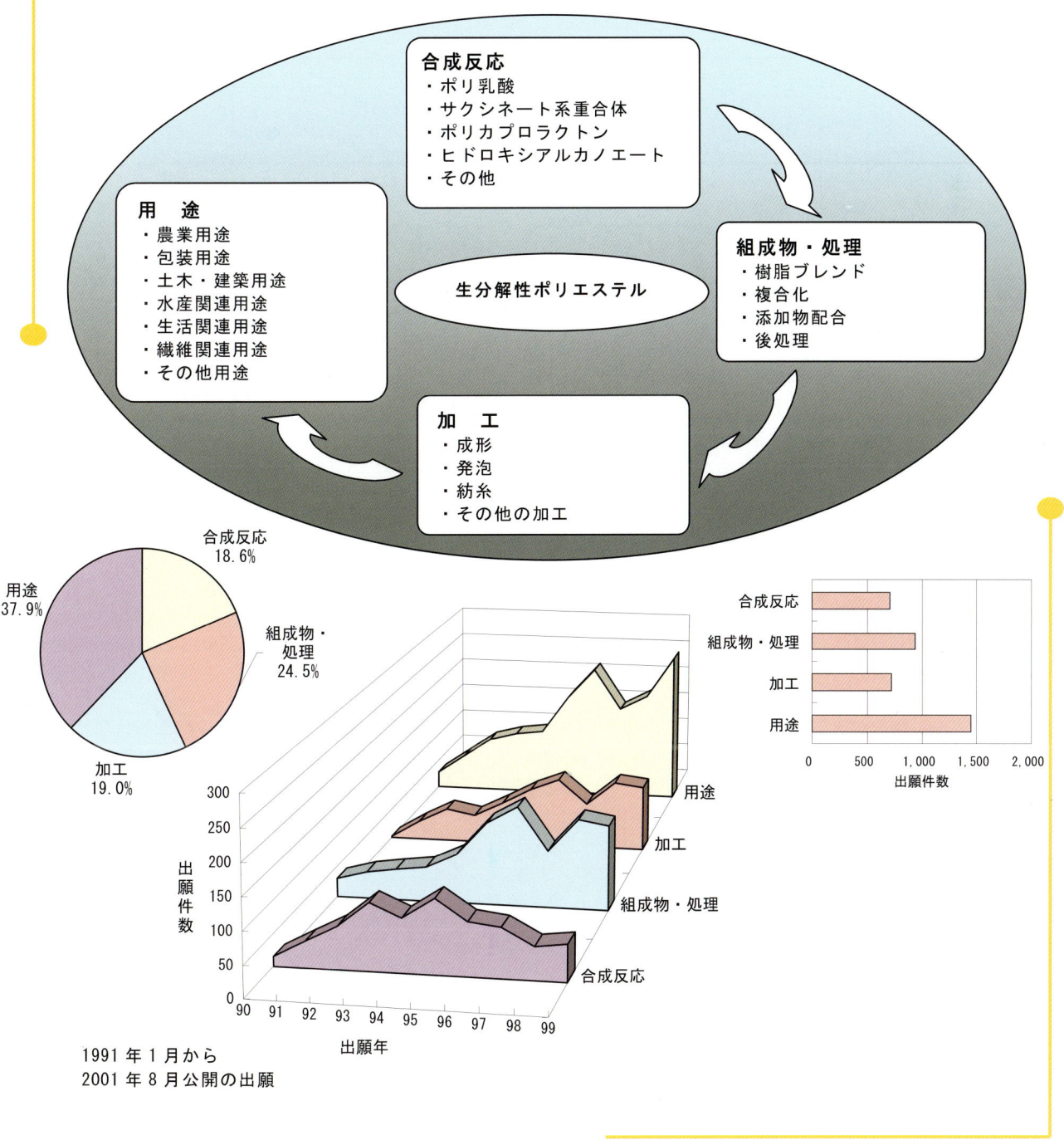

1991年1月から
2001年8月公開の出願

生分解性ポリエステル　技術の動向

再び増加する特許出願

生分解性ポリエステル全体の1990年から1999年までの出願件数は2,347件である。1989年に生分解性プラスチック研究会が発足され、そのため出願件数、出願人数とも急上昇したが、具体的な用途が見つからないこともあって、1996年を境に1997年では出願件数、出願人数とも、かなり落ち込んだが、その後、具体的な用途とコスト低下の可能性が見えてきたこともあり、残った出願人により出願件数は著しく上昇している。

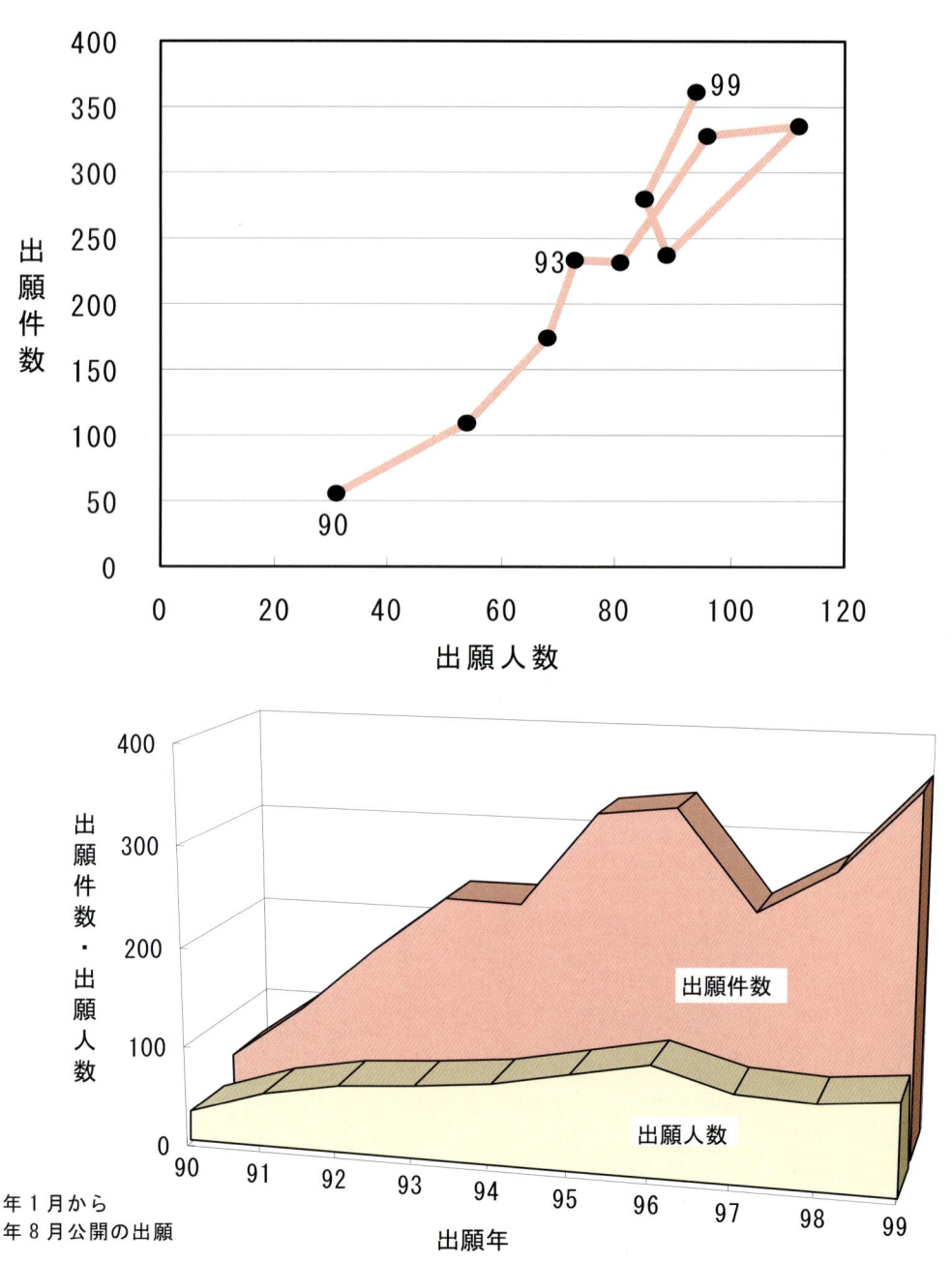

1991年1月から
2001年8月公開の出願

生分解性ポリエステル

課題・解決手段対応の出願人

機械的強度が重要課題

> 生分解性ポリエステル加工の重要課題は機械的強度であり、それを解決するために、延伸、樹脂ブレンド、積層などが行われている。その主な出願人は延伸については東洋紡績、樹脂ブレンドについてはグンゼ、積層については凸版印刷である。

課題	解決手段	樹脂ブレンド	複合化	添加物配合	後処理	成形	発泡	紡糸	延伸	積層	その他加工
機械的性質	機械的強度	14	1	2			4	8	11	6	1
	柔軟性	4					1	2			
	耐衝撃性	4							1		1
	その他	4		3					5	7	2
熱的性質	耐熱性	5							2		1
	熱安定性	2					10		5		
	ヒートシール性	3							1	7	
	収縮性								3		
	寸法安定性	4						1	4		1
	その他		1					1			
加工成形性	一次加工性	6		2	8				1	2	4
	二次加工性	1							11		1
機能性	生分解性	3	1		1				4		
	透明性									1	
	バリア性								5		
	導電・制電性										
	接着性										
	発泡性										
	吸水性										
	風合										
	その他										
その他（用途）	粒子・ペレット										
	マイクロカプセル										
	発泡体										
	発泡粒子										
	発泡シート										
	網・網状物										
	フィルム										
	多孔性フィルム										
	ラミネート										
	特殊繊維（中空、製造条件、など）										
	容器（中空、射出）										
	緩衝体										
	積層体										
	糸、ヤーン										
	その他										

課題	解決手段	樹脂ブレンド	複合化	添加物配合	後処理	成形	発泡	紡糸	延伸	積層	その他加工
機械的性質	機械的強度	グンゼ 6件 ユニチカ 2件 凸版印刷 3件 ジェイエスピー 3件	カネボウ 1件	凸版印刷 1件 クラレ 1件			昭和高分子 2件 大日本インキ化学工業 2件	ユニチカ 8件	島津製作所 1件 ダイセル化学工業 1件 大日本インキ化学工業 1件 凸版印刷 2件 グンゼ 2件 カネボウ 1件 ユニチカ 2件 東洋紡績 1件	島津製作所 1件 ダイセル化学工業 1件 凸版印刷 3件 グンゼ 1件	島津製作所 1件
	柔軟性	グンゼ 1件 ユニチカ 1件 カネボウ 2件					カネボウ 1件	カネボウ 2件			
	耐衝撃性	ユニチカ 2件 ジェイエスピー 1件 三菱樹脂 1件							三菱樹脂 1件		三菱樹脂 1件
	その他	凸版印刷 1件 東レ 1件 三菱樹脂 2件		クラレ 2件 三菱樹脂 1件				ユニチカ 3件 クラレ 1件 カネボウ 1件	東レ 5件 三菱樹脂 2件		ユニチカ 2件
熱的性質	耐熱性	ユニチカ 2件 グンゼ 3件							大日本インキ化学工業 1件 ユニチカ 1件		三菱樹脂 1件
	熱安定性	グンゼ 2件					昭和高分子 5件 昭和電工 5件		昭和高分子 3件 大日本インキ化学工業 1件 三菱樹脂 1件		
	ヒートシール性	三菱樹脂 3件							三菱樹脂 1件	島津製作所 1件 大日本インキ化学工業 2件 大倉工業 1件 三菱樹脂 3件	

1991年1月から2001年8月公開の出願

生分解性ポリエステル　技術開発の拠点の分布

研究開発の拠点は関東と関西に集中

主要企業20社の開発拠点を主に発明者の住所からみると、横浜市、つくば市、佐倉市、袖ヶ浦市などの関東地方に13拠点、京都市、大阪市、大津市、宇治市などの関西地方に12拠点、岡崎市、三島市などの中部地方に5拠点、岩国市、防府市などの中国地方に5拠点、その他、九州地方に2拠点、四国地方に1拠点ある。

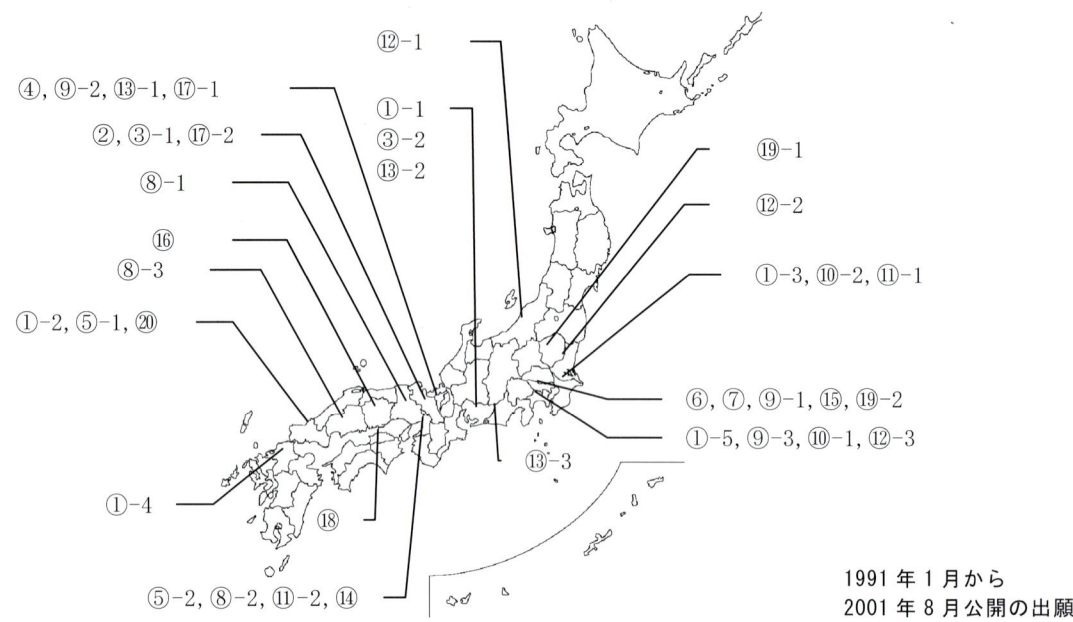

1991年1月から2001年8月公開の出願

No.	出願人	出願件数	事業所名	発明者住所	発明者数
①-1	三井化学	104	名古屋工場	愛知県(名古屋市)	17
①-2			岩国大竹工場	山口県(玖珂郡)	5
①-3			袖ヶ浦センター	千葉県(袖ヶ浦市)	7
①-4			大牟田工場	福岡県(大牟田)	12
①-5			神奈川地区	神奈川県(横浜市)	36
②	島津製作所	83	三条工場	京都府(京都市)	28
③-1	ユニチカ	55	中央研究所	京都府(宇治市)	47
③-2			岡崎工場	愛知県(岡崎市)	4
④	東洋紡績	24	総合研究所	滋賀県(大津市)	23
⑤-1	カネボウ	50	山口地区	山口県(防府市)	11
⑤-2			大阪地区	大阪府(大阪市)	13
⑥	昭和高分子	14	本社	東京都(千代田区)	14
⑦	凸版印刷	27	本社	東京都(台東区)	22
⑧-1	ダイセル化学工業	44	兵庫地区	兵庫県(姫路市)	8
⑧-2			大阪地区	大阪府(堺市)	1
⑧-3			広島地区	広島県(大竹市)	3
⑨-1	三菱樹脂	18	本社	東京都(千代田区)	1
⑨-2			長浜工場	滋賀県(長浜市)	3
⑨-3			総合技術研究所	神奈川県(川崎市)	1
⑩-1	昭和電工	16	川崎樹脂研究所	神奈川県(川崎市)	21
⑩-2			総合研究所	千葉県(千葉市)	2
⑪-1	大日本インキ化学工業	22	千葉地区	千葉県(千葉市・佐倉市)	23
⑪-2			大阪地区	大阪(堺市)	3
⑫-1	三菱瓦斯化学	29	新潟研究所	新潟県(新潟市)	4
⑫-2			総合研究所	茨城県(つくば市)	8
⑫-3			平塚研究所	神奈川県(平塚市)	7
⑬-1	東レ	11	滋賀事業場	滋賀県(大津市)	13
⑬-2			名古屋事業場	愛知県(名古屋市)	5
⑬-3			三島工場	静岡県(三島市)	5
⑭	日本触媒	8	吹田工場	大阪(吹田市)	9
⑮	大日本印刷	7	本社	東京都(新宿区)	5
⑯	クラレ	22	クラレ(本社地区)	岡山県(倉敷市)	26
⑰-1	グンゼ	15	滋賀研究所	滋賀県(守山市)	6
⑰-2			京都研究所	京都府(綾部市)	7
⑱	大倉工業	14	大倉工業(本社地区)	香川県(丸亀市)	6
⑲-1	ジェイエスピー	12	ジェイエスピー(栃木県)	栃木県(鹿沼市)	7
⑲-2			本社	東京都(千代田区)	6
⑳	カネボウ合繊	12	山口地区	山口県(防府市)	5

生分解性ポリエステル　主要企業の状況

主要20社で6割出願

> 出願件数の多い企業は三井化学、島津製作所、ユニチカ、東洋紡績、カネボウである。これらの中で、三井化学および島津製作所は合成関連を中心に出願し、ユニチカ、東洋紡績およびカネボウは加工関連を中心に出願している。

No.	企業名	90	91	92	93	94	95	96	97	98	99	計
1	三井化学	1	14	22	43	19	25	27	42	40	21	254
2	島津製作所	6	2	2	3	25	56	44	19	18	10	185
3	ユニチカ		1	2	18	10	29	23	4	23	33	143
4	東洋紡績		2	3	21	14	7	6	6	5	40	104
5	カネボウ		1	1	1	12	20	17	9	12	14	87
6	昭和高分子			5	34	14	17	8	1	4	3	86
7	凸版印刷		6	4	5	15	21	11	7	2	5	76
8	ダイセル化学工業			3	2	3	4	11	7	28	14	72
9	昭和電工	1	1	27	2	5	6	3	4	5	3	57
10	大日本インキ化学工業		2	1	5	8	15	6	10	2	7	56
11	三菱樹脂					6	9	9	5	6	20	55
12	三菱瓦斯化学	1		2	9	8	3	3	2	13	8	49
13	東レ		1	1	1		2	1	1	4	27	38
14	日本触媒	1		3	8	5	10	2		1	3	33
15	大日本印刷		12		3	1	1	2	2	10		31
16	クラレ	3		1	9	1		1		4	10	29
17	グンゼ	2	2		1	2	6	7	3	2	1	26
18	大倉工業			1			1		2	1	5	10	20
19	ジェイエスピー		4	2	1			2	5	1	1	16
20	カネボウ合繊									8	5	13

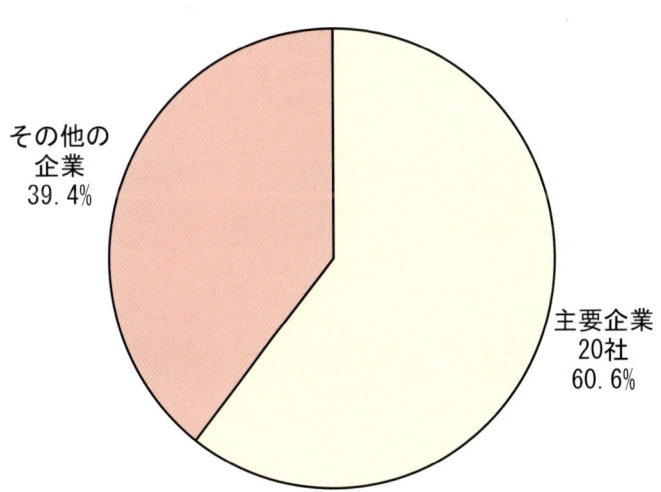

出願件数の割合

1991年1月から
2001年8月公開の出願

生分解性ポリエステル　主要企業

三井化学 株式会社

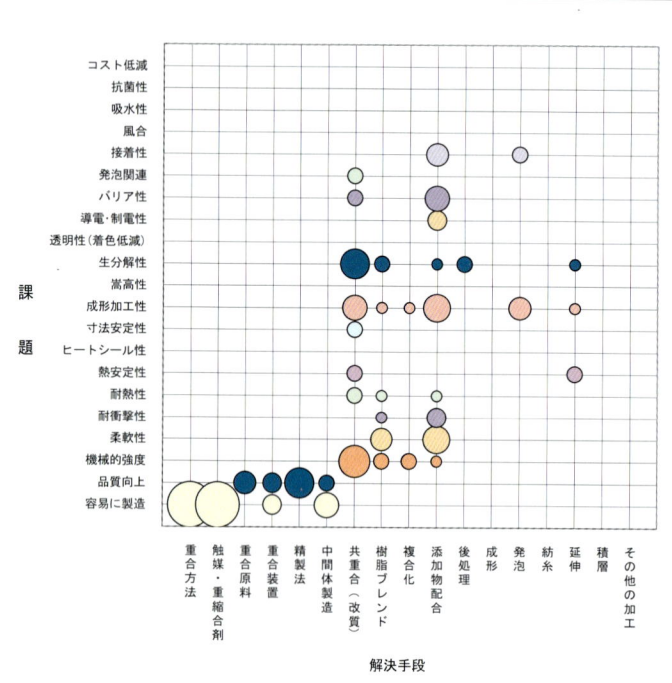

出願状況

　三井化学の保有特許出願は239件で、その内容はポリエステル合成に関連するものが主体である。ポリ乳酸系主体のポリエステルに関するものが181件、その他のポリエステルに関するものが22件、種類の限定されないポリエステルに関するものが36件で、技術開発の方向はポリ乳酸主体のポリエステルに向けられている。

課題・解決手段対応出願特許の概要

課題（縦軸）：コスト低減、抗菌性、吸水性、風合、接着性、発泡関連、バリア性、導電・制電性、透明性（着色低減）、生分解性、嵩高性、成形加工性、寸法安定性、ヒートシール性、熱安定性、耐熱性、耐衝撃性、柔軟性、機械的強度、品質向上、容易に製造

解決手段（横軸）：重合方法、触媒・重縮合剤、重合原料、重合装置、精製法、中間体製造、共重合（改質）、樹脂ブレンド、複合化、添加物配合、後処理、成形、発泡、紡糸、延伸、積層、その他の加工

保有特許リスト例

技術要素	課題	解決手段	特許番号	発明の名称、概要
合成反応（ポリ乳酸）	容易に製造	重合方法	特許3154586 93.4.14 C08G 63/78	ポリヒドロキシカルボン酸の製造方法 　乳酸またはそのオリゴマーを直接脱水縮合する。
	品質向上	特定の装置	特許3103717 94.5.26 C08G 63/78	ポリヒドロキシカルボン酸の製造方法 　乳酸を脱水重縮合する工程で竪型高粘度反応装置を使用する。

生分解性ポリエステル　主要企業

株式会社　島津製作所

出願状況	課題・解決手段対応出願特許の概要
島津製作所の保有特許出願は180件で、その内容はポリエステル合成に関連するものが主体である。ポリ乳酸系主体のポリエステルに関するものが154件である。ポリ乳酸では製造27件、共重合体22件、樹脂ブレンド27件、用途32件が主なものである。その他、種類の限定されないポリエステルに関するものが26件ある。	課題軸：コスト低減、抗菌性、吸水性、風合、接着性、発泡関連、バリア性、導電・制電性、透明性(着色低減)、生分解性、嵩高性、成形加工性、寸法安定性、ヒートシール性、熱安定性、耐熱性、耐衝撃性、柔軟性、機械的強度、品質向上、容易に製造／解決手段軸：重合方法、触媒・重縮合剤、重合原料、重合装置、精製法、中間体製造、共重合（改質）、樹脂ブレンド、複合化、添加物配合、後処理、成形、発泡、紡糸、延伸、積層、その他の加工

保有特許リスト例

技術要素	課題	解決手段	特許番号	発明の名称、概要
合成反応（ポリ乳酸）	容易に製造	重合装置	特許2822906 95.2.6 C07D319/12	**ラクチドの製造法及び装置** 特定の重合装置を用いる。
	ラクチド製造	無溶媒プロセス	特開平8-259676 95.3.20 C08G63/08	**ポリ乳酸の重合方法及び重合装置** 乳酸オリゴマーから精製ラクチドを製造する。

生分解性ポリエステル　主要企業

ユニチカ　株式会社

出願状況	課題・解決手段対応出願特許の概要
ユニチカの保有特許出願は131件でその内容は加工関連が中心で、不織布51件、繊維29件、ポリエステル合成・精製10件、フィルム・シート10件、樹脂ブレンド8件、織物7件、土木7件、添加剤配合6件などである。不織布の出願が多いのが特徴である。	（バブルチャート：縦軸＝課題［コスト低減、抗菌性、吸水性、風合、接着性、発泡関連、バリア性、導電・制電性、透明性（着色低減）、生分解性、嵩高性、成形加工性、寸法安定性、ヒートシール性、熱安定性、耐熱性、耐衝撃性、柔軟性、機械的強度、品質向上、容易に製造］、横軸＝解決手段［重合方法、触媒・重縮合剤、重合原料、重合装置、精製法、中間体製造、共重合（改質）、樹脂ブレンド、複合化、添加物配合、後処理、成形、発泡、紡糸、延伸、積層、その他の加工］）

保有特許リスト例

技術要素	課題	解決手段	特許番号	発明の名称、概要
繊維関連用途（繊維）	機械的強度	紡糸条件	特開平11-131323 97.10.28 D01F6/62,305	ポリ乳酸繊維及びその製造法 　ポリ乳酸使用、 紡糸条件限定
繊維関連用途（不織布）	接着性	積層	特開平9-279455 96.4.15 D04H1/54 D01F8/14 D04H1/42	生分解性短繊維不織布及びその製造方法 　高融点と低融点の脂肪族 ポリエステルを使用する 積層不織布

X

生分解性ポリエステル　主要企業

東洋紡績 株式会社

出願状況	課題・解決手段対応出願特許の概要
東洋紡績の保有特許出願は96件で、その内容はフィルム28件、ポリエステル合成21件、繊維関連16件、積層9件、塗料8件、農業用途8件などである。フィルムの出願が多いのが特徴である。	（バブルチャート：縦軸＝課題、横軸＝解決手段） 縦軸項目：コスト低減、抗菌性、吸水性、風合、接着性、発泡関連、バリア性、導電・制電性、透明性（着色低減）、生分解性、嵩高性、成形加工性、寸法安定性、ヒートシール性、熱安定性、耐熱性、耐衝撃性、柔軟性、機械的強度、品質向上、容易に製造 横軸項目：重合方法、触媒・重縮合剤、重合原料、重合装置、精製法、中間体製造、共重合（改質）、樹脂ブレンド、複合化、添加物配合、後処理、成形、発泡、紡糸、延伸、積層、その他の加工

保有特許リスト例

技術要素	課題	解決手段	特許番号	発明の名称、概要
包装用途	成形加工性	延伸	特開2000-281816 99.3.30 C08J5/18 B29C55/12 B29K67/00 B29L7/00 C08L67/00	脂肪族ポリエステル系樹脂延伸フィルム 　表面粗さおよび 　表面突起の高さ限定
			特開2000-290400 99.4.5 C08J5/18 C08K3/36 C08L67/04	脂肪族ポリエステル系フィルム 　表面粗さを限定

生分解性ポリエステル　　主要企業

カネボウ　株式会社

出願状況	課題・解決手段対応出願特許の概要
カネボウの保有特許出願は86件で、その内容は繊維23件、ポリエステル合成20件、樹脂ブレンド12件、繊維製品12件、発泡11件、などである。繊維が中心である。	（バブルチャート：縦軸＝課題［コスト低減、抗菌性、吸水性、風合、接着性、発泡関連、バリア性、導電・制電性、透明性（着色低減）、生分解性、嵩高性、成形加工性、寸法安定性、ヒートシール性、熱安定性、耐熱性、耐衝撃性、柔軟性、機械的強度、品質向上、容易に製造］、横軸＝解決手段［重合方法、触媒・重縮合剤、重合原料、精製法、重合装置、中間体製造、共重合（改質）、樹脂ブレンド、複合化、添加物配合、後処理、成形、発泡、紡糸、延伸、積層、その他の加工］）

保有特許リスト例

技術要素	課題	解決手段	特許番号	発明の名称、概要
繊維関連用途	柔軟性	樹脂ブレンド	特開平9-302530 1996.5.14 D01F8/14 C08G 63/02 C08K5/54 C08L67/00 D01F1/10	**自然分解性複合繊維及びその応用製品** Tmの異なる二種類の脂肪族ポリエステルに有機シロキサンを含有させて分割
			特開平9-310237 1996.5.21 D02G3/04 D01F6/62,303 D01F6/62,305 D01F6/22	**自然分解性複合糸およびその製品** 脂肪族ポリエステルに特定の置換基を有するポリエーテルをブレンド

目次

生分解性ポリエステル

1. 生分解性ポリエステル技術の概要
   1.1 生分解性ポリエステル技術 3
      1.1.1 背景 3
      1.1.2 生分解性ポリエステルの製造 4
      1.1.3 生分解性ポリエステルの応用 5
   1.2 生分解性ポリエステルの技術体系 6
   1.3 生分解性ポリエステルの特許情報へのアクセス 11
      1.3.1 生分解性ポリエステルの特許検索方法 11
         (1) 生分解性ポリエステルの技術 11
         (2) 生分解性ポリエステルのアクセスツール 12
            a. 生分解性ポリエステルの種類 12
            b. 生分解性ポリエステルの用途 13
            c. 生分解性ポリエステルの関連技術 15
   1.4 生分解性ポリエステルの技術開発活動の状況 16
      1.4.1 生分解性ポリエステル全体 16
      1.4.2 合成反応 18
      1.4.3 組成物・処理 19
      1.4.4 加工 20
      1.4.5 特定用途 21
         (1) 農業用途 21
         (2) 包装用途 22
         (3) 土木・建築用途 24
         (4) 水産関連用途 25
         (5) 生活関連用途 26
         (6) 繊維関連用途 27
         (7) その他用途 28
   1.5 生分解性ポリエステルの技術開発の課題と解決手段 30
      1.5.1 合成反応 30
      1.5.2 組成物・処理 32
      1.5.3 加工 36
      1.5.4 特定用途 45
         (1) 農業フィルム 45

目次

　　　(2) フィルム・シート 47
　　　(3) 緩衝材及び発泡の課題と解決手段 52
　　　(4) カードの課題と解決手段 56
　　　(5) 繊維の課題と解決手段 58
　　　(6) 不織布 62

2. 主要企業等の特許活動
　2.1 三井化学 68
　　2.1.1 企業の概要 68
　　2.1.2 生分解性ポリエステル技術に関連する製品・技術 .. 68
　　2.1.3 技術開発課題対応保有特許の概要 68
　　2.1.4 技術開発拠点 79
　　2.1.5 研究開発者 79
　2.2 島津製作所 81
　　2.2.1 企業の概要 81
　　2.2.2 生分解性ポリエステル技術に関連する製品・技術 .. 81
　　2.2.3 技術開発課題対応保有特許の概要 81
　　2.2.4 技術開発拠点 90
　　2.2.5 研究開発者 90
　2.3 ユニチカ 92
　　2.3.1 企業の概要 92
　　2.3.2 生分解性ポリエステル技術に関連する製品・技術 .. 92
　　2.3.3 技術開発課題対応保有特許の概要 93
　　　(1) ポリエステル合成 93
　　　(2) 加工 93
　　　(3) フィルム・シート 94
　　　(4) 繊維 94
　　　(5) 不織布 94
　　2.3.4 技術開発拠点 104
　　2.3.5 研究開発者 104
　2.4 東洋紡績 105
　　2.4.1 企業の概要 105
　　2.4.2 生分解性ポリエステル技術に関連する製品・技術 .. 105
　　2.4.3 技術開発課題対応保有特許の概要 105
　　　(1) ポリエステル合成 105
　　　(2) 組成物 106
　　　(3) 加工 106

目次

  (4) フィルム・シート 106
 2.4.4 技術開発拠点 112
 2.4.5 研究開発者 112
2.5 カネボウ 113
 2.5.1 企業の概要 113
 2.5.2 生分解性ポリエステル技術に関連する製品・技術 .. 113
 2.5.3 技術開発課題対応保有特許の概要 113
  (1) ポリエステル合成 114
  (2) 組成物 114
  (3) 加工 114
  (4) 緩衝材および発泡体 114
 2.5.4 技術開発拠点 121
 2.5.5 研究開発者 121
2.6 昭和高分子 123
 2.6.1 企業の概要 123
 2.6.2 生分解性ポリエステル技術に関連する製品・技術 .. 123
 2.6.3 技術開発課題対応保有特許の概要 124
 2.6.4 技術開発拠点 128
 2.6.5 研究開発者 128
2.7 凸版印刷 130
 2.7.1 企業の概要 130
 2.7.2 生分解性ポリエステル技術に関連する製品・技術 .. 130
 2.7.3 技術開発課題対応保有特許の概要 131
 2.7.4 技術開発拠点 136
 2.7.5 研究開発者 136
2.8 ダイセル化学工業 137
 2.8.1 企業の概要 137
 2.8.2 生分解性ポリエステル技術に関連する製品・技術 .. 137
 2.8.3 技術開発課題対応保有特許の概要 137
 2.8.4 技術開発拠点 141
 2.8.5 研究開発者 141
2.9 三菱樹脂 142
 2.9.1 企業の概要 142
 2.9.2 生分解性ポリエステル技術に関連する製品・技術 .. 142
 2.9.3 技術開発課題対応保有特許の概要 143
 2.9.4 技術開発拠点 147
 2.9.5 研究開発者 147

目次

2.10 昭和電工 ... 148
- 2.10.1 企業の概要 ... 148
- 2.10.2 生分解性ポリエステル技術に関連する製品・技術 ... 148
- 2.10.3 技術開発課題対応保有特許の概要 ... 148
- 2.10.4 技術開発拠点 ... 152
- 2.10.5 研究開発者 ... 152

2.11 大日本インキ化学工業 ... 153
- 2.11.1 企業の概要 ... 153
- 2.11.2 生分解性ポリエステル技術に関連する製品・技術 ... 153
- 2.11.3 技術開発課題対応保有特許の概要 ... 153
- 2.11.4 技術開発拠点 ... 156
- 2.11.5 研究開発者 ... 156

2.12 三菱瓦斯化学 ... 157
- 2.12.1 企業の概要 ... 157
- 2.12.2 生分解性ポリエステル技術に関連する製品・技術 ... 157
- 2.12.3 技術開発課題対応保有特許の概要 ... 157
- 2.12.4 技術開発拠点 ... 159
- 2.12.5 研究開発者 ... 159

2.13 東レ ... 161
- 2.13.1 企業の概要 ... 161
- 2.13.2 生分解性ポリエステル技術に関連する製品・技術 ... 161
- 2.13.3 技術開発課題対応保有特許の概要 ... 161
- 2.13.4 技術開発拠点 ... 164
- 2.13.5 研究開発者 ... 164

2.14 日本触媒 ... 165
- 2.14.1 企業の概要 ... 165
- 2.14.2 生分解性ポリエステル技術に関連する製品・技術 ... 165
- 2.14.3 技術開発課題対応保有特許の概要 ... 165
- 2.14.4 技術開発拠点 ... 167
- 2.14.5 研究開発者 ... 167

2.15 大日本印刷 ... 168
- 2.15.1 企業の概要 ... 168
- 2.15.2 生分解性ポリエステル技術に関連する製品・技術 ... 168
- 2.15.3 技術開発課題対応保有特許の概要 ... 168
- 2.15.4 技術開発拠点 ... 169
- 2.15.5 研究開発者 ... 169

目次

- 2.16 クラレ 171
  - 2.16.1 企業の概要 171
  - 2.16.2 生分解性ポリエステル技術に関連する製品・技術 . 171
  - 2.16.3 技術開発課題対応保有特許の概要 171
  - 2.16.4 技術開発拠点 173
  - 2.16.5 研究開発者 173
- 2.17 グンゼ 174
  - 2.17.1 企業の概要 174
  - 2.17.2 生分解性ポリエステル技術に関連する製品・技術 . 174
  - 2.17.3 技術開発課題対応保有特許の概要 174
  - 2.17.4 技術開発拠点 177
  - 2.17.5 研究開発者 177
- 2.18 大倉工業 178
  - 2.18.1 企業の概要 178
  - 2.18.2 生分解性ポリエステル技術に関連する製品・技術 . 178
  - 2.18.3 技術開発課題対応保有特許の概要 178
  - 2.18.4 技術開発拠点 180
  - 2.18.5 研究開発者 180
- 2.19 ジェイエスピー 181
  - 2.19.1 企業の概要 181
  - 2.19.2 生分解性ポリエステル技術に関連する製品・技術 . 181
  - 2.19.3 技術開発課題対応保有特許の概要 181
  - 2.19.4 技術開発拠点 182
  - 2.19.5 研究開発者 182
- 2.20 カネボウ合繊 184
  - 2.20.1 企業の概要 184
  - 2.20.2 生分解性ポリエステル技術に関連する製品・技術 . 184
  - 2.20.3 技術開発課題対応保有特許の概要 184
  - 2.20.4 技術開発拠点 185
  - 2.20.5 研究開発者 185
- 2.21 大学 187
  - 2.21.1 大学関係の保有特許 187
  - 2.21.2 大学の連絡先 187

3．主要企業の技術開発拠点
- 3.1 合成反応 192
- 3.2 組成物・処理 194

目次 Contents

 3.3 加工 196
 3.4 特定用途 198

資料
 1. 工業所有権総合情報館と特許流通促進事業 203
 2. 特許流通アドバイザー一覧 206
 3. 特許電子図書館情報検索指導アドバイザー一覧 209
 4. 知的所有権センター一覧 211
 5. 平成13年度25技術テーマの特許流通の概要 213
 6. 特許番号一覧 229
 7. 開放可能な特許一覧 235

1. 生分解性ポリエステル技術の概要

1.1 生分解性ポリエステル技術
1.2 生分解性ポリエステルの技術体系
1.3 生分解性ポリエステルの特許情報へのアクセス
1.4 生分解性ポリエステルの技術開発活動の状況
1.5 生分解性ポリエステルの技術開発の課題と解決手段

> 特許流通
> 支援チャート

1. 生分解性ポリエステル技術の概要

> 汎用ポリマーに対する環境問題から始まった生分解性ポリマーの中で生分解性ポリエステルは種々のポリマーが化学合成、発酵合成で生産され、その物性も非常に広範囲をカバー出来るようになり、今後の発展が大いに期待される。

1.1 生分解性ポリエステル技術

　生分解性ポリマーは現在数多くの種類のものが研究・開発され市販されているが、その中では生分解性ポリエステルが主流を成している。ここではその技術の概要、構成技術要素を概説する。

1.1.1 背　景

　汎用プラスチックのような一般のプラスチックは、実用上優れた性質を持っているが、微生物によって分解され難い。従ってプラスチックが大量に生産され、消費されるようになると、廃棄物処理が困難となり、環境汚染の元凶とまで言われるようになって来た。そのような社会的背景から生分解性ポリマーへの期待が高まり、研究・開発が盛んとなって来たのである。日本でこの研究が活発になるきっかけとして生分解性プラスチック研究会の発足がある。

　生分解性プラスチックは前記のような環境汚染の問題として廃棄物処理法における野焼きの禁止に基づく農業用フィルムの生分解性プラスチックによる代替化、食品リサイクル法における生ゴミの焼却の低減を目的としたコンポストの推進におけるコンポスト用生ゴミ袋への生分解性プラスチックの採用、グリーン購入法による環境低付加製品の国、自治体による購入の義務づけと消費者への情報提供など生分解性プラスチックを採用するための法の整備も整いつつある。また食品包装容器への生分解性プラスチックの採用についてポリオレフィン等衛生協議会が検討を開始したことも大きな需要につながる可能性を示している。

　一方、価格的問題も従来 800 円/kg 前後であったが、2001 年末にカーギルダウが米国に 14 万トン／年の生産能力を有するプラントを完成し、その影響で 300 円/kg に低下するといわれており、生分解性プラスチックへの代替が促進すると考えられる。

　実際に、カーギルダウと提携して共同開発を進めている企業としては生分解性プラスチックの開発に力をいれている代表的会社である、三井化学、ユニチカ、三菱樹脂、カネボウ合繊、クラレがある。

1.1.2 生分解性ポリエステルの製造

　生分解性ポリマーは天然物および脂肪族ポリエステルで代表される。天然のポリマーであるデンプンは単独ではポリエステルよりも安価であるが、非常にもろく、耐水性がない。それを解決するためにポリエステル類とのブレンドが商品化されているがこの場合にはコスト的なメリットは損なわれる。

　デンプンのような天然の生分解性ポリマーは概ね水とのなじみがよいため、微生物によって分解されやすいのに対し、合成ポリマーの多くは分解され難い。しかしながら、その中でも脂肪族ポリエステルが生分解されることは早くから報告されている。

　生分解は先ず微生物が出す酵素によってポリマーが低分子量のものに分解され、次いでそれを微生物が資化し、最終的に炭酸ガスと水になるが、酵素は水溶性であるため、水溶性ポリマーは生分解され易いと考えられている。しかし、水溶性ポリマーでなくともポリエステルでは生分解されるものが多い。これはエステル結合が加水分解され易いことによるものであるが、一般に脂肪族ポリエステルは芳香族ポリエステルよりも良好な生分解性を示す。このようにポリエステルは生分解性ポリマーにおいて最も利用されており、中でもポリ乳酸が主流である。

　生分解性ポリエステルを合成法で分類すると微生物産生系と化学合成系とに分れかる。微生物産生系には、例えば水素細菌や枯草菌などの微生物に炭素源を与えて産生するポリ-3-ヒドロキシブチレート（P(3HB)）があるが、単独重合体ではもろいため、これを改良しポリ-3-ヒドロキシブチレート-3-ヒドロキシバリレート（P(3HB/3HV)）の共重合体がある。これら微生物産生系は、一般に生分解性も良好である。

　化学合成系には、ポリ乳酸系、サクシネート系重合体、ポリカプロラクトン系などの脂肪族ポリエステルがあるが、ポリ乳酸はとうもろこしデンプンなどの植物系原料に由来する乳酸を重合して得られる点に特長があり、天然素材を原料としているため将来性が期待されている。ポリ乳酸には乳酸から直接に重合する方法と、乳酸を二量化してラクチドを合成し、それを重合する二段法があり、前者は三井化学、後者はカーギルダウと島津製作所が採用している。サクシネート系重合体には、昭和高分子が製造しているポリブチレンサクシネートあるいはポリブチレンサクシネート・アジペート、三菱ガス化学が製造しているポリブチレンサクシネートカーボネート、日本触媒が製造しているポリエチレンサクシネートなどがあるが、ポリ乳酸がポリスチレンに類似してやや堅いのに対し、これらはポリエチレンに似て軟質系である点に特長がある。昭和高分子の上記脂肪族ポリエステルは他の生分解性ポリマーと比較して農業用フィルム用によく利用されている。ダイセル化学工業の製造しているポリカプロラクトン（PCL）は二次転移点が低く軟質系ポリマーで他の生分解性ポリマーとブレンドして実用化されている例も多いが、生分解性は良好である。その他、海外においてはビーエイエスエフ（BASF）、イーストマンケミカル、イーアイデュポンがフェニレン基を主鎖に導入したポリエステルを生産しており、日本でも用途展開が図られている。

　現在、生分解性ポリエステルの中ではポリ乳酸が安価に合成できる点で有利なため、主流にあるが、今後は生分解性の促進・制御、機械物性の改良など多くの要求物性に対応させるために種々の生分解性ポリエステル同士を組成物化して用い、ポリマー相互の利点を生かし欠点を補いながら生分解性ポリエステル技術の開発が進展していくと考え

られる。

1.1.3 生分解性ポリエステルの応用

　生分解性プラスチックの用途として現在、需要の多いのは農業用フィルム、包装材料および緩衝材であり、生分解性プラスチックの 2000 年における需要量の比率は、それぞれ 47％、25％および 17％である。今後期待されるのは繊維、不織布およびカードである。

　農業用フィルムは、廃棄物処理法を含めた環境問題のために現在使用されているポリエチレンや塩ビから生分解性ポリマーへの代替が全農を中心に進められており、そのため大きな需要が期待される。また包装材料のうちフィルム・シートおよび緩衝材は海外輸出用の機器の包装材料への展開が期待されているが、さらに食品包装用材料についてもポリオレフィン等衛生協議会が採用の規格などを進めており、大きな需要が期待されている。繊維としては透水・透湿性や風合いをいかした新しい用途への採用が期待され、不織布は生分解性を生かした衛生材料の用途などに期待されている。カードは現在の PET（ポリエチレンテレフタレート）などに替わる廃棄可能な環境に優しい材料として、大いに期待されており、カード作製費の中で樹脂の占めるコストの割合が低く代替しやすい材料であることから一部は実用化されている。

　生分解性ポリエステルの今後の方向としては、低価格化、生分解性の促進・制御の達成が基本的に重要であるが、耐熱性の向上およびガスバリアの向上による食品包装材料への適用、生分解性以外に送水透湿性や風合いなどが期待される繊維への適用、衛生材料として不織布への適用、食品リサイクル法に基づくコンポスト袋への採用などが大きな需要につながっていくと考えられる。なお、生分解性プラスチックの日本における需要は生分解性プラスチック研究会の予想では 2003 年に３万トン／年、2005 年に５万トン／年、2010 年に 10 万トン／年であり、2010 年以後には汎用性ポリマーの仲間入りをすることも予想される。

1.2 生分解性ポリエステルの技術体系

　生分解性ポリエステル技術は要素技術である合成反応、組成物・処理、加工および応用技術である用途から構成されている。用途は農業、包装、土木・建築、水産関連、生活関連、繊維関連、その他に分類される。

　本書では、これらの技術要素からなる技術体系に沿って解析する。表 1.2-1 に生分解性ポリエステルの技術体系を示す。

表 1.2-1 生分解性ポリエステルの技術体系（1/5）

技術要素		内容
合成反応	ポリ乳酸	ポリ乳酸（PLA）はトウモロコシ、砂糖キビなどの植物から得られる乳酸を原料として合成されるラクチドを開環重合するか、或いはラクチドを経由せず乳酸の直接脱水縮合重合によって製造される。物性的にはポリスチレン類似の特性を有する硬質系ポリマーであり、現在実用化されている生分解性ポリマーの中では唯一透明性をもつ。 押出成形、射出成形、二軸延伸、紡糸などが可能で、品質良好な成形品、フィルム・シート、延伸フィルム、繊維、不織布、緩衝材が得られ、繊維には独特の光沢があり絹の感触を有する。また生体内分解吸収性があるので、縫合糸、人工骨などに利用されるのも他にない特徴である。
	サクシネート系重合体	ポリエチレンサクシネート（PES）、ポリブチレンサクシネート（PBS）はコハク酸またはアジピン酸と1,4-ブタンジオールの重縮合反応により製造される。またこれにアジペートを共重合させたポリブチレンサクシネートアジペート（PBSA）では生分解性が向上する。更に PBS のメチレン連鎖を短縮したものがポリエチレンサクシネート（PES）である。いずれも軟質系のポリマーであるが、PES は可撓性がやや低い。 なお、生分解性は良好であり、物性・成形加工性はポリエチレン（PE）、ポリプロピレン（PP）並で、軟質系フィルムとしてコンポストバッグやマルチフィルムへの応用が進んでいる。
	ポリカプロラクトン	ポリカプロラクトン（PCL）はε-カプロラクトンの開環重合によって製造されるが、低分子量の PCL はポリウレタンの原料となる。高分子量の PCL が生分解性ポリマーとして実用化されているが、可撓性が大きく、融点の低い軟質系ポリマーである。 機械物性は PE 類似であり、各種樹脂との相溶性が良い。従って、他の生分解性ポリマーや澱粉とブレンドして利用されることも多い。成形加工性は良好でコンポストバッグやマルチフィルムへの展開も実用化されているが、単独ではなくブレンドして各種の射出成形品にも利用されている。なお生分解性は土中でも水中でも非常に良い。

表 1.2-1 生分解性ポリエステルの技術体系（2/5）

技術要素		内容
合成反応（続き）	ポリヒドロキシアルカノエート	ポリヒドロキシプロピオナート（PHP）、ポリヒドロキシブチレート（PHB）、ポリヒドロキシバリレート（PHV）などを総称してポリヒドロキシアルカノエート（PHA）と言うが、1925年にフランスのパスツール研究所で或る種の微生物が体内にポリ-3-ヒドロキシブチレート（P(3HB)）を作ることが発見された。1980年代に入って、英国のICI社が水素細菌に炭素源としてグルコースの他にプロピオン酸を与えることによって、3-ヒドロキシブチレート(3HB)とヒドロキシバリレート(3HV)からなる共重合ポリエステルを生合成することに成功した。しかし遺伝子組み換え技術の進展により更に効率の良い合成法が研究され、植物にPHB合成遺伝子を組み込むことにより、効率良く植物体内でPHBを合成させる試みも成されており、合成法の今後の発展が期待されている。しかし、ICIおよびその技術を引き継いだモンサントが撤退し、メタボリックス、プロクター＆ギャンブル、鐘淵化学および三菱ガス化学などが現在この開発に力を入れている。 なお、PHBは高結晶度のため堅くてもろいが、PHVと共重合することにより欠点が改良され、シートや成形品として実用化されている。 生分解性については、一般に好気的条件ではPCLより劣るが、嫌気的条件下では良好な生分解性を示す。
	その他のポリエステル	生分解性のあるポリエステルは概ね脂肪族であるが、ガスバリア性や耐熱性などの性能改良のため芳香族成分を主鎖に導入したコポリエステルがBASF、イーアイデュポン、イーストマンケミカルなどから開発、市販され始めた。また脂肪族ポリエステルにカーボネート構造をランダム共重合したものや脂肪族エステルにアミドを共重合したものなども研究開発されているが、いずれも物性的には改良されるものの生分解性は脂肪族ポリエステル単体のものに比べて劣るようである。
組成物・処理	樹脂ブレンド	単独のポリマーでは機械的強度が不十分であったり、軟化点が低過ぎたりする場合、2種以上のポリマーをブレンドして品質改良が行われる。 例えばPCLとPHBとのブレンドはPCLの低軟化点を改良し、PHBのもろさの改良と、生分解速度制御のために行われる。またPCLに澱粉とエステル変性PVAをブレンド（ポリマーアロイ化）し、生分解速度を速めると共にそれぞれの欠点を改良し、溶融成形を可能にしている。

表 1.2-1 生分解性ポリエステルの技術体系（3/5）

技術要素		内容
組成物・処理（続き）	複合化	複合化とは2種以上の材料の貼合せ（ラミネート、混紡など）を言いそれぞれの材料の利点を生して、より一層の効果を上げるために行われる。即ち、PCL、PLA、PHA などのシートと紙を貼わせることにより外観向上、耐水性向上、剛性向上、生分解性付与などを期待できる。その他に木材、パルプ、ケナフなどと PLA を複合化したシートの複合やアルミ箔と PLA シートの複合材も実用化されている。また不織布や織物でも生分解性繊維と天然繊維との複合（混紡、交織）が検討されている。
	添加物配合	一般に成形品の品質向上、コストダウン、熱分解劣化防止など、意図する目的のために安定剤、酸化防止剤、酸化促進剤、紫外線吸収剤、可塑剤、発泡剤、着色剤、充填剤などの添加物をポリマーに配合して成形する。 即ち、生分解ポリエステルにも加工中或いは空気中での分解劣化を防止するため、安定剤、酸化防止剤等を添加し、柔軟性付与のために可塑剤を加える。また、空気中における劣化を促進させるために酸化促進剤（酸化触媒）を添加する例もある。生分解ポリマーの実用例として発泡緩衝材への応用例が多いがこれも発泡剤添加によるものである。
	後処理	一般にプラスチック成形品、フィルム、シート等の表面の機能性向上のために成形後、または成形工程で種々の後処理が行われる。即ち印刷性、塗装性、接着性、帯電防止性、防曇性、耐擦傷性等を向上させるために化学的処理や物理的処理が行われる。化学的処理としては薬品処理、溶剤処理、カップリング剤処理、モノマー・ポリマーコーティング、表面グラフト化などがあり、物理的処理としては紫外線照射処理、プラズマ処理（グロー放電処理、コロナ放電処理など）、イオンビーム処理などがある。 生分解性ポリマーについても必要に応じてこれらの後処理が成され、成形品の表面に紫外線を照射して生分解時間を短縮したり、プラズマ処理をして表面に SiO や SiO_2 などの薄膜を形成することが行われている。
加工	成形	プラスチック成形法の主なものとして、射出成形、押出成形、中空成形（ブロー成形）、熱成形（真空・圧空成形）カレンダー成形などの方法があるが、生分解性ポリエステルは概ねどの成形法も適用可能であり、また必要に応じて所望の成形法に適用できるようにポリマーの選定が成される。現在市販されている生分解性ポリエステルの成形品としては押出成形によるフィルム・シート、シートを熱成形した容器、射出成形による容器、ゴルフティ、歯ぶらし、ボールペン、シャープペンなどの各種形状品、ブロー成形による容器・ボトルなどがある。

表1.2-1 生分解性ポリエステルの技術体系（4/5）

技術要素		内容
加工（続き）	発泡	発泡加工工程において発泡させる方法には大きく分けて化学発泡剤や低沸点溶剤を用いる化学発泡と窒素や、炭酸ガスを混入して発泡させる物理発泡がある。一般的には手軽に行えるのでアゾ系発泡剤や重炭酸ソーダをポリマーに混合して発泡体を作る方法がよく用いられる。 生分解性ポリマーでは、発泡緩衝材や発泡シートを成形するためによく利用されている。
	紡糸	紡糸とは基本的には押出加工であり、加熱溶融したポリマーを紡糸口金の細い穴から糸状に押出し、これを延伸、冷却、固化させてフィラメントを作る。 生分解性ポリマーでも他の一般ポリマーと同じであり、どのポリマーでも溶融紡糸は可能である。紡糸を用途開発の重点においているメーカーとして、ユニチカ、カネボウ合繊、クラレなどがある。
	延伸	紡糸の場合は前述のように糸の押出方向に延伸して、糸の強度をアップさせるが、フィルム押出成形の場合も成形工程で縦一軸延伸、或いは縦横二軸延伸を行って強度や剛性の高いフィルムを作る。 PLAの場合も二軸延伸によって、強度の強いPET類似のフィルムとなる。
	積層	一般に2種以上のシートやフィルムを重ね合せたり、貼合せて一体物に加工することを積層成形（加工）という。積層によってそれぞれの欠点をカバーし、単一素材では得られない特長をもたせることができる。 生分解性ポリマーの場合も紙やパルプやアルミ箔と積層し、生分解性を生かしながら、剛性向上、外観向上を狙った成形品もある。カードは柔軟なプラスチックと強度の大きいプラスチックを積層して製造される。
	その他の加工	その他の加工法、成形法としては、液体成形（RIM、LIM成形）、注型、粉末成形（回転成形、凝結成形）、半導体封止、ライニング加工、流動浸漬、ペースト加工、光反応成形などがあり、また二次加工としては前述した後処理に入る種々の表面処理やメタライジング（めっき加工）、リソグラノイー、印刷、塗装など種々の加工法がある。
用途 (1)農業用途		現時点では生分解性ポリエステルは農業用途への実用化が展開されつつあり、中でも農業用マルチフィルムの使用が最も進んでいる。次いでコンポスト用のゴミ袋への応用が食品リサイクル法のバックアップもあって増加しつつある。 その他の応用例としては、育苗ポット、植生ポット、植生ネット、種子テープ、結束材、支持材、青果用包材、園芸用テープ、被覆化成肥料、抗菌・忌避剤容器、植木鉢、苗木育成用保護チューブなどがある。

表1.2-1 生分解性ポリエステルの技術体系（5/5）

技術要素	内容
（2）包装用途	包装関係への用途例としては、ラップフィルム、青果物包材、米袋、コンピュータ包装用袋、緩衝材、レジ袋、食品包装容器、シュリンク包装材、オーバーチップ包材、アルミ箔複合包材、一般食品包材、ブリスター包材、包装用ひも、弁当容器、弁当用包材、各種容器など種々のものに展開されており、今後、食品容器包装材として認可（国内においてはポリ衛生協議会のポジティブリストに記載）されれば、食品の容器、包装材として本格的に進展すると思われる。
（3）土木・建築用途	土木・建築関係の用途も今後期待される分野であるが、現在実用展開されている例としては、緑化工法、建築用養生資材、植生杭、土嚢袋、芝生止めピン（杭）、土木用埋設シート、植栽保護材、各種土木資材、人工芝、床・壁材の養生用資材、単板合板成形物、荒地・砂漠等の保水シート、土木工事用型枠、土留め、植林に必要な保水性材料などである。これらの中では緑化工法がべたうち工法に替わる工法として注目されている。
（4）水産関連用途	水産関連用途も環境保護の観点から種々の用途展開が成されているが、現在実用展開・応用検討されているものとしては、回収困難な海中の工事用資材、藻場造成、漁網、釣り糸、ロープ、各種魚具、ルアー、梱包バンド、餌袋、養殖用網、つり糸などである。
（5）生活関連用途	生活関連の応用例としては日常生活、文具、スポーツ、衛生関係など用途は広範囲であるが、各種のカード類、（キャッシュカード、クレジットカードなど）、入場証、名刺、記録フィルム・シート、封筒、窓貼り封筒、マウスパッド、ホルダー、ファイル、カレンダー止め具、ボールペン、シャープペンシル、洗剤・シャンプー・リンス・ヘアケア製品の容器、ゴルフ・マリンスポーツ・登山・ハイキング等用のディスポーザブル製品（ゴルフティ、ナイフ、スプーン、ストロー、フォーク、コップ、皿など）、使い捨て下着、かみそりの柄、歯ぶらし、水切りネット、ゴミ袋、ハンガー、マスク、ヘルメット、シャーレ、医用材料（縫合糸、人工骨、骨折固定材、医用フィルムなど）、タバコフィルターなど多くの応用・検討例がある。
（6）繊維関連用途	紡糸した繊維の特性を利用して種々の応用展開が成されている。即ち繊維として織物、フィラメントを使った、土嚢袋、ネット、スポーツ衣料、ユニフォーム、下着、タオル、タワシ、医用材料（マスク、手術衣、医用不織布など）、不織布として衛生材料（綿、包帯、おむつ、生理用品など）等への応用・検討が成されている。
（7）その他用途	上記の用途の他に吸着剤、センサ、電池関連材料、塗料、接着剤、粘着剤などに用いられている。

1.3 生分解性ポリエステルの特許情報へのアクセス

　生分解性ポリエステルの製造法、用途について特許調査を行う場合の検索式を解説する。
　通常特許調査のアクセスツールとしては、国際特許分類(IPC:International Patent Classification)、File Index(FI)、Fターム、フリーキーワード等があるが、生分解性ポリエステルの特許調査でも、これらを組み合わせて検索式を作成することが有効である。
　　　IPC：発明の技術内容を示す国際的に統一された特許分類
　　　FI：日本特許庁で運用されているIPCをさらに細分化したもの
　　　Fターム：特定の技術分野についてFIを多観的かつ横断的に細分化したもの
　　　フリーキーワード：物、技術、現象等を表すキーワード
　ここでは、本書で取り上げた生分解性ポリエステルの技術要素に基づき、それぞれの検索方法を解説する。
　なお、先行技術調査を完全に漏れなく行うためには、ここで紹介する物以外の分類、キーワード等を追加して調査しなければならないことも有るので、ご注意いただきたい。

1.3.1 生分解性ポリエステルの特許検索方法
(1) 生分解性ポリエステルの技術

　生分解性ポリエステルは図1.3.1-1に示すように「生分解性ポリエステル材料」であるポリエステルの種類と合成反応、組成物および処理、加工、特定用途の各種「方法」に分けられる。生分解性ポリエステル技術を検索するには、基本的には2つの概念（材料と方法）の積（＊）で行う。

図1.3.1-1 生分解性ポリエステルの技術要素

材料
- ポリエステルの種類
  - ポリ乳酸
  - ポリブチレンサクシネート
  - ポリカプロラクトン
  - PHA
  - その他

方法
- 合成方法
- 組成物・処理
- 加工
- 用途
  - 農業
  - 生活関連
  - 包装
  - 繊維関連
  - 土木・建築
  - その他
  - 水産関連

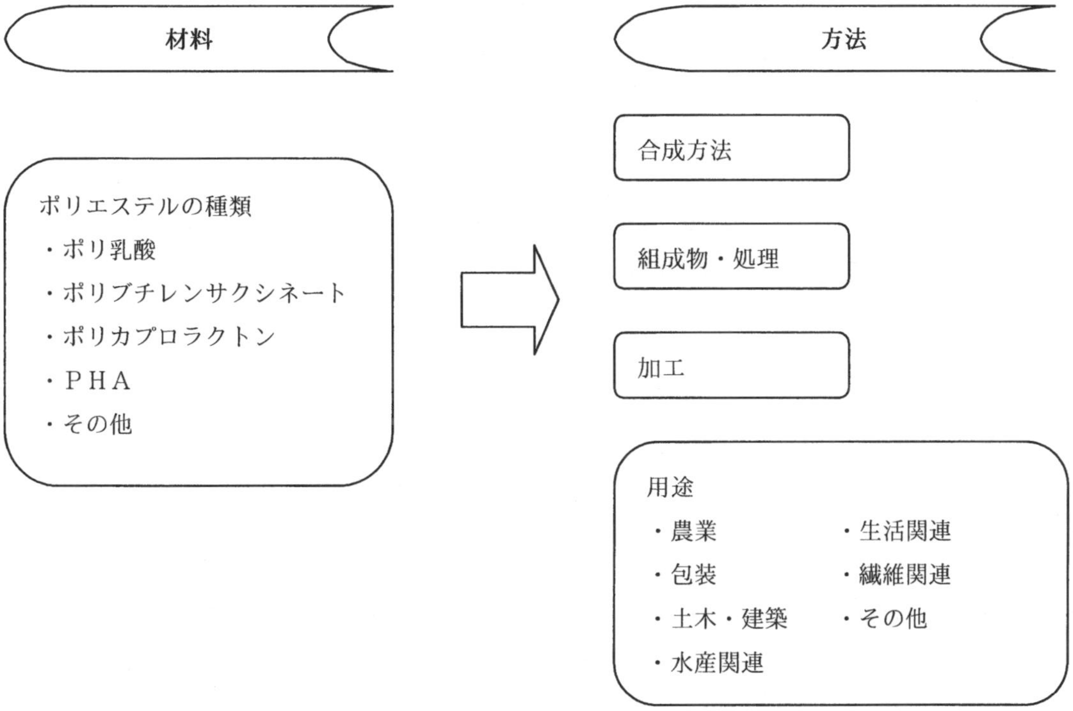

(2) 生分解性ポリエステルのアクセスツール
　　生分解性ポリエステルの種類、合成方法のアクセスツールは a で、用途は b で、組成物・処理、加工については c で示す。

a. 生分解性ポリエステルの種類
　　生分解性ポリエステルの種類およびその合成方法の検索を行う場合、種類としてのポリマーが決定している場合はポリマー名称を表すフリーキーワードとその IPC あるいは FI とを用いる。高分子化合物の IPC は C08、下位概念として、縮重合体は C08G、高分子化合物の組成物は C08L に分類されている。
　　例として、生分解性ポリエステルのひとつであるポリカプロラクトンの IPC は C08G63/08 であり、これを検索するには以下の検索式が考えられる。

　① IPC のみ使用
　　IC=C08G63/08

　② フリーキーワードと IPC との「積（＊）」
　　KW=ポリカプロラクトン＊IC=C08G63/08

　注）IC=　：IPC
　　IC=C08G63/08：ラクトンまたはラクチド
　　KW=　：フリーキーワード

この場合、①は②に比べて広い検索式になる。

　　また、ポリマーが特定されていない場合は、概念キーワード（例えば生分解性ポリエステル）で検索することになるが、生分解の表現として、生分解、生物分解、微生物分解が考えられるので、それぞれのキーワードを追加することになる。

　③ ポリマーが特定されない生分解性ポリエステルの検索
　　IC=(C08G63/00+C08L67/00)*KW=(生分解?+(生物?+微生物?)*分解?)

　注）IPC の内容
　　IC=C08G63/00：高分子の主鎖にカルボン酸エステル連結基を形成する反応によって得られる高分子化合物
　　IC=C08L67/00：主鎖にカルボン酸エステル結合を形成する反応によって得られるポリエステルの組成物

　　一方、ポリマー名称のフリーキーワードについて、検索では、複合語を用いるもの（例えば、KW=ポリエステル）、分かち書を用いるもの（例えば、KW=（ポリ＊エステル））の2通りがあるので、検索前に確認が必要である。

　　実際の検索では、IPC あるいは FI、フリーキーワードを単独で用いる方法、あるいはこれら

を組み合わせる方法等、検索の目的、ヒット件数の多少を考慮に入れ、必要に応じ検索式を組み立てることが必要となる。

表1.3.1-1に本書で用いた生分解性ポリエステルの種類に関するアクセスツールを示す。

表1.3.1-1 生分解性ポリエステルの種類のアクセスツール

ポリマー名称	フリーキーワード	IPC
ポリ乳酸	KW=ポリ乳酸	IC=C08G63/06
ポリブチレンサクシネート	KW=ポリ*ブチレン*こはく酸	IC=C08G63/06
ポリカプロラクトン	KW=ポリカプロラクトン+ポリ*カプロ*ラクトン	IC=C08G63/08
PHA	KW=ポリ*ヒドロキシ*アルカノエート	IC=C08G63/06 IC=C12P7/62
その他ポリエステル	KW=ポリエステル+ポリ*エステル	IC=C08G63/00 IC=C08L67/00 IC=C12P7/62

注）IPCの内容
- IC=C08G63/00 ：高分子の主鎖にカルボン酸エステル連結基を形成する反応によって得られる高分子化合物
- IC=C08G63/06 ：ヒドロキシカルボン酸から誘導されたもの
- IC=C08G63/08 ：ラクトンまたはラクチド
- IC=C12P7/62 ：発酵または酵素を使用して所望の化学的物質もしくは組成物を合成する方法またはラセミ混合物から光学異性体を分離する方法・カルボン酸エステル

b．生分解性ポリエステルの用途

生分解性ポリエステルの用途の検索を行う場合、材料を表すフリーキーワードと用途に関するIPCあるいはFIとの積（*）を用いる場合が多い。これは、用途の特許では、原料である材料のIPCが付与されないケースが多いことによるものである。

また、材料を特定していないことも考慮に入れる必要があり、この場合の検索式は、材料として前項③で紹介した概念キーワード（例えば、生分解性ポリエステル等）を追加することが必要となる。

例として、「ポリ乳酸の農業用フィルムへの応用技術」を検索する場合の検索式を示す。

① 検索例「ポリ乳酸の農業用フィルムへの応用技術」
　　KW=ポリ乳酸*IC=A01G13/02

注）IC=A01G13/02：植物体を保護覆いするもの；被覆物を設置する用具

用途の検索の場合も、IPCあるいはFI、フリーキーワードを単独で用いる場合、あるいはこれらを組み合わせる場合と、必要に応じて使い分けることが必要である。

表1.3.1-2に本書で用いた生分解性ポリエステルの用途に関するアクセスツールを示す。

表1.3.1-2 生分解性ポリエステルのアクセスツール

用途	IPC	IPCの内容
(1) 農業		
農業用フィルム	IC=A01G13/02	植物体を保護覆いするもの；被覆物を設置する用具
緩効性材料	IC=A01N?	人間または動物または植物の本体、またはそれらの一部の保存；殺生物剤、例．殺菌剤として、殺虫剤として、除草剤として；有害生物忌避剤；植物生長調節剤
コンポスト袋	IC=B65F1/00	ゴミ容器
植生ポット	IC=A01G9/00	容器、温床または温室での花、野菜または稲の栽培
紐・ネット	IC=D02G3/00	糸またはより糸、例．飾り糸；他の分類に分類されない糸またはより糸を製造するための方法および装置
(2) 包装		
フィルム・シート	IC=B32B27/36	本質的に合成樹脂からなる積層体・ポリエステルからなるもの
容器	IC=B65D?	物品または材料の保管または輸送用の容器、例．袋、樽、瓶、箱、缶、カートン、クレート、ドラム缶、つぼ、タンク、ホッパー、輸送コンテナ；付属品、閉蓋具、またはその取付け；包装要素；包装体
緩衝材	IC=C08J9/00	多孔性または海綿状の物品または物質にするための高分子物質の処理；その後処理
成形品	IC=B29C?	プラスチックの成形または接合；可塑状態の物質の成形一般；成形品の後処理、例．補修
(3) 土木・建築		
緑化工法	IC=E02D17/20 102	斜面または傾斜地の安定・植生によるもの
土嚢袋	IC=E02B3/04 301	土嚢、水嚢
(4) 水産関連		
藻場造成	IC=A01G33/00	海草の栽培
漁網	IC=A01K75/00	網の付属品；網の細部、例．構造
釣り糸	IC=A01K91/00	釣糸
(5) 生活関連		
カード	IC=B42D15/10	身分証明書、クレジットカード、小切手または類似の情報担持カード
記録フィルム	IC=B41M5/00	複製またはマーキング方法；それに使用するシート材料
文房具	IC=B43?	筆記具または製図用の器具；机上附属具
雑貨	IC=B42?	製本；アルバム；ファイル；特殊印刷物
衛生材料	IC=A61?	医学または獣医学；衛生学
スポーツ	IC=A63?	スポーツ；ゲーム；娯楽
タバコフィルター	IC=A24D3/00	たばこ煙フィルタ、例．フィルタチップ、フィルタ作用をする挿入片；葉巻たばこまたは紙巻たばこのマウスピース
(6) 繊維関連		
単一繊維	IC=D01F6/62	ポリエステルからのもの
複合繊維	IC=D01F6/92	ポリエステルを主成分とするもの
織物	IC=D03D15/00	糸または他のたて糸あるいはよこ糸要素の材料または構造に特徴のある織物
不織布	IC=D04H?	布帛の製造、例．繊維またはフィラメント状材料から；そのような方法または装置で製造された布帛、例．フェルト、不織布；コットンウール；詰め物
(7) その他		
環境材料	IC=B01J20/00	固体収着組成物またはろ過助剤組成物；それらの調製、再生または再活性化のためのプロセス
電気電子関連	IC=H01?	基本的電気素子
接着・粘着・塗料	IC=C09J167/00	主鎖にカルボン酸エステル結合を形成する反応によって得られるポリエステルに基づく接着剤；そのような重合体の誘導体に基づく接着剤
	IC=C09D167/00	主鎖にカルボン酸エステル結合を形成する反応によって得られるポリエステルに基づくコーティング組成物；そのような重合体の誘導体に基づくコーティング組成物

c. 生分解性ポリエステルの関連技術

生分解性ポリエステルの関連技術として組成物・処理、加工に関するIPCを表1.3.1-3に示す。

表1.3.1-3 生分解性ポリエステルの関連技術のアクセスツール

関連分野	IPC
プラスチックの成形	IC=B29C
プラスチックの圧縮成形	IC=B29C44/00
プラスチックの射出成形	IC=B29C45/00
プラスチックの押出成形	IC=B29C47/00
プラスチックのブロー成形	IC=B29C49/00
プラスチックの延伸成形	IC=B29C55/00
積層体	IC=B32B
ポリエステルの組成物	IC=C08L67/00

注）IPCの内容

- IC=B29C ：プラスチックの成形または接合；可塑状態の物質の成形一般；成形品の後処理、例．補修
- IC=B29C44/00 ：材料の中で発生した内部圧による成形、例．膨張、発泡
- IC=B29C45/00 ：射出成形、即ち所要量の成形材料をノズルを介して閉鎖型内へ流入させるもの；そのための装置
- IC=B29C47/00 ：押出成形、すなわち所定の形状を与えるダイまたはノズルを通して成形材料を押し出すもの；そのための装置
- IC=B29C49/00 ：ブロー成形、即ちプリフォームまたはパリソンを型内で所定形状にブローするもの；そのための装置
- IC=B29C55/00 ：延伸による成形、例．ダイを通して引き抜くもの；そのための装置
- IC=B32B ：積層体、すなわち平らなまたは平らでない形状、例．細胞状またはハニカム状、の層から組立てられた製品
- IC=C08L67/00 ：主鎖にカルボン酸エステル結合を形成する反応によって得られるポリエステルの組成物；そのような重合体の誘導体の組成物

1.4 生分解ポリエステルの技術開発活動の状況

1991年1月から2001年8月までの公開特許を基に、生分解ポリエステル全体および技術要素として合成反応、組成物・処理、加工、用途（農業用途、包装用途、土木・建築用途、水産関連用途、生活関連用途、繊維関連用途およびその他用途）について、出願件数、出願人数との関係を中心に解析し、その結果を以下に述べる。

具体的には、生分解性ポリエステルの技術分野における市場注目度を示すため、技術成熟度マップおよび主要出願人出願件数推移表をもとに生分解性ポリエステル技術全体並びに各技術要素ごとに研究・開発状況を説明する。

1.4.1 生分解性ポリエステル全体

図1.4.1-1に生分解性ポリエステル技術全体に亘る特許出願の出願人数と出願件数の推移を示す。

生分解性ポリエステルの研究開発は概ね80年代後半から90年代初めにかけてスタートしているため、出願件数、人数ともに90年から96年までは順調に増加している。しかしながら生分解性ポリマーのコスト高もあって、普及が伸び悩んだため研究開発が頓挫し、97～98年にかけては件数、人数ともに、減少したと考えられるが、98、99年頃からは再び生分解性ポリマーの必要性、重要性が見直され始め、実用化も進展しつつあるため、再度件数、人数ともに増加に転じている。

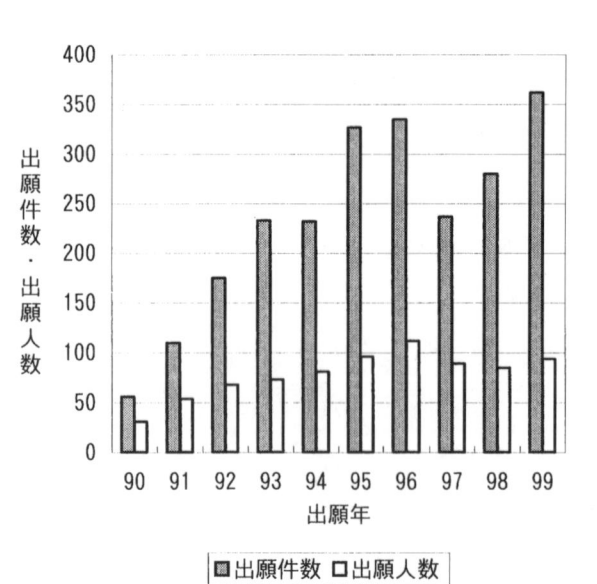

図1.4.1-1 生分解ポリエステル全体の出願人数と出願件数の推移

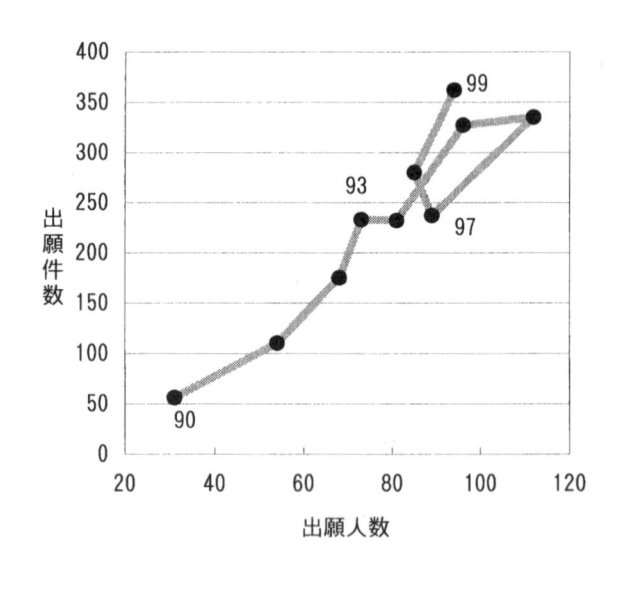

表1.4.1-1に生分解性ポリエステル技術全体に亘る主要出願人の出願件数推移を示す。

主要出願人は生分解性ポリエステルの製造（またはその可能性のある）メーカー、加工（またはその可能性のある）メーカー、公的機関に大別される。

製造メーカーとしては三井化学、島津製作所、昭和高分子、ダイセル化学工業、昭和電工、大日本インキ化学工業、三菱瓦斯化学、三菱化学、日本触媒、トクヤマが挙げ

られる。このうち三井化学、島津製作所、大日本インキ化学工業はポリ乳酸系の、昭和高分子はポリブチレンサクシネート・アジペート系の、ダイセル化学工業はポリカプロラクトン系の、三菱瓦斯化学はポリエステルカーボネート系およびポリヒドロキシ酪酸系の、日本触媒はポリエチレンサクシネート系の生分解性ポリエステルを上市しており、出願内容もそれぞれの生分解性ポリエステルに関連したものが殆どである。これらの製造メーカーについてその出願件数は 1990 年から徐々に増加し 93 年以降ピークに達し 99 年には減少の傾向を示している。各社とも生分解性ポリエステル製造の技術的な見通しを得たものと推測される。

　加工メーカーとしてはユニチカ、東洋紡績、カネボウ、凸版印刷、三菱樹脂、東レ、王子製紙、大日本印刷が挙げられる。このうちユニチカ、三菱樹脂はフィルム、シートなど、凸版印刷、大日本印刷はカード材料など、東レは釣り糸を上市している。これらの加工メーカーについてその出願件数は 90 年台の後半に急増し、なお増加の傾向を示しているところが多い。各社とも生分解性ポリエステルの需給についての見通しを深めてきたものと推測される。

　公的機関（経済産業省産業技術研究所長、地球環境産業技術研究機構）については産業界との共同出願数が多いこと、また毎年平均して出願が行われていることが特徴的である。

　経済産業省産業技術研究所長の出願（78 件）では 52 件が産業界との共願である。地球環境産業技術研究機構の出願では 37 件が産業界との共願であって、そのうち 20 件には経済産業省産業技術研究所長が、4 件には理化学研究所が加わっている。経済産業省産業技術研究所長および地球環境産業技術研究機構の出願内容は生分解性ポリエステルの製造から、性能向上のための共重合、樹脂ブレンド、加工法、あるいは分解方法まで多岐に亘っているが、特定用途に関係するものは僅かである。

表1.4.1-1 生分解ポリエステル全体の主要出願人の出願状況

出願人名称	90	91	92	93	94	95	96	97	98	99	計
三井化学	1	14	22	43	19	25	27	42	40	21	254
島津製作所	6	2	2	3	25	56	44	19	18	10	185
ユニチカ		1	2	18	10	29	23	4	23	33	143
東洋紡績		2	3	21	14	7	6	6	5	40	104
カネボウ		1	1	1	12	20	17	9	12	14	87
昭和高分子		5	34	14	17	8	1	4	3		86
経済産業省産業技術総合研究所長	7	5	9	5	6	9	7	11	4	15	78
凸版印刷		6	4	5	15	21	11	7	2	5	76
ダイセル化学工業			3	2	3	4	11	7	28	14	72
昭和電工	1	1	27	2	5	6	3	4	5	3	57
大日本インキ化学工業		2	1	5	8	15	6	10	2	7	56
三菱樹脂					6	9	9	5	6	20	55
三菱瓦斯化学	1		2	9	8	3	3	2	13	8	49
三菱化学	2	3	6	1	7	6	13	1	2	7	48
地球環境産業技術研究機構		2	3	1	4	10	3	3	8	4	38
東レ		1	1	1		2	1	1	4	27	38
日本触媒	1		3	8	5	10	2		1	3	33
王子製紙					2	5	4	9	6	6	32
大日本印刷		12		3	1	1	2	2	10		31
トクヤマ	1	1	2	8	7	2		3	5	1	30

1.4.2 合成反応

図1.4.2-1に生分解性ポリエステルの合成反応関係の出願人数と出願件数の推移を示す。

1.4.1で記したように1980年代後半ないし90年代初頭にかけてスタートした研究開発が活発となり、95年までは出願件数、人数ともに伸びて来たが、生分解性ポリマーの普及の伸び悩みと、合成関連研究の一段落もあって、95年をピークとしてそれ以後は低下傾向にある。

図1.4.2-1 合成反応の出願人数と出願件数の推移

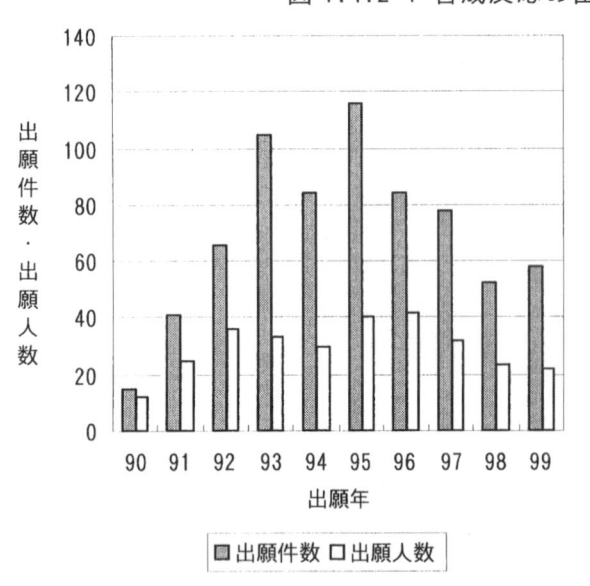

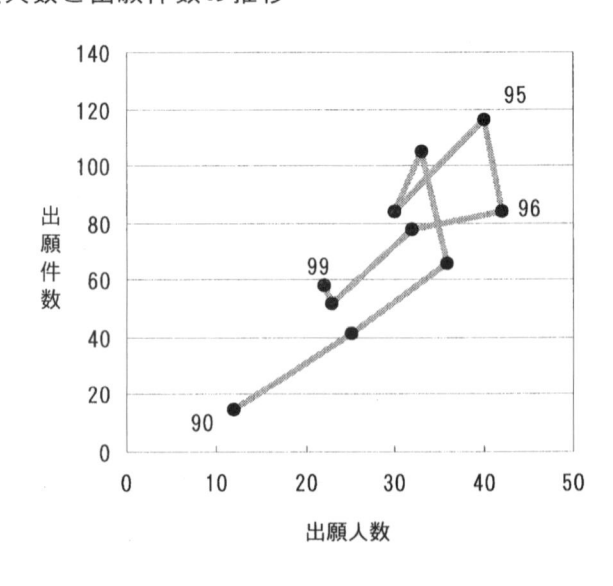

表1.4.2-1に合成反応関係の主要出願人の出願状況を示す。

三井化学と島津製作所が上位の1、2を占め、ポリエチレンに類似の特長をもつポリブチレンサクシネートやポリブチレンサクシネートアジペートを開発した昭和高分子が3位となり、この3社だけで、後述の2.1～2.20で述べる主要企業20社（件数375件）の52％を占める。

表1.4.2-1 合成反応の主要出願人の出願状況

企業名	90	91	92	93	94	95	96	97	98	99	計
三井化学		2	1	19	10	15	4	18	9	10	88
島津製作所				2	9	26	16	9	7	1	70
昭和高分子			5	9	12	6	3		2		37
大日本インキ化学工業		1	1	3	5	8	2	5			25
東洋紡績			2	3	7	4	3	2	1	2	24
日本触媒	1		3	7	5	8					24
三菱瓦斯化学	1			9	1	3	2		4	2	22
カネボウ		1	1	1	3	8	2	2	3		21
ユニチカ			2	7	4	2					15
ダイセル化学工業			2		2	3	2	2	3		14
凸版印刷			2		1	4	5	1			13
昭和電工	1		3	1	1	1	2		1		10
東レ		1	1				1	1			4
カネボウ合繊									3		3
大日本印刷									2		2
グンゼ								2			2
クラレ										1	1

1.4.3 組成物・処理

図1.4.3-1に生分解性ポリエステルの組成物・処理に関する出願人と出願件数の推移を示す。

1996年にピークとなった出願人数と件数は97年には落込んだが、98、99年には回復した。組成物や処理に関する開発・研究や改良は、生分解性ポリマーの普及に伴って、益々必要とされるので、今後も増加の方向に向うと思われる。

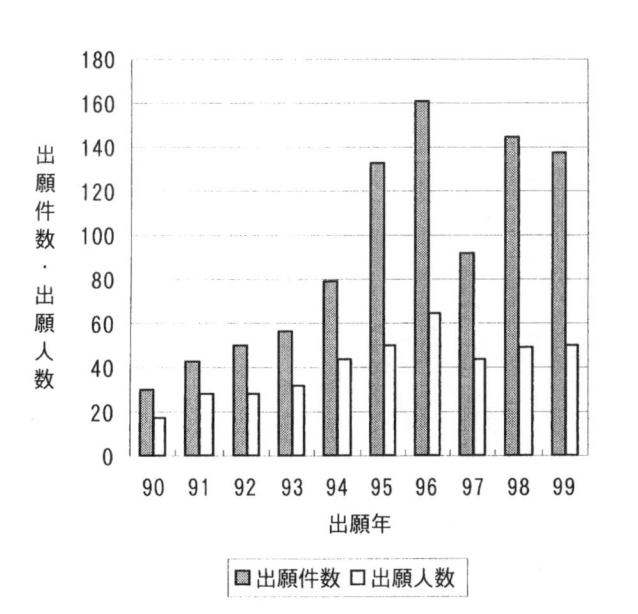

図1.4.3-1 組成物・処理の出願人数と出願件数の推移

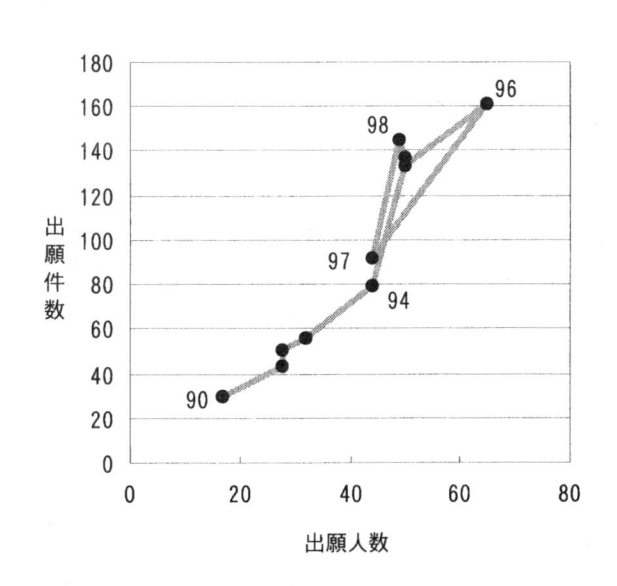

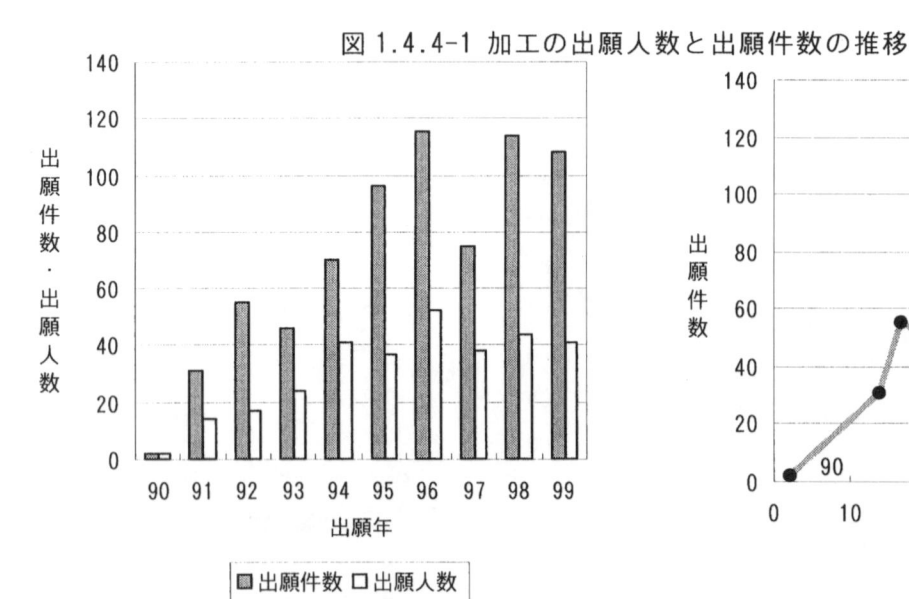

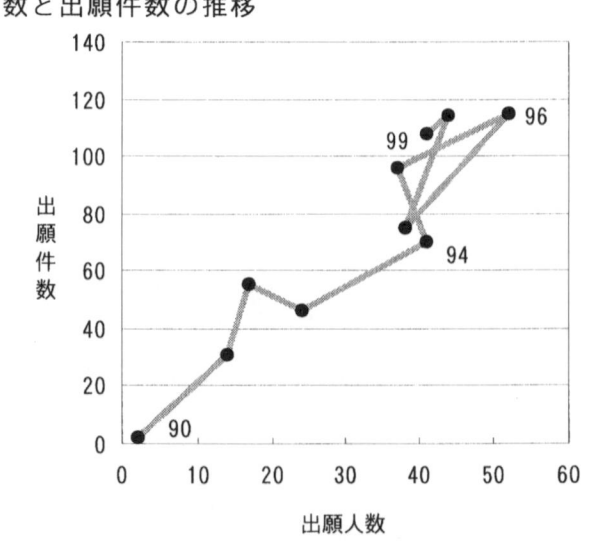

表 1.4.3-1 に組成物・処理に関する主要出願人の出願状況を示す。三井化学と島津製作所がそれぞれ1、2位を占め他社を圧倒している。但し、3位のユニチカは1997年には零件へと落ちこんだにもかかわらず98年99年と増加に転じ、99年は16件と他社を圧倒しているのは、再度研究開発に力を入れ始めたためと思われる。

表1.4.3-1 組成物・処理の主要出願人の出願状況

企業名	90	91	92	93	94	95	96	97	98	99	計
三井化学		6	8	11	6	6	14	20	26	7	104
島津製作所	2				10	27	21	7	10	6	83
ユニチカ		1		3	3	16	11		5	16	55
カネボウ					8	12	12	3	8	7	50
ダイセル化学工業				1		2	7	4	23	7	44
三菱瓦斯化学			2	1	7	1	1	1	10	6	29
凸版印刷		4			6	7	3	3		3	26
東洋紡績				2	5	1	3	4	2	7	24
大日本インキ化学工業		1		1	2	9	2	2	1	4	22
クラレ	3		1	8	1				3	5	21
三菱樹脂					1	1	4	4	2	6	18
昭和電工		1	4	1	1	2		2	4	1	16
グンゼ	1	2			1	3	6	2			15
昭和高分子			5	1	2	2		1	3		14
大倉工業							2	1	5	5	13
東レ			1			2			1	7	11
カネボウ合繊									7	3	10
ジェイエスピー		3	2	1			1	1		1	9
日本触媒					1	3	1		1	2	8
大日本印刷		3			1		1		2		7

1.4.4 加工

図 1.4.4-1 に生分解性ポリエステルの加工に関する出願人数と出願件数の推移を示す。

1996年が出願人数、件数ともにピークとなり、97年は落ち込んだが、98、99年はピーク近くまで回復した。加工関係は生分解性ポリマーの普及、発展に必要欠くべからざるものであり、今後の普及に伴って増加に向うと思われる。

図1.4.4-1 加工の出願人数と出願件数の推移

表1.4.4-1に加工に関する主要出願人の出願状況を示す。

　前述の組成物・処理と同様に三井化学がトップであることは変りないが、繊維・フィルム加工メーカーであるユニチカが2位になっている。その意味では同じ繊維・フィルム加工メーカーである東洋紡績と東レが普及期に向けて、99年に出願件数を急激に増加させている点が注目される。

表1.4.4-1 加工の主要出願人の出願状況

企業名	90	91	92	93	94	95	96	97	98	99	計
三井化学		9	9	10	6	4	8	9	17	5	77
ユニチカ				7	2	15	17	4	10	8	63
島津製作所			2		10	19	2	4	1	3	41
凸版印刷		4	2	3	8	11	4	2	2	2	38
昭和高分子			22	2	6	4	1	1	1		37
昭和電工		1	21	1	2	4	1	2	1	3	36
三菱樹脂					4	8	6		3	9	30
東洋紡績				2		1	4	2	3	16	28
カネボウ					5	3	3	2	8	4	25
ダイセル化学工業				1	1	1	3	4	12	3	25
大日本印刷		6		2	1	1	2	2	9		23
大日本インキ化学工業					1	5	3	3	1	5	18
東レ				1				1	2	10	14
ジェイエスピー		2	2	1			1	5	1	1	13
グンゼ		1			1	1	5	2	1	1	12
カネボウ合繊									8	4	12
三菱瓦斯化学			2		3	1		1	4	1	12
大倉工業		1			1				1	7	10
クラレ	1			2					1		4
日本触媒						1	1		1		3

1.4.5 特定用途
(1) 農業用途

　図1.4.5-1に生分解性ポリエステルの農業用途に関する出願人数と出願件数の推移を示す。

　出願件数、人数ともに1996年にピークを迎えたが、97年以後は出願件数はほぼ半減したものの横這いを続けている。農業用途は最も実用展開が期待される分野（例：マルチフィルムなど）であることから、件数も着実に伸びて行くものと考えられる。

図 1.4.5-1 農業用途の出願人数と出願件数の推移

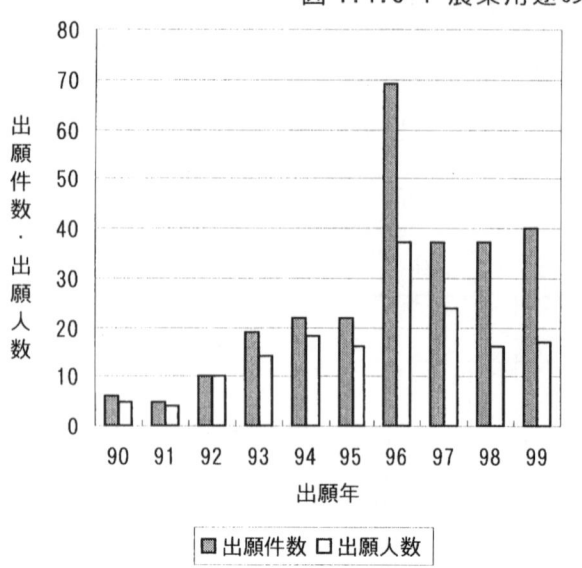

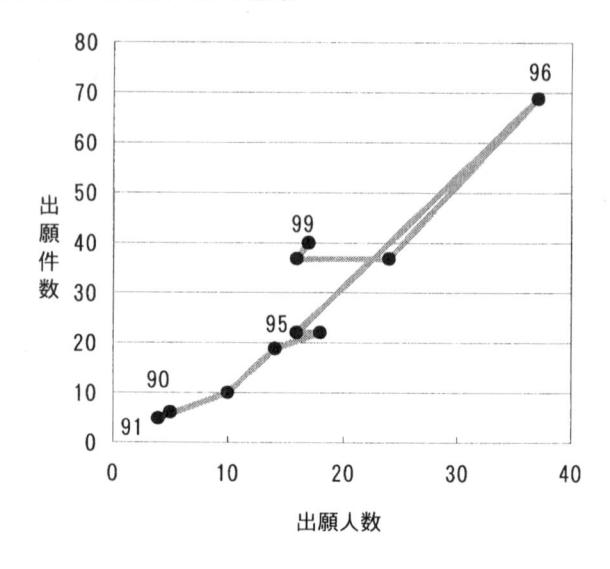

表 1.4.5-1 に農業用途に関する主要出願人の出願状況を示す。

三井化学がトップであり、加工メーカーの東洋紡績とユニチカが 99 年に出願件数を伸ばし、それぞれ2位、3位を占めている。これに合成メーカーであるダイセル化学工業が続いており、農業用途への注力がみられる。但し農業分野の出願総件数は少い。

表 1.4.5-1 農業用途の主要出願人の出願状況

企業名	90	91	92	93	94	95	96	97	98	99	計
三井化学			1	1	1	3	6	3	8	2	25
東洋紡績			1	5		2	2			8	18
ユニチカ				1	2		2		5	7	17
ダイセル化学工業				1			3	1	6	4	15
大倉工業							2		3	3	8
カネボウ						1	1	1	4	1	8
島津製作所	1		1		1		2	1	1		7
大日本インキ化学工業				1	1			2	1	1	6
昭和電工			1		1	1		1	1		5
グンゼ				1				1	2	1	5
昭和高分子			1		1	1					3
ジェイエスピー								2			2
凸版印刷							1	1			2
大日本印刷					1		1				2
東レ										2	2
カネボウ合繊									1		1
クラレ		1									1
三菱樹脂							1				1
三菱瓦斯化学					1						1

(2) 包装用途

図 1.4.5-2 に生分解性ポリエステルの包装用途に関する出願人数と出願件数の推移を示す。

出願人数、件数ともに増減をくり返しながら、1990 年から 99 年に向って全体的には徐々に増加傾向にある。包装関係も廃棄物問題の観点から生分解性ポリマーが期待され

る分野であるので、各社とも地道に研究・開発を続けているものと思われる。なお出願件数も用途分野では最も多い。

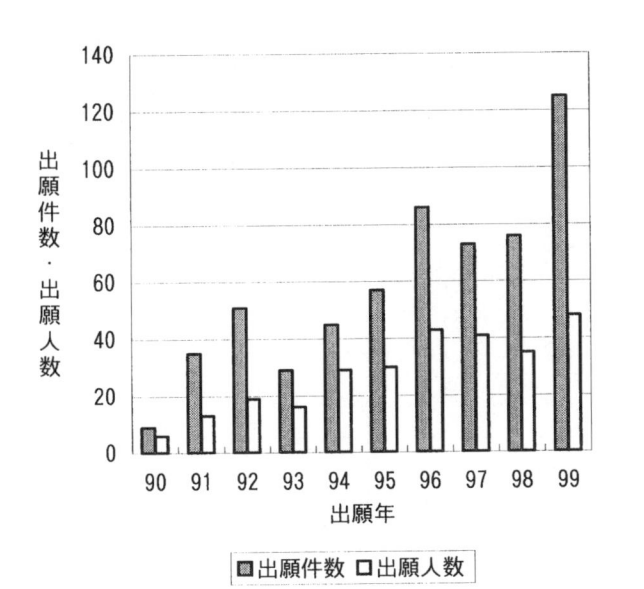

図 1.4.5-2 包装用途の出願人数と出願件数の推移

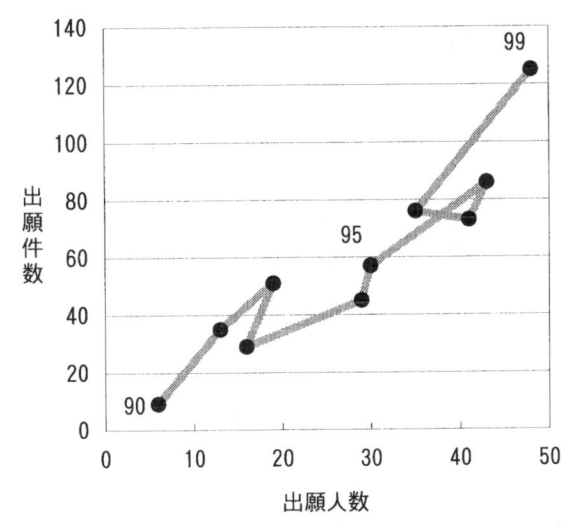

表 1.4.5-2 に包装用途に関する主要出願人の出願状況を示す。

ここでも三井化学がトップであるが、フィルム・シートなど包装材の加工メーカーである三菱樹脂、東洋紡績が2位、3位を占めている。この2社は 1999 年の出願件数が大幅に増加し、それぞれ1位、2位となっており、これら加工メーカーの実用展開期が近づいて来たと思われる。

表 1.4.5-2 包装用途の主要出願人の出願状況

企業名	90	91	92	93	94	95	96	97	98	99	計
三井化学		8	13	8	4	5	10	12	11	2	73
三菱樹脂					3	9	6	4	1	18	41
東洋紡績				4		1		1	3	29	38
昭和高分子		4	16	1	5	2	1	2	1		32
凸版印刷		5	2	3	7	1	5	4	1	1	29
島津製作所		1	1		4	7	2	6	1	3	25
昭和電工			13	1	2	1	1	3	2	2	25
ユニチカ			1	2	1	2	2		2	10	20
ダイセル化学工業					1	1	2	3	9	2	18
大日本印刷		7						1	6		14
大日本インキ化学工業					3	3		3		4	13
大倉工業					1		1		1	8	11
グンゼ					1	4	3	1			9
カネボウ					1	2	1	3	1	1	9
ジェイエスピー		4	1				1	1		1	8
日本触媒						3	2			1	6
東レ									2	3	5
三菱瓦斯化学			1		1			1	1	1	5
クラレ	2			1		1					4
カネボウ合繊									1	1	2

(3) 土木・建築用途

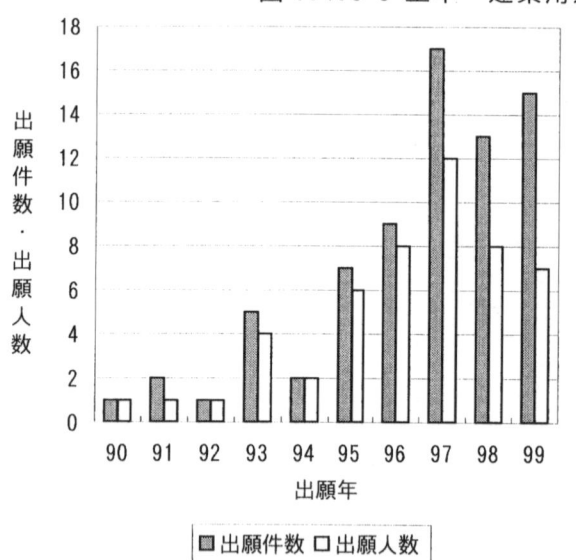

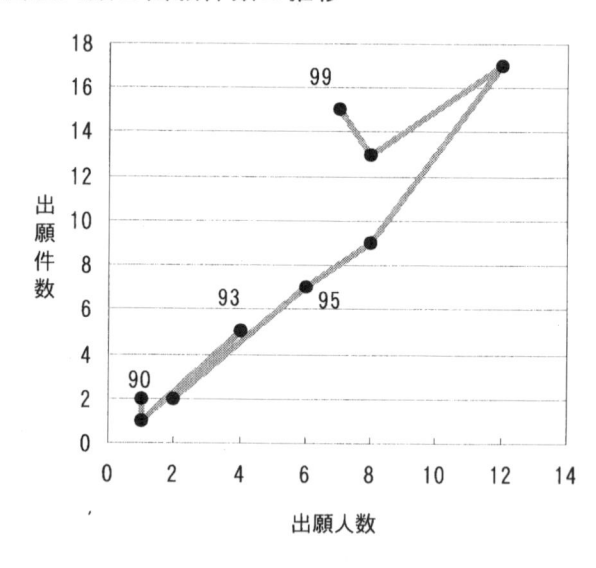

図 1.4.5-3 に生分解ポリエステルの土木・建築用途に関する出願人数と出願件数の推移を示す。

出願件数は多少の増減をくり返しながら増加傾向を示している。但し出願人数は1997年にピークを生じ、その後は減少傾向を示していることから、特定の出願人に集中しつつあることを示している。

図 1.4.5-3 土木・建築用途の出願人数と出願件数の推移

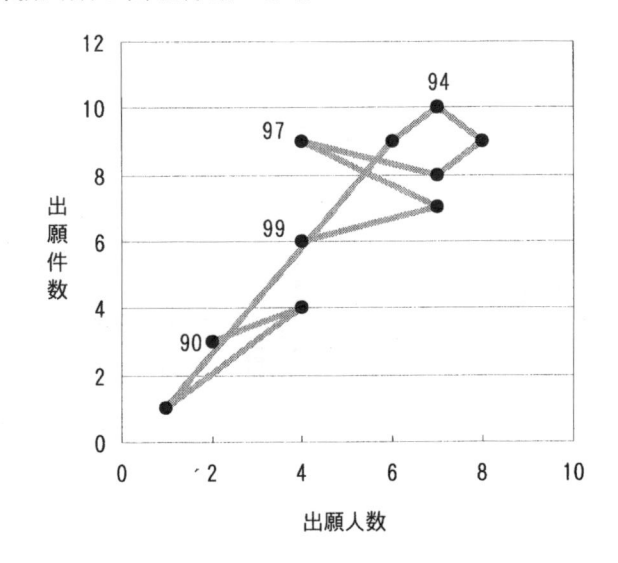

表1.4.5-3に土木・建築用途に関する主要出願人の出願状況を示す。

印刷会社であり加工メーカーである大日本印刷と繊維・フィルムの加工メーカーであるユニチカが1位であり、ともにこの分野への注力がみられる。

表1.4.5-3 土木・建築用途の主要出願人の出願状況

企業名	90	91	92	93	94	95	96	97	98	99	計
大日本印刷								2	5		7
ユニチカ										7	7
三井化学							2	2			4
東洋紡績				2						1	3
昭和電工			1					2			3
凸版印刷						1	1				2
島津製作所							1		1		2
ダイセル化学工業							1			1	2
東レ						1					1
昭和高分子			1								1
三菱樹脂							1				1
三菱瓦斯化学									1		1
ジェイエスピー				1							1
グンゼ				1							1
カネボウ										1	1

(4) 水産関連用途

図1.4.5-4に生分解性ポリエステルの水産関連用途に関する出願人数と出願件数の推移を示す。

出願件数は1994年をピークに、また出願件数は95年をピークとして、それ以後はいずれも漸減の傾向にある。生分解性ポリマーの開発スタート時には魚網、釣り糸などの魚具関係への用途展開が活発に検討されたが、その後水産関連分野への用途展開は積極的には行われていない。

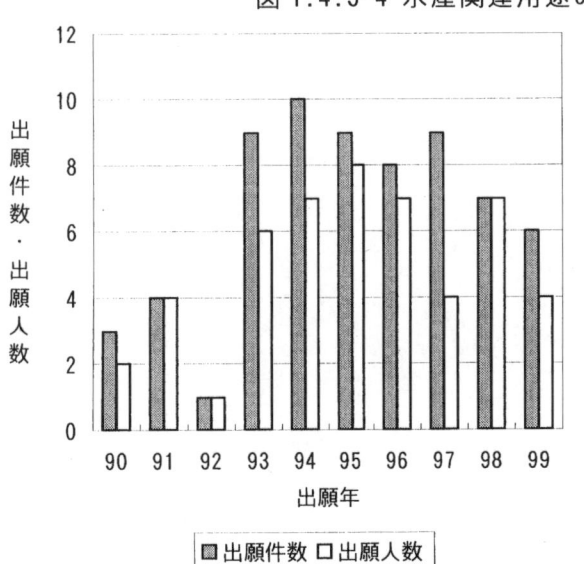

図1.4.5-4 水産関連用途の出願人数と出願件数の推移

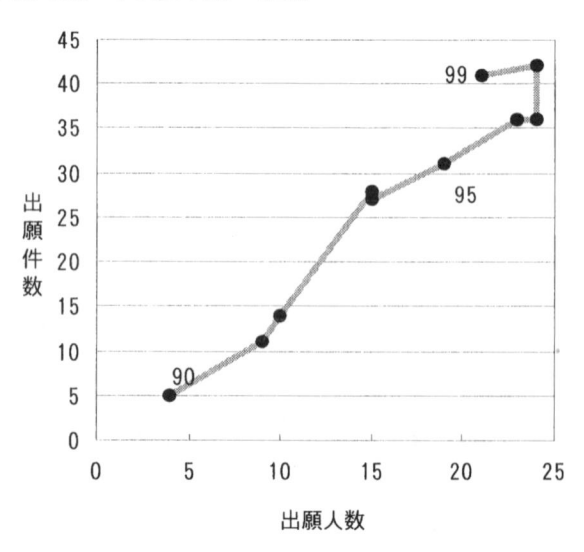

表1.4.5-4に水産関連用途に関する主要出願人の出願状況を示す。

繊維・フィルムの加工メーカーである東洋紡績、東レ、グンゼと続いている。

なお、この水産関連用途分野も農業、土木・建築用途と同様、出願件数は少く低調である。

表1.4.5-4 水産関連用途の主要出願人の出願状況

企業名	90	91	92	93	94	95	96	97	98	99	計
東洋紡績				3	4			3	1		11
東レ			1	1					1	2	5
グンゼ	2					1	1				4
三井化学								1	1	1	3
ユニチカ				1	1				1		3
島津製作所		1			1						2
昭和電工		1				1					2
三菱瓦斯化学					1				1		2
大日本印刷		1									1
大日本インキ化学工業						1					1
昭和高分子						1					1
ダイセル化学工業								1			1
クラレ								1			1
カネボウ					1						1

(5) 生活関連用途

図1.4.5-5に生分解性ポリエステルの生活関連用途に関する出願人数と出願件数の推移を示す。

出願件数・人数ともにほぼ漸増している。但し、出願件数は1997年をピークに、それ以後はやや減少気味である。この生活関連用途は応用範囲も広く、生分解性ポリマーの実用・展開・普及を担って各社が地道に研究・開発を行っている現れであろう。

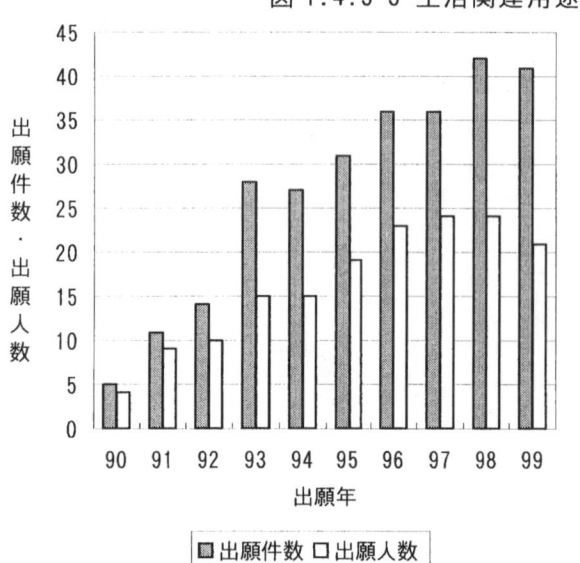

図1.4.5-5 生活関連用途の出願人数と出願件数の推移

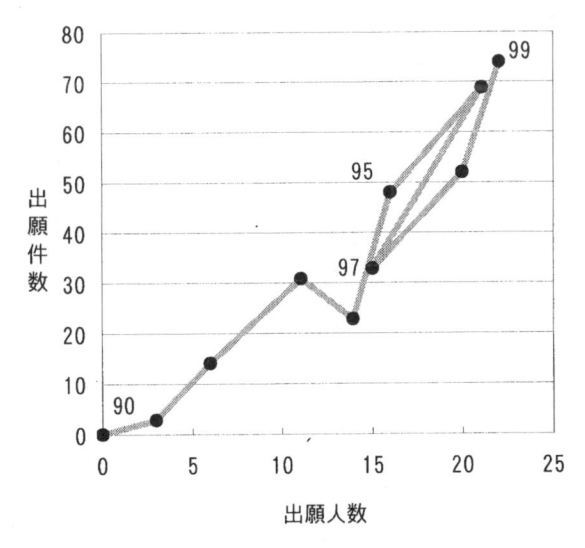

表1.4.5-5に生活関連用途に関する主要出願人の出願状況を示す。

印刷・加工メーカーである凸版印刷に続いて、合成メーカーの三井化学、島津製作所が、それぞれ2位、3位につけており、この両社が合成研究とともに用途開発にも注力したことを裏付けている。但し98年以降は東レ、大日本印刷、三菱樹脂などの加工メーカーの注力がみられる。

表1.4.5-5 生活関連用途の主要出願人の出願状況

企業名	90	91	92	93	94	95	96	97	98	99	計
凸版印刷				1	7	9	2	1	1	5	26
三井化学		2	1	4	2	1	2	4	4		20
島津製作所	2			3		5	1			2	13
東レ						1	1	2	8		12
大日本印刷		2		2			2		5		11
ダイセル化学工業			1				1		5	3	11
ユニチカ				4		1	1	2	1	2	11
三菱樹脂					2		1		5	2	10
グンゼ					1	3	4	1		1	10
カネボウ					2		2	3		2	9
東洋紡績				3	1	1					5
大日本インキ化学工業						1				3	4
昭和高分子					2	1					3
昭和電工						1	1	1			3
クラレ				1					1		2
日本触媒									1		1
ジェイエスピー							1				1
三菱瓦斯化学	1										1

(6) 繊維関連用途

図1.4.5-6に生分解性ポリエステルの繊維関連用途に関する出願人数と出願件数の推移を示す。

出願件数、人数ともに増減をくり返しながら、全体的にはゆるやかな増加傾向を示している。

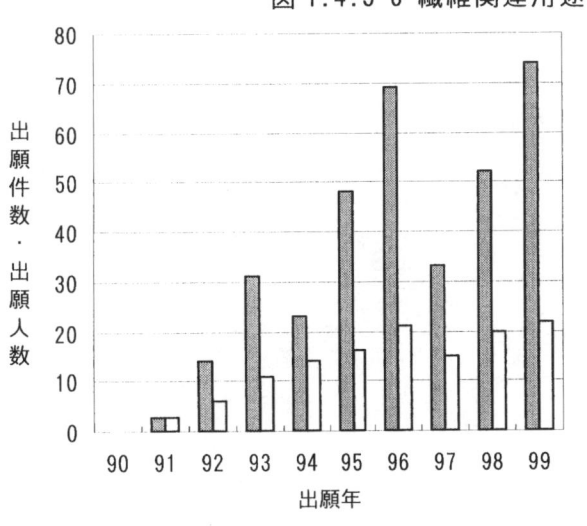

図1.4.5-6 繊維関連用途の出願人数と出願件数の推移

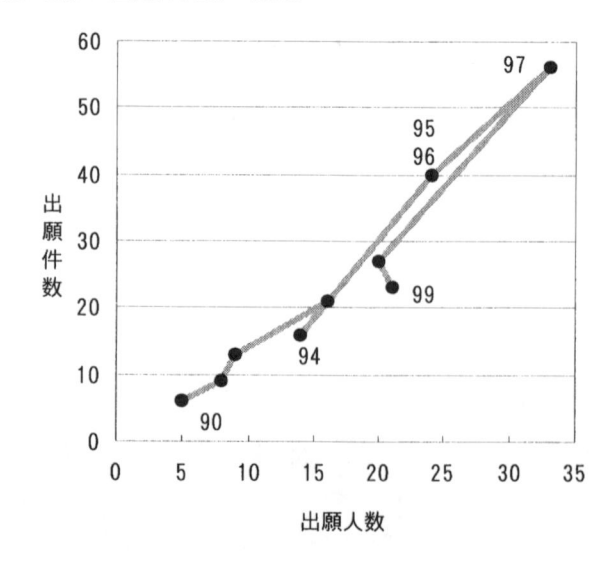

表1.4.5-6に繊維関連用途に関する主要出願人の出願状況を示す。

繊維メーカーであるユニチカ、カネボウ、東レ、クラレ、東洋紡績が上位を占めている。繊維メーカーの出願は1998年以降も増加傾向にあり、生分解性ポリエステル繊維への期待が読みとれる。

なお繊維関連の出願総件数は包装に次いで多く、この点でも期待度は高いと思われる。

表1.4.5-6 繊維関連用途の主要出願人の出願状況

企業名	90	91	92	93	94	95	96	97	98	99	計
ユニチカ		1		9	3	23	22	4	21	19	102
カネボウ					6	5	14	6	4	9	44
島津製作所					6	5	12	1	1	2	27
東レ						1			1	19	21
クラレ			1	4	1				3	8	17
東洋紡績					4	3	3			2	12
三井化学			2	5				1	2	2	12
昭和電工		1	8	1				1			11
昭和高分子			8	1	1						10
ダイセル化学工業					1		1		3		5
グンゼ				1			1	1	2		5
凸版印刷					1		2				3
大日本インキ化学工業						1	1				2
カネボウ合繊									1	1	2

(7) その他用途

図1.4.5-7に生分解性ポリエステルのその他の用途について、出願人数と出願件数の推移を示す。

その他の用途としては、電気電子、接着・粘着・塗料関連などの用途を含む。出願人数、件数ともに1997年をピークとし、98、99年は半減し特に件数の落込みが大きい。

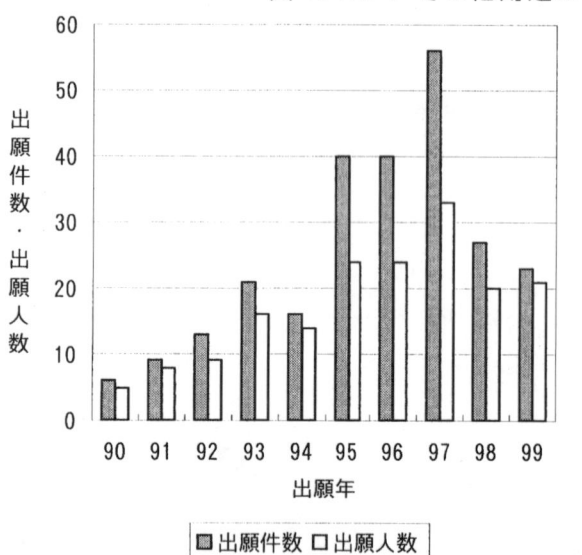

図1.4.5-7 その他用途の出願人数と出願件数の推移

表1.4.5-7にその他用途に関する主要出願人の出願状況を示す。

ポリ乳酸の合成を早くから手がけて来た三井化学と島津製作所が、その他の新規用途の開発研究も早くから始め1、2位を占める。また加工メーカーの凸版印刷や東洋紡績が3、4位を占めている。

表1.4.5-7 その他用途の主要出願人の出願状況

企業名	90	91	92	93	94	95	96	97	98	99	計
三井化学	1		4	4	1	2	4	12	1		29
島津製作所	1			1		4	5	3	1	1	16
凸版印刷		1				7	3		1		12
東洋紡績				2	3			3	2	1	11
昭和高分子			1		2	1		3			7
大日本インキ化学工業		2			1		1	1		2	7
ユニチカ								2	3	1	6
カネボウ						2	2		1	1	6
三菱樹脂							3	1		1	5
ダイセル化学工業				1				2	1		4
クラレ				1					2		3
昭和電工						1			1		2
東レ						1		1			2
グンゼ						1		1			2
カネボウ合繊								1	1		2
三菱瓦斯化学								1		1	2
日本触媒							1				1

1.5 生分解性ポリエステルの技術開発の課題と解決手段

　生分解性ポリエステルを構成する要素技術と主要な用途に注目し、それぞれについて技術開発の課題と解決手段を示す。具体的には、各技術毎に、課題と解決手段を体系化し、後述（2.1～2.20）の主要企業20社が課題に対する解決手段について特許を何件保有しているかを分析する。

　なお、ここでは1991年1月から2001年8月までに公開された特許出願の中で、係属特許出願または権利存続中の特許を解析対象とする。

1.5.1 合成反応

　表1.5.1-1に合成反応の課題と解決手段を示す。

　「合成反応」に係わる技術開発課題はポリマーを容易に製造することと製品品質の向上を図ることに大別される。容易に製造することにはポリマーを短時間、高収率、安価に製造することが含まれ、品質の向上には純度を高めることなどが含まれが、実際上これらの課題は同時に追求される場合が多い。

　ポリマーを容易に製造することは最も重要な課題である。これらの課題の解決手段としては重合工程の組み合わせ、反応圧力、反応温度など特定の条件による重合方法、触媒や重縮合剤の使用、特定の重合装置の使用などが挙げられる。また製品品質の向上には特定原料の使用、生成したポリマーや中間体の精製などが挙げられる。

　合成反応全体に関連する特許出願のうち、約三分の二はポリ乳酸系ポリマーに関するものであり、三井化学と島津製作所の出願が殆どを占めている。

　ポリ乳酸系ポリマーについては、重合方法としては三井化学が乳酸やそのオリゴマーからの直接脱水重縮合法、固相重合法を開発し、それに対して島津製作所はラクチドからの二段重合法や連続重合法による開発を行っている。触媒や重縮合剤の使用では三井化学の重縮合剤ハロイミニウム塩についての出願が多い。また重合装置としては高粘度反応装置などが多く出願されており、また製品ポリマーの純度をあげるために特定の原料を使用する方法や精製法などもみられる。中間体（ラクチド等）の製法、精製法に関しては島津製作所の出願が多い。

　ポリ乳酸以外の生分解性ポリエステルの製造については、各社種々のポリマーを製造しており日本触媒のポリエチレンサクシネート系ポリマー、ダイセル化学工業のポリカプロラクトン系ポリマー、三菱瓦斯化学のポリエステルカーボネート系ポリマーの製造に関連する出願がみられる。

表 1.5.1-1 合成反応の課題と解決手段

解決手段 課題	重合 重合方法	触媒・ 重縮合剤	重合原料	重合装置	精 製 法	中間体の 製法・ 精製法
容易に製造	三井化学 16件 島津製作所 12件 東洋紡績 3件 カネボウ 1件 昭和高分子 1件 ダイセル化学 工業 2件 凸版印刷 1件 三菱瓦斯化学 7件 日本触媒 5件	三井化学 16件 島津製作所 2件 東洋紡績 1件 ダイセル化学 工業 1件	島津製作所 1件	三井化学 3件 島津製作所 4件 東洋紡績 1件 日本触媒 2件		三井化学 5件 三菱瓦斯化学 2件 日本触媒 2件
品質の向上	島津製作所 7件 ユニチカ 3件 東洋紡績 3件 カネボウ 4件 昭和高分子 1件 大日インキ 化学工業 1件 三菱瓦斯化学 2件	ユニチカ 4件 東洋紡績 1件	三井化学 4件	三井化学 3件	三井化学 7件 島津製作所 1件 カネボウ 1件 大日インキ 化学工業 1件	三井化学 2件 島津製作所 12件

1.5.2 組成物・処理

表1.5.2-1に組成物・処理の課題と解決手段を示す。

組成物・処理に関する技術開発の課題としては生分解性ポリエステルの機械的性質（機械的強度、柔軟性、耐衝撃性）、熱的性質（耐熱性、熱安定性）、成形加工性、着色の低減、機能性（生分解促進、生分解制御、透明性、バリア性、導電・制電性）の改善などが挙げられる。

これらの課題の解決手段としては共重合（改質を含む）、樹脂ブレンド、複合化（繊維・フィラーとの）、添加物配合、後処理などが挙げられる。

組成物・処理に関係する課題の中で、出願件数の多いものは成形加工性、機械的強度、熱安定性、透明性、柔軟性、耐熱性などであり、これらについて解決手段との関連をみると次のとおりである。成形加工性は共重合、樹脂ブレンド、添加物配合、複合化の順で対応が取られており、島津製作所、三井化学、昭和高分子の出願が多い。機械的強度は共重合、樹脂ブレンド、複合化の順で島津製作所、三井化学、凸版印刷の出願が多い。熱安定性は共重合、複合化、添加物配合の順で昭和高分子、東洋紡績、カネボウが多い。透明性は共重合、樹脂ブレンド、添加物配合の順で島津製作所、大日本インキ化学工業が多い。柔軟性は樹脂ブレンド、添加物配合、複合化、共重合の順で三井化学、島津製作所が多い。耐熱性は共重合、樹脂ブレンド、添加物配合の順で三菱瓦斯化学、日本触媒、大日本インキ化学工業、島津製作所が多い。

表1.5.2-1 組成物・処理の課題と解決手段（1/4）

課題	解決手段	共重合（改質）	組成物 樹脂ブレンド	組成物 複合化繊維・フィラー	組成物 添加物配合	後処理
機械的性質	機械的強度	大日インキ化学工業 1件 三井化学 3件 島津製作所 5件 ユニチカ 1件 東洋紡績 3件 カネボウ 3件 凸版印刷 6件 大日インキ化学工業 1件	ダイセル化学工業 1件 三井化学 1件 島津製作所 1件 ダイセル化学工業 3件 三菱瓦斯化学 3件 グンゼ 2件 ジェイエスピー 1件	三菱瓦斯化学 1件 三井化学 1件 昭和高分子 1件 昭和電工 1件 三菱瓦斯化学 2件 日本触媒 2件		

表 1.5.2-1 組成物・処理の課題と解決手段 (2/4)

課題	解決手段	共重合（改質）	組成物 樹脂ブレンド	組成物 複合化繊維・フィラー	組成物 添加物配合	後処理
機械的性質（つづき）	柔軟性	凸版印刷 2件	三井化学 4件 島津製作所 7件 大日インキ化学工業 1件	島津製作所 3件	三井化学 6件 大日インキ化学工業 1件	
機械的性質（つづき）	耐衝撃性	島津製作所 4件	三井化学 1件 島津製作所 4件 カネボウ 1件 ダイセル化学工業 1件 三菱樹脂 1件		三井化学 3件	
熱的性質	耐熱性	島津製作所 3件 カネボウ 1件 凸版印刷 1件 大日インキ化学工業 4件 日本触媒 3件	三井化学 1件 島津製作所 3件 ダイセル化学工業 1件 三菱瓦斯化学 4件 日本触媒 1件		三井化学 1件	島津製作所 1件
熱的性質	熱安定性	三井化学 2件 東洋紡績 3件 カネボウ 5件 昭和高分子 12件 大日インキ化学工業 1件 昭和電工 1件		島津製作所 3件 昭和高分子 2件 昭和電工 2件	東洋紡績 2件 昭和高分子 1件	

表1.5.2-1 組成物・処理の課題と解決手段 (3/4)

課題	解決手段	共重合(改質)	組　成　物 樹脂ブレンド	複合化繊維・フィラー	添加物配合	後　処　理
成形加工性		三井化学 3件 島津製作所 6件 ユニチカ 1件 東洋紡績 1件 カネボウ 1件 昭和高分子 7件 ダイセル化学工業 1件 凸版印刷 4件 大日インキ化学工業 3件 東レ 1件 日本触媒 2件	三井化学 1件 島津製作所 3件 ユニチカ 1件 凸版印刷 1件 三菱瓦斯化学 5件 クラレ 3件 グンゼ 1件 大倉工業 1件 ジェイエスピー 2件	三井化学 1件 島津製作所 1件 大倉工業 1件	三井化学 3件 ユニチカ 1件 大日インキ化学工業 1件 昭和電工 1件 三菱瓦斯化学 2件 日本触媒 3件	
着色低減				昭和高分子 2件 大日インキ化学工業 1件		
機能性	生分解促進	三井化学 3件 島津製作所 1件 大日インキ化学工業 1件	三井化学 1件 島津製作所 1件 大倉工業 1件 東洋紡績 1件 ダイセル化学工業 5件 三菱瓦斯化学 1件 ジェイエスピー 1件	島津製作所 3件 大倉工業 1件	ダイセル化学工業 2件	

表 1.5.2-1 組成物・処理の課題と解決手段 (4/4)

課題		解決手段 共重合（改質）	組成物 樹脂ブレンド	組成物 複合化繊維・フィラー	組成物 添加物配合	後処理
機能性（つづき）	生分解制御	ダイセル化学工業 1件	三井化学 1件 島津製作所 2件 ユニチカ 1件 昭和高分子 2件 三菱瓦斯化学 1件 ジェイエスピー 1件	島津製作所 2件 大倉工業 1件	カネボウ 4件 三菱樹脂 1件 昭和電工 1件	
	透明性	島津製作所 4件 カネボウ 2件 昭和高分子 2件 大日インキ化学工業 5件 昭和電工 1件	島津製作所 3件 ダイセル化学工業 1件 三菱樹脂 1件 クラレ 2件		三井化学 3件 カネボウ 1件	島津製作所 1件
	バリア性		クラレ 2件	昭和電工 1件		
	導電・制電性		島津製作所 3件		三井化学 5件 凸版印刷 2件 三菱樹脂 1件 カネボウ合繊 2件	
	発泡性	三井化学 2件				
	その他	三井化学 2件 島津製作所 1件 カネボウ 2件 ダイセル化学工業 1件 凸版印刷 1件 大日インキ化学工業 3件		島津製作所 2件 カネボウ 1件	三井化学 3件 東洋紡績 2件 大日インキ化学工業 1件 昭和電工 2件 クラレ 1件	島津製作所 3件 昭和高分子 2件

1.5.3 加工

表1.5.3-1に加工の課題と解決手段を示す。

加工の課題については、機械的性質（機械的強度、耐衝撃性、柔軟性）、熱的性質（耐熱性、熱安定性、ヒートシール性、寸法安定性、収縮性）、成形加工性（一次加工、二次加工）など、全般に渡る物性の向上を目的としている。中でも機械的強度、成形時の熱安定性に重点がある。機能性については、接着性が圧倒的に特許の数が多く、成型品では、発泡製品（発泡粒子、発泡シート）が多い。

加工の課題に対する解決手段は、積層、延伸、ブレンドに重点化されている。次いで紡糸である。

加工は既に成熟した分野であるため、生分解性ポリマーとして、従来の成形方法と変わったところは見られない。従って、成形加工に関する特許出願は、従来法における成形条件の改良などが中心となっている。これらはいずれも、フィルム・シートに関するものであり、中空成形や射出成形などの一般成形に関するものは少なく、射出成形は特に少ない。樹脂の性格上、生分解性ポリマーは表面積の小さい成形品には適していないためであろう。

延伸を解決手段とするものについては、積層、ブレンドのそれとほぼ同じ件数であるが、一般にフィルムに関する特許では、表面的に延伸と言う言葉を使ってなくても、殆どの場合、延伸されていることを考慮すれば、実際には延伸技術に関連する開発は最も多く行われている。（延伸フィルムを配向度や物性、表面の粗さなどで特定している場合は、後述（1.5.4）の「特定用途」に含め、「加工」には含めていない。）

積層については、機械的性質やヒートシール、ガスバリアなどの改良に集中している。これらは生分解性ポリマーの本来の性質の欠けている物性を補うものである。目的に応じて、スキン・コア構造などの多層化が行われ、特に、情報関係のカードには多くの機能をつけるために一層複雑な構造が採用されている。積層品の使い方としては、シート全体が自然分解するほか、接着層のみが自然分解して、廃棄のとき、剥がれやすくしているものがある。本来の加工メーカーはこぞってこの分野に力を入れている。

ブレンドも積層と同じく、単一ポリマー品での欠陥を補うために行われるが、多くある物性の種類に応じて、それぞれ開発が行われているため、その種類が多く、グンゼ、三菱樹脂、ユニチカをはじめ多くの出願がみられる。

表1.5.3-1 加工の課題と解決手段 (1/8)

	解決手段	樹脂ブレンド	複合化	添加物配合	後処理	成形	発泡	紡糸	延伸	積層	その他加工
課題	機械的強度	グンゼ 6件 ユニチカ 2件 凸版印刷 3件 ジェイエスピー 3件	カネボウ 1件	凸版印刷 1件 クラレ 1件			昭和高分子 2件 大日本インキ化学工業 2件	ユニチカ 8件	島津製作所 1件 ダイセル化学工業 1件 大日本インキ化学工業 1件 凸版印刷 2件 グンゼ 2件 カネボウ 1件 ユニチカ 2件 東洋紡績 1件	島津製作所 1件 ダイセル化学工業 1件 凸版印刷 3件 グンゼ 1件	島津製作所 1件
機械的性質	柔軟性	グンゼ 1件 ユニチカ 1件 カネボウ 2件					カネボウ 1件	カネボウ 2件			

37

表 1.5.3-1 加工の課題と解決手段 (2/8)

課題	解決手段	樹脂ブレンド	複合化	添加物配合	後処理	成形	発泡	紡糸	延伸	積層	その他加工
機械的性質(つづき)	耐衝撃性	ユニチカ 2件 ジェイエスピー 1件 三菱樹脂 1件							三菱樹脂 1件		三菱樹脂 1件
	その他	凸版印刷 1件 東レ 1件 三菱樹脂 2件		クラレ 2件 三菱樹脂 1件					東レ 5件 三菱樹脂 2件		ユニチカ 2件
熱的性質	耐熱性	ユニチカ 2件 グンゼ 3件				昭和高分子 5件 昭和電工 5件		ユニチカ 3件 クラレ 1件 カネボウ 1件	大日本インキ化学工業 1件 ユニチカ 1件		三菱樹脂 1件
	熱安定性	グンゼ 2件							昭和高分子 3件 大日本インキ化学工業 1件 三菱樹脂 1件		

38

表 1.5.3-1 加工の課題と解決手段 (3/8)

課題 \ 解決手段	樹脂ブレンド	複合化	添加物配合	後処理	成形	発泡	紡糸	延伸	積層	その他加工
熱的性質（つづき） ヒートシール性	三菱樹脂 3件							三菱樹脂 1件	島津製作所 1件 大日本インキ化学工業 2件 大倉工業 1件 三菱樹脂 3件	
収縮性						大日本インキ化学工業 1件		大倉工業 3件		
寸法安定性	ユニチカ 1件 凸版印刷 2件 三菱樹脂 1件							島津製作所 1件 三菱樹脂 1件 ユニチカ 1件 東洋紡績 1件		島津製作所 1件
その他		カネボウ 1件					カネボウ 1件			

表1.5.3-1 加工の課題と解決手段（4/8）

課題	解決手段	樹脂ブレンド	複合化	添加物配合	後処理	成形	発泡	紡糸	延伸	積層	その他加工
成形加工性	一次加工性	大倉工業1件 ジェイエスピー2件 三菱樹脂2件 グンゼ1件		三井化学2件	ダイセル化学工業8件				三菱樹脂1件	大日本印刷2件	三井化学1件 大倉工業1件 カネボウ1件 東洋紡績1件
	二次加工性	ジェイエスピー1件							東洋紡績11件		東洋紡績1件
機能性	生分解性	ジェイエスピー2件 三菱樹脂1件		大日本インキ化学工業1件		凸版印刷1件				凸版印刷2件 三菱樹脂2件	
	透明性										島津製作所1件

40

表 1.5.3-1 加工の課題と解決手段 (5/8)

課題 \ 解決手段	樹脂ブレンド	複合化	添加物配合	後処理	成形	発泡	紡糸	延伸	積層	その他加工
機能性（つづき） バリア性									島津製作所 1件 ダイセル化学工業 1件 東洋紡績 1件 東レ 1件 三菱樹脂 1件	
導電・制電性									大日本インキ化学工業 1件	
接着性			三井化学 4件 三菱樹脂 1件				カネボウ 1件 ユニチカ 2件	三菱樹脂 1件	ユニチカ 10件 凸版印刷 1件 三菱樹脂 1件	
発泡性						三井化学 2件				
吸水性	ユニチカ 1件	カネボウ 1件						ユニチカ 1件	ユニチカ 12件	
風合									凸版印刷 1件	

表 1.5.3-1 加工の課題と解決手段 (6/8)

課題	解決手段	樹脂ブレンド	複合化	添加物配合	後処理	成形	発泡	紡糸	延伸	積層	その他加工
機能性(つづき)	その他										
その他(用途)	粒子・ペレット			三井化学 2件					三菱樹脂 1件		三井化学 1件 大日本インキ化学工業 1件
	マイクロカプセル										三井化学 2件
	発泡体			三井化学 5件 カネボウ合繊 3件	三井化学 1件					大日本インキ化学工業 1件	
	発泡粒子										
	発泡シート	三井化学 1件		三井化学 1件							
	網・網状物			三井化学 1件				東レ 2件			

表 1.5.3-1 加工の課題と解決手段 (7/8)

課題＼解決手段	樹脂ブレンド	複合化	添加物配合	後処理	成形	発泡	紡糸	延伸	積層	その他加工
その他（用途のつづき） フィルム		三井化学 1件	大日本インキ化学工業 1件	ダイセル化学工業 1件				三井化学 3件 ユニチカ 2件 三菱樹脂 1件	ユニチカ 1件 東洋紡績 1件	三菱樹脂 1件
多孔性フィルム			大日本インキ化学工業 1件							
ラミネート	島津製作所 1件								三井化学 3件	
特殊繊維（中空、製造系 件、海島など）							東レ 10件 グンゼ 1件			
容器（中空、射出）						ダイセル化学工業 1件				東洋紡績 1件 大倉工業 3件
緩衝体										

43

表 1.5.3-1 加工の課題と解決手段（8/8）

課題	解決手段	樹脂ブレンド	複合化	添加物配合	後処理	成形	発泡	紡糸	延伸	積層	その他加工
その他（用途のつき）	積層体		昭和電工 1件								
	糸、ヤーン							グンゼ 1件	ユニチカ 1件		
	その他				カネボウ 1件		昭和高分子 1件 カネボウ合繊 2件	カネボウ 1件		三井化学 1件 大日本印刷 1件	昭和高分子 1件

1.5.4 特定用途

(1) 農業用フィルム

表1.5.4-1に農業用フィルムの課題と解決手段を示す。

農業用フィルムの課題としては、まず生分解性があげられ、ついで機械的性質で中でも強度である。熱的性質や成形加工性については1件づつあるのみである。

農業用フィルムの目的は畑で放置しても自然に分解する手間のかからないフィルム・シートの提供であり、具体的なフィルムの用途はマルチフィルム、防曇フィルムがあり、シートの用途では移植に手間のかからない植生ポットなどがある。さらに、フィルムに種を予め取り入れた工夫もある。

これらの課題の解決手段は、共重合やブレンド、添加剤配合によるフィルム原料の開発に重点がおかれている。また、廃棄物の椰子の中果皮や石炭灰配合により、生分解性の向上を図った大倉工業の特許出願がある。

機械強度を向上する課題に対しては、上記手段の他に、ダイセル化学工業に見られる放射線架橋の特許出願がある。

表1.5.4-1 農業用フィルムの課題と解決手段

課題		解決手段 共重合（改質）	樹脂ブレンド	複合化	添加物配合	後処理
機械的性質	機械的強度		三井化学 1件		三井化学 1件	
	柔軟性		カネボウ 1件			
	その他				三井化学 3件	
熱的性質	耐熱性		グンゼ 1件			
機能性	生分解	ダイセル化学工業 1件 島津製作所 2件 カネボウ 2件 東洋紡績 2件	グンゼ 1件 カネボウ 1件	大倉工業 3件		
その他			三井化学 1件			ダイセル化学工業 4件

(2) フィルム・シート

　表1.5.4-2にフィルム・シートの課題と解決手段を示す。

　フィルム・シートは農業用フィルム以外のフィルム・シートを対象とする。

　フィルム・シートの課題としては、機械的強度の向上、寸法安定性などの機械的性質の改良、成形加工性があり、機能的性質としては透明性、生分解性、制電性などがある。

　生分解性の解決手段としては共重合が圧倒的に多く、その中心になるのが三井化学とユニチカである。フィルム原料としては、ポリ乳酸が多いが、これに限らず、広く熱可塑性の脂肪族ポリエステルが使われている。ポリマーブレンド、添加剤配合の特許出願も含めると、全体の2/3を製膜の原料が占める。

　また、いずれの課題に対しても、延伸、積層に関する解決手段を有するものが多い。

表1.5.4-2 フィルム・シートの課題と解決手段（1/4）

課題	解決手段	共重合(改質)	樹脂ブレンド	複合化	添加物配合	発泡	延伸	積層(含塗布)	その他加工
機械的性質	機械的強度	三井化学 4件 島津製作所 3件 ダイセル化学工業 1件 日本触媒 1件 ユニチカ 2件 三菱樹脂 3件	クラレ 1件 三菱樹脂 2件 グンゼ 3件				三菱樹脂 4件 グンゼ 2件	東洋紡績 4件 凸版印刷 1件 カネボウ 1件	
	柔軟性	凸版印刷 1件 三菱樹脂 2件	ユニチカ 1件 グンゼ 1件						
	耐衝撃性	三菱樹脂 1件	ユニチカ 1件 三菱樹脂 2件				三菱樹脂 1件		
	寸法安定性	三菱樹脂 1件					ユニチカ 1件 三菱樹脂 2件	東洋紡績 1件	
	摩擦・摩耗		三菱樹脂 1件		三菱樹脂 1件				
	引裂性	ユニチカ 1件 三菱樹脂 1件					ユニチカ 2件		
熱的性質	耐熱性	三井化学 2件 三菱樹脂 2件	三菱樹脂 1件 グンゼ 1件				ユニチカ 1件		

表 1.5.4-2 フィルム・シートの課題と解決手段 (2/4)

課題	解決手段	共重合(改質)	樹脂ブレンド	複合化	添加物配合	発泡	延伸	積層(含塗布)	その他加工
熱的性質（つづき）	寸法安定性(熱収縮性)	三井化学 2件 島津製作所 3件 昭和高分子 2件 ダイセル化学工業 1件 大日本インキ化学工業 1件 昭和電工 3件 三菱樹脂 1件	三菱樹脂 1件		東レ 2件	三井化学 1件	大倉工業 3件 三菱樹脂 7件	大倉工業 2件	
	ヒートシール性	三菱樹脂 1件	凸版印刷 1件 三菱樹脂 3件	大倉工業 1件		三菱樹脂 1件	島津製作所 1件 凸版印刷 2件 三菱樹脂 6件		
	その他							東洋紡績 5件	
成形加工性	一次加工性	島津製作所 1件 日本触媒 1件 東洋紡績 2件 大日本印刷 2件 三菱樹脂 2件	大日本印刷 1件 グンゼ 2件				東洋紡績 25件 大日本印刷 2件		大倉工業 1件
	二次加工性	三菱樹脂 1件					東レ 5件		

表 1.5.4-2 フィルム・シートの課題と解決手段（3/4）

課題		解決手段 共重合(改質)	樹脂ブレンド	複合化	添加物配合	発泡	延伸	積層(含塗布)	その他加工
機能性	生分解性	凸版印刷 1件			三菱樹脂 1件	大日本印刷 1件		凸版印刷 2件 大日本印刷 2件 三菱樹脂 1件	
	透明性	凸版印刷 2件 三菱樹脂 3件	三菱樹脂 4件				三菱樹脂 2件	東洋紡績 1件 三菱樹脂 5件 カネボウ 1件	
	バリア性	三井化学 1件	クラレ 1件		凸版印刷 1件		三菱樹脂 1件	東洋紡績 1件 凸版印刷 1件 三菱樹脂 1件 カネボウ 1件	
	導電・制電性				島津製作所 2件 ユニチカ 1件 三菱樹脂 2件				
	吸水性			ユニチカ 1件					
	緩衝性			ユニチカ 1件		三井化学 1件 ダイセル化学工業 1件 昭和電工 1件			

50

表 1.5.4-2 フィルム・シートの課題と解決手段（4/4）

課題	解決手段	共重合（改質）	樹脂ブレンド	複合化	添加物配合	発泡	延伸	積層(含塗布)	その他加工
機能性（つづき）	その他各種用途	三井化学 6件 ユニチカ 1件 凸版印刷 2件 ジェイエスピー 1件 東レ 5件 三菱樹脂 2件 昭和高分子 4件 昭和電工 3件			ユニチカ 1件	三菱樹脂 1件	凸版印刷 1件		大倉工業 1件

（3）緩衝材及び発泡の課題と解決手段

表 1.5.4-3 に緩衝材の課題と解決手段を示す。

緩衝材の課題については、強度などの機械的性質は勿論のこと、成形加工性が重要な課題である。また、製品としては発泡体として発泡粒子があるが、発泡シート、発泡容器など最終製品の特許が散発的にあるのみである

この解決手段として、共重合などの素材の開発と、添加剤の研究、成形加工法がある。共重合については、三井化学の出願が多く、配合についてはカネボウが関連会社と地球環境産業技術研究機構（財）とで共同研究を行い、原料の改質に力を入れている。発泡技術については、各社行っているが、中でも昭和高分子が目立つ。

表 1.5.4-3 緩衝材の課題と解決手段 (1/3)

課題	解決手段	共重合（改質）	樹脂ブレンド	添加物配合	後処理	発泡	積層	その他加工	物性のパラメータ化
機械的性質	機械的強度	ジェイエスピー 1件				昭和高分子 2件 昭和電工 2件			
	柔軟性			カネボウ 1件					
	耐衝撃性			カネボウ 1件					
	寸法安定性	ジェイエスピー 1件				昭和電工 1件			
成形加工性	一次加工性	カネボウ 3件 三井化学 2件	カネボウ 1件	三井化学 1件 カネボウ 2件		三井化学 4件 ダイセル化学工業 2件 大日本インキ化学工業 1件 三菱瓦斯化学 1件 カネボウ合繊 9件			

53

表1.5.4-3 緩衝材の課題と解決手段（2/3）

課題	解決手段	共重合(改質)	樹脂ブレンド	添加物配合	後処理	発泡	積層	その他加工	物性制限
機能性	導電・制電性			カネボウ合繊 2件 カネボウ 1件					
機能性	その他	ジェイエスピー 1件							
その他（各種用途）	発泡体	三井化学 3件 ダイセル化学工業 1件 大日本インキ化学工業 2件 昭和電工 1件 カネボウ 1件		ジェイエスピー 3件 カネボウ 1件	三井化学 1件	昭和高分子 1件	大日本インキ化学工業 1件	昭和高分子 1件	三井化学 2件
その他（各種用途）	発泡粒子	大日本インキ化学工業 1件 昭和電工 1件 ジェイエスピー 3件	カネボウ合繊 1件	三井化学 5件 ジェイエスピー 1件 カネボウ合繊 2件 カネボウ 1件		昭和高分子 1件			

表1.5.4-3 緩衝材の課題と解決手段（3/3）

課題＼解決手段	共重合（改質）	樹脂ブレンド	添加物配合	後処理	発泡	積層	その他加工	物性制限
発泡シート	三井化学 1件 昭和電工 1件	三井化学 1件	三井化学 1件 ジェイエスピー 1件		昭和高分子 1件		昭和高分子 1件	
発泡容器	三井化学 1件 ユニチカ 1件							
樹脂組成物			カネボウ合繊 6件					
その他	三井化学 1件 ジェイエスピー 2件							

課題: その他（各種用途つき）

55

(4) カードの課題と解決手段

表1.5.4-4にカードの課題と解決手段を示す。

カードの課題としては、機械的強度と生分解性である。生分解性の場合、基板そのものの生分解と接着層の生分解により剥がして回収を容易にするケースがある。また、カードの性格上、素材に関係なく、ICカード、スクラッチカードやカードの偽造の防止など、記録層や印刷層に関する特許出願が多い。

機械的強度と生分解性の課題の解決には、積層によるものが圧倒的に多く、特にカードに各種機能を付与するためには積層は重要である。次いで共重合やブレンドである。

カードについては、凸版印刷の出願が多く、ICカード、スクラッチカードやカードの偽造の防止など、カードの具体的な使用にまで及んでいる。

表1.5.4-4 カードの課題と解決手段（1/2）

課題	解決手段	共重合（改質）	樹脂ブレンド	複合化	添加物配合	積層	その他加工
機械的性質	機械的強度	三井化学 1件	凸版印刷 1件		凸版印刷 1件	凸版印刷 7件	
	外観					凸版印刷 1件	
	その他					凸版印刷 1件	
熱的性質	寸法安定性		凸版印刷 1件				
成形加工性	一次加工性		凸版印刷 1件				
機能性	生分解性	三井化学 1件 東レ 1件 大日本印刷 3件 三菱樹脂 1件				凸版印刷 6件	東レ 1件

表1.5.4-4 カードの課題と解決手段 (2/2)

課題\解決手段	共重合 (改質)	樹脂 ブレンド	複合化	添加物 配合	積層	その他 加工
機能性 (つづき) その他					凸版印刷 2件 三菱樹脂 1件	
その他 (各種用途)	三井化学 1件 昭和高分子 1件 ダイセル 化学工業 2件		三井化学 1件		凸版印刷 1件	

(5) 繊維の課題と解決手段

表1.5.4-5に繊維の課題と解決手段を示す。

繊維の課題としては、機械的性質、生分解性の改良、次いで熱的性質、風合いの改良がある。

これらの解決手段としては、原料ポリマーに重点が置かれていて、中でもユニチカが最も多く、ついで島津製作所である。ユニチカはポリ乳酸共重合系が多いが、ポリブチレンサクシネートもあり、複合繊維にはポリエチレンオキサイドと脂肪族ポリエステルを使っている。島津製作所は脂肪族ポリエステルの複合が多い。複合化、樹脂ブレンド、添加物配合にはカネボウが重点をおいており、既存の生分解性ポリマーに押出機を使って各種実用物性の改質を行っている。なかでも、柔軟性や嵩高など風合いに関係するものが多い。

機械的性質については、特に強度が最も重要な課題である。これに対しては分子配向された繊維と、この繊維とは融点や溶融吸熱量の異なる脂肪族ポリエステルからなる配向された繊維との混合糸、また、これら成分のブロックコポリマーからなる繊維の混合糸が採用されている。また、複合繊維の一方成分にシロキサンを入れ、繊維を分割する方法など、ノズル形状や紡糸方法に工夫が見られる。さらに繊維断面の成分の分布に配慮した繊維を用いることにより、熱接着性をよくし、巻縮性を生じさせる工夫がある。

ダイセルは機械的硬度を目的として、放射線を使った架橋を行っている。

表 1.5.4-5 繊維の課題と解決手段 (1/3)

課題	解決手段	共重合(改質)	樹脂ブレンド	複合化	添加物配合	後処理	紡糸	延伸
機械的性質	機械的強度	島津製作所 1件 ユニチカ 8件 カネボウ 1件	ユニチカ 1件 クラレ 1件	三井化学 1件 三菱瓦斯化学 3件 ユニチカ 1件 カネボウ 1件	クラレ 1件		ユニチカ 2件	三井化学 1件
	柔軟性	ユニチカ 3件 カネボウ 1件	クラレ 1件 カネボウ 4件	カネボウ 2件	カネボウ 2件			
	耐衝撃性	ユニチカ 1件		三菱瓦斯化学 1件				
	耐摩耗性							
	嵩高性	島津製作所 3件 カネボウ 3件	カネボウ 1件	ユニチカ 1件	カネボウ 2件			
	風合	ユニチカ 1件 クラレ 1件 東レ 3件 カネボウ 3件	クラレ 1件 カネボウ 1件	ユニチカ 1件	東レ 2件	カネボウ 2件	東レ 1件	ユニチカ 1件

表1.5.4-5 繊維の課題と解決手段 (2/3)

課題		解決手段	共重合(改質)	樹脂ブレンド	複合化	添加物配合	後処理	紡糸	延伸
熱的性質	耐熱性		東洋紡績 1件	カネボウ 1件					
	熱安定性								三井化学 2件
	寸法安定性		ユニチカ 1件						
成形加工性	一次加工性		島津製作所 1件			三井化学 1件	カネボウ 1件	ユニチカ 1件	
	二次加工性						三井化学 2件		三井化学 1件
機能性	生分解性		三井化学 1件 島津製作所 1件 ユニチカ 1件 クラレ 1件 東レ 1件 グンゼ 1件 カネボウ 1件	ユニチカ 1件	クラレ 1件				
	導電・制電性				島津製作所 1件	カネボウ 2件	島津製作所 2件		

表 1.5.4-5 繊維の課題と解決手段 (3/3)

課題	解決手段	共重合(改質)	樹脂ブレンド	複合化	添加物配合	後処理	紡糸	延伸
機能性(つづき)	自己接着性	島津製作所 2件 ユニチカ 2件	カネボウ 1件	カネボウ 1件	クラレ 1件	クラレ 1件		
	その他	島津製作所 1件						
その他(用途)	糸	三井化学 3件 島津製作所 11件 ダイセル化学工業 1件 大日本インキ化学工業 6件 クラレ 3件 東レ 2件 カネボウ 1件 昭和電工 6件 昭和高分子 2件 三菱瓦斯化学 1件	カネボウ 1件	カネボウ 1件		ダイセル化学工業 1件	三井化学 3件	
	その他			カネボウ 1件				

(6) 不織布

表1.5.4-6に不織布の課題と解決手段を示す。

不織布の課題としては、機械的性質（機械的強度、柔軟性、嵩高）、熱的性質（耐熱性、寸法安定性）、成型加工性（一次加工、二次加工）、機能性（生分解性、接着性、抗菌性、吸水性）である。不職布の用途としては、ユニチカ以外は散発的で狙いは定まっていないが、ユニチカでは農業用が多く、特に、透光性、通気性を利用し、移植後、根が絡んでも自然崩壊で植物に悪影響の出ない使い方も考えられている。また、土木用では土砂の袋積の滑り止めがある。

これらの解決手段は共重合、複合化、積層が主である。共重合による素材そのものの開発と紡糸時の複合化、また、出来た不職布を積層する特許出願が、同程度の比重で見られる。ユニチカはこの3つの領域に重点を置いている。特に積層、複合化については、殆ど他社の追従を許さない。特に、機械的強度、柔軟性、吸水性、接着性の改良に重点化しており、これに対してはポリ乳酸やポリブチレンサクシネートがよく使われている。

合成メーカーでは共重合による、素材の開発に力が注がれている。

複合繊維を使っての不織布については、繊維断面での両成分の混ざり合いに工夫をして、それを複合繊維とし、芯鞘構造とするにすることにより、熱接着性や巻縮性の改良を狙っている。芯鞘の素材は同じ物質や他の生分解性ポリマー同士のものなどがあるが、鞘の融点を芯のそれよりも下げて、熱接着性を向上させるものがある。また芯鞘の融点を逆にして高融点部分が表面に突起部を形成し、しかも、芯部は分断されることなく連続しており、表面では芯鞘成分が交互に露出するなどの工夫をしたものがある。

不織布の積層においては、加圧液体流体を使って三次元交絡を行わせるなどの工夫がある。積層では生分解性合成ポリマーと天然繊維との張り合わせで、それぞれの物性の補完を狙ったものがある。

表1.5.4-6 不織布の課題と解決手段（1/2）

課題	解決手段	共重合（改質）	複合化	添加物配合	積層
機械的性質	機械的強度	ユニチカ7件 東レ1件	ユニチカ10件	ユニチカ2件	ユニチカ9件
	柔軟性	ユニチカ8件 東レ1件	ユニチカ6件		ユニチカ3件
	嵩高	ユニチカ7件	ユニチカ5件		ユニチカ1件
	耐摩耗性	ユニチカ1件		ユニチカ1件	
熱的性質	耐熱性	東洋紡績2件			
	寸法安定性	ユニチカ1件	ユニチカ4件		ユニチカ2件

表 1.5.4-6 不織布の課題と解決手段（2/2）

課題		解決手段 共重合（改質）	複合化	添加物配合	積層
成形加工性	一次加工性	ユニチカ 2件	ユニチカ 3件		ユニチカ 8件
	二次加工性	ユニチカ 2件			
機能性	生分解性	三井化学 2件 東洋紡績 1件	ユニチカ 2件		ユニチカ 2件
	接着性	ユニチカ 3件	ユニチカ 12件	ユニチカ 1件	ユニチカ 10件
	吸水性		ユニチカ 4件 カネボウ 1件	ユニチカ 1件	ユニチカ 17件
	抗菌性	東洋紡績 1件	ユニチカ 3件 東洋紡績 1件		
	その他	東洋紡績 3件 カネボウ合繊 1件	ユニチカ 4件 カネボウ 1件		東洋紡績 1件
その他（用途）	不織布	昭和高分子 1件 大日本インキ化学工業 1件 昭和電工 1件 ユニチカ 1件 クラレ 1件			
	濾過用	ユニチカ 1件 東洋紡績 1件	ユニチカ 1件		
	農業用	ユニチカ 11件 カネボウ合繊 1件			

2. 主要企業等の特許活動

2.1 三井化学
2.2 島津製作所
2.3 ユニチカ
2.4 東洋紡績
2.5 カネボウ
2.6 昭和高分子
2.7 凸版印刷
2.8 ダイセル化学工業
2.9 三菱樹脂
2.10 昭和電工
2.11 大日本インキ化学工業
2.12 三菱瓦斯化学
2.13 東レ
2.14 日本触媒
2.15 大日本印刷
2.16 クラレ
2.17 グンゼ
2.18 大倉工業
2.19 ジェイエスピー
2.20 カネボウ合繊
2.21 大学

> 特許流通
> 支援チャート

2. 主要企業等の特許活動

> 生分解性ポリエステルはカーギル・ダウがポリ乳酸の14万トン／年のプラントを完成させることにより、従来非常に問題であったコストが解決されつつある。農業用途、一般包装用途のほか、食品包装用途など、幅広い用途への展開が進んでいる。

　生分解性ポリエステルに関する出願件数の多い主要企業 20 社について、企業毎に企業概要、技術移転事例、主要製品・技術等の分析を行う。

　主要企業 20 社は、出願件数の上位 13 社と各技術要素における上位企業から選定した。製造メーカーと加工メーカー別に主要企業 20 社とその出願件数を表 2.1 に示す。

表 2.1 主要企業 20 社の出願件数

メーカー	特許出願件数
製造メーカー（8社）	
三井化学	256
島津製作所	185
昭和高分子	86
ダイセル化学工業	72
大日本インキ化学工業	56
昭和電工	58
三菱瓦斯化学	49
日本触媒	33
加工メーカー（12社）	
ユニチカ	143
東洋紡績	104
カネボウ	87
凸版印刷	77
三菱樹脂	60
東レ	38
クラレ	30
大日本印刷	31
グンゼ	27
大倉工業	21
ジェイエスピー	20
カネボウ合繊	13

　また、出願件数の多い主要な大学関係の特許出願および連絡先についても紹介する。

　尚、各企業の保有特許の概要については、1991 年 1 月から 2001 年 8 月までに公開された特許出願の中で、係属中の特許出願または権利存続中の特許を解析対象としている。ここで掲載する特許は全てが開放可能とは限らないため個別の対応が必要である。

2.1 三井化学

2.1.1 企業の概要

表 2.1.1-1 三井化学の企業の概要

1)	商　　　　　号	三井化学株式会社
2)	設 立 年 月 日	昭和22年7月25日（登記簿上） 平成9年10月1日（三井石油化学工業株式会社と三井東圧化学株式会社が合併）
3)	資　　本　　金	1,032億2600万円（2001年3月現在）
4)	従　業　員	5,386名　　　　（　〃　）
5)	事　業　内　容	基礎化学品、樹脂、化成品・精密化学品、機能製品の製造・販売
6)	技術・資本提携関係	技術提携／三井造船、湖南石油化学（韓国）、ICT.（英）、アモコ・コーポレーション（米）、ABBラーマス・クレスト（米）、他 資本提携／武田薬品工業株、ヨンサン・インターナショナル・インコーポレーテッド（韓国）、住友ベークライト、他
7)	事　業　所	本社／東京、工場／市原、名古屋、大阪、岩国大竹、大牟田、他
8)	関　連　会　社	国内／グランドポリマー、大阪石油化学、東セロ、他 海外／Mitsui Bisphenol Singapore Pte Ltd.、Siam Mitui PTA Co. Ltd.、他
9)	業　績　推　移	平成13年3月期は前期に比し売上高7.3%増、経常利益32%減
10)	主　要　製　品	石化原料、合繊原料、工業薬品、ポリエチレン、ポリプロピレン、PET樹脂、機能性ポリマー、染料、電子情報材料、等
11)	主 な 取 引 先	商社、化学会社、繊維会社、他
12)	技 術 移 転 窓 口	LACEA開発室　東京都千代田区霞が関3-2-5　TEL: 03-3592-4479

　三井化学とカーギルダウ（米）とは、生分解性ポリマー「NatureWorks」について業務提携することを2001年9月に発表した。それによって「NatureWorks」の日本における開発および販売を独占的に行うことが可能となる。三井化学は「レイシア」によって開発された材料、加工用途技術を「NatureWorks」に適用する。（三井化学のホームページ）

2.1.2 生分解性ポリエステル技術に関連する製品・技術

表 2.1.2-1 三井化学の製品・技術

技術要素	製品		製品名	発売時期	出典
合成反応	ポリ乳酸	射出押出用 グレード	レイシア H-100J	平成12年2月	ポリファイル 2001年3月号
	ポリ乳酸	耐熱性 グレード	レイシア M-151S Q04	発売中	〃
	ポリ乳酸	軟質用 グレード	レイシア M-151S Q52	発売中	〃

　三井化学はポリ乳酸系ポリマーをベースとした生分解性プラスチック「レイシア」を上市している。「レイシア M-151S」は耐熱性向上のために改質されたものである。
　「レイシア」の製造には三井化学が多数の特許を出願している乳酸またはそのオリゴマーを直接脱水重縮合する技術が使用されていると推測される。

2.1.3 技術開発課題対応保有特許の概要

　三井化学の保有特許出願は239件で、その内容はポリ乳酸系主体のポリエステルに関

するものが181件、その他のポリエステルに関するものが22件、ポリエステル一般（ポリエステルの種類が特定されていないの）に関するものが36件であり、技術開発の方向はかなりポリ乳酸系主体のポリエステルに向けられている。その他のポリエステルについては生分解を促進するなどの課題に対応する共重合体の製造に関する出願が多い。またポリエステル一般に関して脂肪族ポリエステルを使用する32件の特許が出願されている。

外部との共願は、経済産業省産業技術総合研究所長：4件、富士フレーバー：3件、エヌティエヌ：2件、シーケー：2件、島津製作所：2件、東洋紡績：1件、凸版印刷：1件、古林紙工：1件、ラサ工業：1件である。

三井化学の各技術要素における課題と解決手段について表2.1.3-1、表2.1.3-2および表2.1.3-3に示す。

三井化学は製造メーカーであり、合成反応に関する特許出願が多いため、特にポリ乳酸に注目して課題と解決手段を整理している。また、表2.1.3-3においては、ポリ乳酸系ポリマー、その他のポリマー、ポリエステル一般に分けて、技術要素毎に課題と概要等を掲載した。

三井化学の出願で最も注目されるのは生分解性ポリエステルの「合成反応」に関連するものが全体の20％強を占め、中でもポリ乳酸系ポリマーの製造が殆どであることである。ポリ乳酸系ポリマーの製造については特定の方法（乳酸またはそのオリゴマーを直接脱水重縮合する方法や、固相状態で脱水重縮合する方法など）や特定の触媒や重縮合剤に関連する出願が多く、これらによってポリ乳酸系ポリマーを短時間、高収率、安価に製造という課題を解決している。また特定の原料を使用したり、精製方法を工夫して純度を高め、品質の向上という課題を解決している。

「組成物・処理」により解決する課題としては、まず機械的性質の中でも柔軟性が挙げられ、これには樹脂ブレンドや添加物配合で対応している。また成形加工性の改善については共重合や添加物配合で対応している。

「加工」の中では発泡に関連するものが多く、発泡性の向上のために添加物配合や発泡処理の改善が試みられ、発泡体、発泡粒子、発泡シートなどが製造されている。

「フィルム・シート」の課題としては強度、耐熱性、寸法安定性、バリア性などが挙げられ、共重合を解決手段としている。

共重合によって繊維、不織布、カードなどの生分解促進が図られている。

表2.1.3-1 三井化学の合成反応の課題と解決手段

（技術要素）課題		重合				精製法	中間体の製法・精製法
	解決手段	重合方法	触媒・重縮合剤	重合原料	重合装置		
合成反応	容易に製造（高収率安価）	16	16		3		5
	品質の向上高純度			4	3	7	2

表中の数字は出願件数を表す

表 2.1.3-2 三井化学の合成反応以外の技術要素の課題と解決手段（1/3）

(技術要素) 課題			共重合	樹脂ブレンド	複合化	添加物配合	後処理	成形	発泡	紡糸	延伸	積層	その他加工
組成物・処理	性質	機械的	機械的強度	3	1	1								
			柔軟性		4		6							
			耐衝撃性		1		3							
		熱的性質	耐熱性		1		1							
			熱安定性	2										
	成形加工性			3	1	1	3							
	機能性		生分解促進	3	1									
			生分解制御		1									
			透明性				3							
			導電・制電性				5							
			発泡性	2										
			その他	2			3							
加工	成形加工性						2							1
	機能性		発泡性				4			2				
	その他（用途）		粒子・ペレット											1
			マイクロカプセル											2
			発泡体				2	1						
			発泡粒子				5							
			発泡シート		1		1							
			網・網状物		1									
			フィルム									3		
			多孔性フィルム			1								
			ラミネート										3	
			その他										1	

70

表 2.1.3-2 三井化学の合成反応以外の技術要素の課題と解決手段（2/3）

(技術要素) 課題			共重合	樹脂ブレンド	複合化	添加物配合	後処理	成形	発泡	紡糸	延伸	積層	その他加工
農業用途（農業用フィルム）	機械的性質	機械的強度		1		1							
		その他		1		1							
包装用途（フィルム・シート）	機械的性質	機械的強度	4										
	熱的性質	耐熱性	2										
		寸法安定性	2						1				
	機能性	バリア性	1										
		緩衝性							1				
	その他		6										
繊維関連（繊維）	機械的性質	機械的強度			1						1		
	熱的性質	熱安定性									2		
	成形加工性					1	2				1		
	機能性	生分解性	1										
	その他（用途）	糸	3							3			
繊維関連（不織布）	機能性	生分解性	2										

71

表 2.1.3-2 三井化学の合成反応以外の技術要素の課題と解決手段 (3/3)

(技術要素) 課題			共重合	樹脂ブレンド	複合化	添加物配合	後処理	成形	発泡	紡糸	延伸	積層	その他加工
生活関連 (カード)	性質 機械的	機械的強度	1										
	性能 機能	生分解性	1										
	その他 (用途)		1		1								
包装用途 (緩衝材)	成形加工性		2			1			4				
	その他 (用途)	発泡体	3				1						2
		発泡粒子				5							
		発泡シート	1	1		1							
		発泡容器	1										
		その他	1										

表 2.1.3-3 三井化学の技術開発課題対応保有特許(1/7)

技術要素	課題	概要（解決手段要旨）	特許番号	筆頭IPC
合成反応 （ポリ乳酸）	ポリ乳酸を容易に製造する（短時間、高収率、安価）	特定の方法－乳酸またはそのオリゴマーを直接脱水重縮合する	特許3154586	C08G63/78
			特許3162544	C08G63/78
			特許3132793	C08G63/78
			特開平7-133344	C08G63/78
			特開平8-188642	C08G63/06
			特許3135484	C08G63/78
			特許3093131	C08G63/78
			特開平9-31170	C08G63/06
			特許3118394	C08G63/06
			特開2000-273164	C08G63/78
		特定の方法－結晶化した乳酸またはそのオリゴマーを固相状態で触媒の存在下に脱水重縮合する	特開2000-302852	C08G63/80
			特開2001-192443	C08G63/80
			特開2001-192444	C08G63/80
			特開2001-192446	C08G63/90
		脂肪族ポリエステルプレポリマーを結晶化させる	特開2000-302855	C08G63/88
			特開2001-192442	C08G63/78
		触媒・重縮合剤－スズ系触媒と酸系触媒からなる群から選択する	特開2000-273165	C08G63/78
			特開2001-114883	C08G63/80
			特開2001-89558	C08G63/85
		重縮合剤としてハロイミニウム塩の存在下にカルボキシル基含有化合物と活性水素基含有化合物とを重縮合させる	特開平10-152550	C08G63/82
			特開平11-1550	C08G63/87
			特開平11-21343	C08G63/78
			特開平11-35670	C08G63/90
			特開平11-21344	C08G63/81
			特開平11-181074	C08G63/90
			特開平11-181075	C08G63/90
			特開平11-181076	C08G63/90
			特開平11-181071	C08G63/88
			特開2000-7774	C08G63/78
			特開2000-26588	C08G63/90
			特開2000-26589	C08G63/90
			特開2000-53758	C08G63/88
	品質の向上－ポリマーの純度	特定の原料－乳酸エステル類を使用する	特開平7-173264	C08G63/06
		乳酸またはそのオリゴマーの酸クロリドを使用する	特開平11-21342	C08G63/78
		ビスカルボキシエチルエーテルを含有させた乳酸オリゴマー	特開平11-35662	C08G63/06
		有機不純物量が特定量以下	特開2001-114882	C08G63/80
		特定の装置－乳酸を脱水重縮合する工程で堅型高粘度反応装置を使用する	特許3103717	C08G63/78
		槽型反応機を使用する	特開平8-311186	C08G63/78
			特開平8-311187	C08G63/78
	品質の向上－分子量を所望の範囲に制御する	特定の方法－分子量調節剤を添加し、環状エステル化合物を開環重合する	特許3075665	C08G63/78
	高品質（医療材料用）	反応条件を制御しながら脱水縮合反応させる	特開平11-60711	C08G63/78
		乳酸、ホスゲン、有機塩基を使用する	特開2000-186135	C08G63/64

表 2.1.3-3 三井化学の技術開発課題対応保有特許(2/7)

技術要素	課題	概要（解決手段要旨）	特許番号	筆頭IPC
合成反応 （ポリ乳酸） （つづき）	品質の向上－触媒、未反応モノマーの除去	精製方法－ポリ乳酸中の触媒を親水性有機溶媒の存在下、酸性物質と接触させて除去する	特開平6-116381	C08G63/90
			特開平6-256492	C08G63/90
			特許3184680	C08G63/90
			特開平8-109250	C08G63/90
		溶融または溶液状態の粗ポリ乳酸に不溶性の酸性物質を接触させる	特開平10-168175	C08G63/90
		粗ポリ乳酸溶液に塩酸を混合し、液液分離する	特開平11-171987	C08G63/90
		ポリ乳酸の有機溶媒溶液に炭化水素類を加え析出固体状物を固液分離する	特開平11-35693	C08J3/14
合成反応 （ポリ乳酸共重合系）	強度（釣り糸使用）	ポリ乳酸を脂肪酸ポリアミドと反応させる	特開平9-176307	C08G69/44
	成形加工性、強度	多糖類と反応させる	特開平9-143253	C08G63/06
	成形加工性	多価カルボン酸と反応させる	特開平10-7778	C08G63/60
		ポリ乳酸を芳香族イソシアネート化合物と反応させる	特開2000-212260	C08G63/06
合成反応 （ポリ乳酸系中間体製造）	ポリ乳酸から高収率でラクチドを製造する	触媒としてトリフルオロメタンスルホン酸スズを使用する	特許3075607	C08G63/85
		乳酸とスズの1:1付加物の存在下乳酸を加熱脱水する	特開平6-298754	C07D319/12
組成物・処理 （ポリ乳酸系樹脂ブレンド）	柔軟性	ポリ乳酸とポリヒドロキシカルボン酸の混合物（可塑剤含有）	特許3105020	C08L67/04
	生分解性促進	（ポリ）乳酸とヒドロキシカルボン酸とのコポリマー（加工）澱粉	特開平5-39381	C08L3/00
	柔軟性、伸び	（ポリ）乳酸とヒドロキシカルボン酸とのコポリマーに乳酸オリゴマー含有	特開平6-306264	C08L67/04
	成形加工性	ポリ乳酸に芳香族ポリカーボネートをブレンド	特開平7-109413	C08L69/00
	耐熱性、耐衝撃性	ポリ乳酸、ポリカプロラクトンと結晶性無機粉末	特開平8-193165	C08L67/04
	柔軟性、耐熱性	ポリ乳酸、軟質性生分解性樹脂と天然物	特開平11-241008	C08L67/04
	生分解性制御		特開平11-241009	C08L67/04
	強度	バイオマス材料をブレンド	特開平11-124485	C08L51/00
	耐衝撃性	架橋ポリカーボネートとポリ乳酸をブレンド	特開平11-140292	C08L67/04
	柔軟性	ポリ乳酸、特定の重量平均分子量をもつポリエステル、有機過酸化物	特開2001-26658	C08J5/18
組成物・処理 （ポリ乳酸系複合化－繊維）	強度	ポリ乳酸にホヤセルロース繊維を含有	特開平8-193168	C08L101/00
組成物・処理 （ポリ乳酸系複合化－フィラー）	成形加工性	結晶性有機充填剤成分を含有	特開平10-87976	C08L67/04
組成物・処理 （ポリ乳酸系添加物配合）	柔軟性	脂肪族カルボン酸アミドと無機添加剤配合	特開平10-81815	C08L67/04
		特定の生分解性可塑剤配合	特開平11-116788	C08L67/04
			特開2000-198908	C08L67/00
			特開2000-302956	C08L67/04
		アセチルリシノール酸エステル	特開2000-72961	C08L67/04
		フェノール誘導体	特開2001-81300	C08L67/04
	耐衝撃性	特定の耐衝撃性改良剤	特開平11-116784	C08L67/02
		動植物油	特開平11-116785	C08L67/02
		有機ポリシロキサン	特開平11-116786	C08L67/02

表 2.1.3-3 三井化学の技術開発課題対応保有特許(3/7)

技術要素	課題	概要（解決手段要旨）	特許番号	筆頭IPC
組成物・処理（ポリ乳酸系添加物配合）（つづき）	耐熱性	生分解性可塑剤を加え物性を制限する	WO99/45067	C08L67/04
	離形性	脂肪酸（アミド）配合	特開平8-27363	C08L67/04
	成形加工性	多価アルコールエステルなどの可塑剤をL-ポリ乳酸に配合	特開平8-34913	C08L67/04
	透明性、耐熱性	透明核剤配合	特開平9-278991	C08L67/00
			特開平11-5849	C08J5/00
			特開平11-116783	C08L67/02
	帯電防止性	帯電防止剤配合	特開平10-36650	C08L67/04
	導電性	導電性カーボン配合	特開平10-120880	C08L67/00
			特開平10-120887	C08L67/04
			特開平10-120888	C08L67/04
	粘着性	粘着性付与剤配合	特開2001-49098	C08L67/04
	耐候性	紫外線吸収剤、光安定剤配合	特開平6-184417	C08L67/04
			特開平9-278997	C08L67/04
加工（ポリ乳酸系成形）	連続気孔をもつ多孔質体	高分子溶液を凍結乾燥	特開平6-157807	C08J9/28,101
	成形安定性	高級脂肪酸ビスアミド、金属塩添加	特開平6-299054	C08L67/04
	透明性	霞度を特定値に設定する	特開平6-122148	B29C51/10
	均一な形状の粒子	溶融、滴下、冷却固化	特開2001-64400	C08J3/12
加工（ポリ乳酸系発泡）	優れた発泡性、成形加工性	化学発泡	特開2000-7812	C08J9/06
		発泡剤配合	特開2000-7815	C08J9/12
			特開2000-7813	C08J9/06
			特開2000-7816	C08J9/12
	発泡体	発泡剤配合、物性制限	特開2000-44716	C08J9/12
			特開2000-136255	C08J9/04
		ポリ乳酸（コ）ポリマー主成分	特開平4-304244	C08J9/04
	発泡体（耐熱性）	表面の非発泡層を熱処理	特開平6-287347	C08J9/14
	発泡体（押出安定性）	高級脂肪酸金属塩添加	特開平6-287338	C08J9/04
	発泡粒子	発泡剤配合	特開平5-170965	C08J9/16
			特開平5-170966	C08J9/18
			特開平11-166068	C08J9/18
			特開平11-166069	C08J9/18
			特開2000-136261	C08J9/18
	気泡シート	ブレンド	特開平11-199766	C08L67/04
		配合、エンボス加工	特開平11-302424	C08J9/00
	発泡容器	ポリ乳酸（コ）ポリマーを主成分	特開平5-139435	B65D1/09
	適度の柔らかさと加水分解性を有する高分子網状体	発泡剤添加、発泡押出し後開繊	特開平5-177734	B29D28/00
加工（ポリ乳酸系延伸）	多孔性フィルム	一軸方向に1.1倍以上延伸（微粉状充填剤配合）	特許3167411	C08J9/00
		一軸方向に1.1倍以上延伸（可塑剤配合）	特開平8-27296	C08J9/00
	フィルム用カッター	二軸方向に特定倍率に延伸して特定の厚みとする	特開平11-99498	B26D1/00
	延伸フィルム	配合、延伸	特開平9-208817	C08L67/04
	二軸延伸フィルム	延伸	特開平10-315318	B29C55/12
加工（ポリ乳酸系積層）	分解性ラミネート紙	ポリマーと紙とのラミネート	特許3071861	B32B27/10
		ポリマーと再生セルロースフィルムとのラミネート	特許3071881	B32B23/08
	分解性複合材料	ポリマーとアルミニウム箔とのラミネート	特許3150426	B32B15/08,104

表 2.1.3-3 三井化学の技術開発課題対応保有特許(4/7)

技術要素	課題	概要(解決手段要旨)	特許番号	筆頭IPC
加工 (ポリ乳酸系その他の加工)	マイクロカプセルの製造	ポリマーを多流体ノズル方式とマイクロカプセル化	特開平7-328415	B01J13/04
	分解性複合材料	ポリマー分散液をセルロース繊維基材に塗布	特開平8-27280	C08J5/04
	染色法	染色条件制御	特開平8-311781	D06P3/54
	生分解性成形物の経時劣化防止	高周波ウェルターにより溶断、溶着	特開平10-24492	B29C65/74
農業用途 (ポリ乳酸系)	農業用フィルム強度	トリアセチン等の可塑剤、紫外線吸収剤配合	特開平7-177826	A01G13/02
	保温持続性	滑剤、波長5～25μmの赤外線吸収剤配合	特開平9-278998	C08L67/04
	防曇性	防曇剤、滑剤配合	特開平9-286908	C08L67/04
	防霧性		特開平9-286909	C08L67/04
	緩効性材料-生分解性フェロモン製剤	ポリマー、徐放性添加剤、フェロモン	特開平11-286409	A01N63/00
			特開平11-286410	A01N63/00
			特開平11-286406	A01N37/18
	徐放性製剤	揮発性薬剤配合	特開平11-286403	A01N25/18,102
			特開平11-286402	A01N25/10
		物性規定	特開2000-239104	A01N25/18
	抗菌抗黴性構造体	ポリ乳酸不織布にオリゴマー含有	特開2000-328422	D04H3/00
	果実栽培用袋	ポリ乳酸系混合物使用	特許3197358	A01G13/02,101
包装用途 (ポリ乳酸系)	ラベル用収縮フィルム	ポリ乳酸(コ)ポリマー使用	特開平5-212790	B29C61/06
	熱収縮性発泡複合シート		特開平6-240037	B32B5/18
	ひねり包装用フィルム		特開平6-166763	C08J5/18
	食品包装用フィルム		特許3178692	B65D81/28
	ブリスターパック用フィルム		特開平8-113264	B65D65/40
		(ブリスター成形方法)	特開平9-174674	B29C51/04
	フィルム又はシート	ポリ乳酸と脂肪族ポリエステルの混合物(乳酸成分含有率を規定)	特開2000-119377	C08G63/06
	古紙と分離する必要のない回収古紙容器	ポリ乳酸(コ)ポリマー使用	特許3148367	B65F1/00
	透明性、耐熱性に優れたエアゾール容器		特許3121685	C08L67/04
	透明性、耐衝撃性の向上した分解性容器	成形条件特定	特開平6-23828	B29C49/02
	使い捨て食器容器	ポリ乳酸(コ)ポリマー使用	特開平6-298236	B65D1/09
	分解性卵包装容器		特開平6-329182	B65D85/00
	リターナブルな容器	ポリ乳酸と脂肪族ポリエステルの混合物(乳酸成分含有率を規定)	特開平9-157359	C08G63/06
	複合容器	金型内で紙容器とポリマーを真空成形	特開平10-291247	B29C51/12
	緩衝材	ポリ乳酸(コ)ポリマー使用	特開平5-140361	C08J9/14
	緩衝性シート		特開平7-76628	C08J5/18
	臭気をもらさぬ包装体	ポリ乳酸	特開2000-62853	B65D81/24
	梱包用バンド	生分解性ポリマー使用、物性制限	特開平11-165338	B29C47/00
		機械的強度向上	特開平11-277640	B29D29/00
	回収古紙結束紐	ポリ乳酸(コ)ポリマー使用	特許2988783	B65D63/10
水産関連用途 (ポリ乳酸系)	引張り強度を保持した釣り糸	乳酸またはグリコール単位をもつポリエステルを使用	特許2907996	A01K91/00

表 2.1.3-3 三井化学の技術開発課題対応保有特許(5/7)

技術要素	課題	概要(解決手段要旨)	特許番号	筆頭IPC
生活関連用途 (ポリ乳酸系)	分解カード	ポリ乳酸(コ)ポリマー使用	特開平6-340753	C08J5/18
	強度、耐久性の優れたカード	ポリ乳酸(コ)ポリマー基体とDL-ポリ乳酸塗布層からなる	特開平9-188077	B42D15/00,341
	昇華転写用シート及びシートカートリッジ	ポリ乳酸(コ)ポリマー使用	特開平10-18185	D06P5/00,118
	分解性筆記具		特開平7-268195	C08L67/04
	分解性ボールマーカー	ポリ乳酸を使用	特開平11-309228	A63B57/00
	カビ汚れ洗浄剤	過酸化水素および/または無機過酸化物をポリ乳酸と配合	特開平8-311496	C11D7/60
	生理用ナプキン	乳酸系ポリマーのフィルムと不織布で構成	特開平7-132127	A61F13/15
	使い捨ておむつ		特開平7-8520	A61F13/15
	生分解性サングラス	ポリ乳酸ポリマー使用	特開平11-183854	G02C7/10
	生分解性ゴーグル		特開平11-178851	A61F9/02
	生分解性グリーンフォーク		特開平11-309229	A63B57/00
	狭い墓の有効利用のための分解性骨壺	ポリ乳酸(コ)ポリマー使用	特開平4-105652	A61G17/08
繊維関連用途 (ポリ乳酸系)	機械強度、安定性、二次加工性良好なモノフィラメント	延伸、親油性付与	特開2000-192370	D06M13/02
	二次加工性と耐熱性にすぐれたモノフィラメント	親油性物質を付与	特開2000-192333	D01F6/92,301
	機械的性質のよい産業資材用織物	ポリ乳酸(コ)ポリマー使用	特開平6-65835	D03D15/00
	分解性不織布		特開平7-48769	D04H1/42
その他用途 (ポリ乳酸系)	車輌搭載用灯具	ポリ乳酸(コ)ポリマー使用	特開平5-342903	F21Q1/00
	分解性粘着フィルム	ポリ乳酸の片面に粘着剤層	特開平6-330001	C09J7/02
	野菜類結束用自着テープ	乳酸系ポリマーの片面に自着性粘着剤層	特開平6-191550	B65D63/10
	ホットメルト接着剤	ポリマーと粘着付与剤を主成分	特開平5-339557	C09J167/04
	粉体塗料	ポリマーを基材表面に粉体塗装する	特開平9-302306	C09D167/04
	強度、透水性が充分な塗工紙	ポリ乳酸(コ)ポリマー組成物で基材を塗工	特開平9-78494	D21H19/44
	ポリマーアロイ化剤として有用なマクロモノマー	乳酸系樹脂と低分子単量体からなる	特開平6-298921	C08G63/91
	加水分解性が促進されたナイロン組成物	ポリ乳酸をナイロンに配合	特開平5-148418	C08L77/00
	蓄冷材		特開平11-193377	C09K5/06
合成反応 (その他のポリエステル系共重合)	発泡性	脂肪族多価アルコール、多塩基酸、その他を共重合	特開平9-77862	C08G63/60
			特開平9-77856	C08G63/12
	強度	2種類以上との脂肪族ポリエステルホモポリマー	特開平8-325362	C08G63/06
	生分解性促進	特定のラクトン化合物オリゴマー	特開平8-245786	C08G69/44
	強度	ポリエステルエーテル共重合体	特開平9-272733	C08G63/672
	生分解性促進	脂肪族エステル・アミド	特開平10-259247	C08G69/44
	ゴム弾性	不飽和多塩基酸を含む脂肪族ポリエステル	特開平11-60662	C08F299/04
			特開平11-181034	C08F283/01
	熱安定性	ポリエーテルジオールとジイソシアナート類	特開平11-343325	C08G18/42
			特開2001-81152	C08G18/42
	生分解性促進	ジオール、多価アルコール、カルボニル成分の架橋ポリカーボネート	特開平11-116668	C08G64/02

表 2.1.3-3 三井化学の技術開発課題対応保有特許(6/7)

技術要素	課題	概要（解決手段要旨）	特許番号	筆頭IPC
合成反応 （その他のポリエステル系中間体の製造）	グリコール酸を高収率で製造する	グリオキザール水溶液を加熱反応する	特開平7-309802	C07C59/06
			特開平7-309803	C07C59/06
			特開平8-143506	C07C59/06
			特開平8-143507	C07C59/06
			特開平8-319253	C07C59/06
	機械的強度に優れる延伸中空成形体	ポリアルキレンテレフタレートとε-オキシカプロエートコポリエステルを含有	特許2732481	C08L67/02
包装用途 （その他のポリエステル系）	熱安定性、強度に優れたフィルム	ポリエステルジオールとジイソシアナート類の重合体を主成分とするポリマーを成形	特開2000-1551	C08J5/18
	シート		特開2000-7800	C08J5/18
生活関連用途 （その他のポリエステル系）	カード基材		特開2000-7751	C08G18/42
	ディスクケース		特開2000-7750	C08G18/42
その他用途 （その他のポリエステル系）	耐水性に優れた接着剤	不飽和多塩基酸を含む脂肪族ポリエステルを架橋	特開平11-60716	C08G63/91
組成物・処理 （ポリエステル一般系添加物配合）	帯電防止能のある成形	熱可塑性ポリエステルに帯電防止剤を配合、溶融成形	特開平7-53744	C08J7/00
	成形加工性のよい組成物	有機過酸化物、連鎖移動剤を配合	特開2001-26696	C08L67/00
加工 （ポリエステル一般系成形）	成形安定性のよい成形物の製法	成形加工前に含水量を調整	特開平10-168174	C08G63/88
	発泡体	脂肪族ポリエステルを使用	特開平7-188443	C08J9/04
農業用途 （ポリエステル一般系）	農業用フィルム	脂肪族ポリエステル使用	特開平9-149735	A01G13/02
	緩効性肥料	ポリマーで肥料を被覆	特開平9-25189	C05G3/00,103
			特開平10-67591	C05G3/00,103
			特開平11-113385	A01G1/00,303
			特開平11-113414	A01G9/10
			特開平11-263689	C05G3/00,103
	徐放性薬剤	ポリマーに生物活性成分を含有	特開平11-60405	A01N25/10
			特開平11-116798	C08L77/04
			特開平11-279419	C08L101/00
			特開平11-279420	C08L101/00
包装用途 （ポリエステル一般系）	分解性フィルム	脂肪族ポリエステルを使用	特開平7-173271	C08G63/60
	ガスバリヤー性フィルム		特開平9-300522	B32B9/00
	塗工フィルム		特開平10-86307	B32B27/36
			特開平11-116709	C08J7/06
	分解性容器		特開平7-172425	B65D1/09
土木・建築用途 （ポリエステル一般系）	コンクリート用止水用具		特開平10-30051	C08L67/00
			特開平10-158494	C08L67/04
水産関連用途 （ポリエステル一般系）	生分解性ソフトルアー		特開平11-75626	A01K85/00
			特開平11-169025	A01K85/00
生活関連用途 （ポリエステル一般系）	柄付き糸状歯清掃用器具一部		特開平11-33043	A61C15/04,502
	インクジェット用記録フィルム高強度、耐久性		特開平11-268404	B41M5/00
	熱転写受像シート	脂肪族ポリエステルを使用	特開平8-58247	B41M5/38
	生分解性ゴルフ用鉛筆		特開平11-309980	B43K19/02
	使い捨てカッター付容器		特許2872186	B65D25/52

表 2.1.3-3 三井化学の技術開発課題対応保有特許(7/7)

技術要素	課題	概要（解決手段要旨）	特許番号	筆頭IPC
繊維関連用途（ポリエステル一般系）	分解性フィラメント	脂肪族ポリエステルを使用	特開平7-173715	D01F6/62,306
	産業用資材織布		特開平7-173740	D03D15/00
	分解性不織布		特開平7-189098	D04H1/42
その他用途（ポリエステル一般系）	塗膜形成溶射材料		特開平9-299866	B05D1/10
	生分解性潤滑性樹脂	ポリエステルと潤滑剤のブレンド	特開平10-212400	C08L67/04
			特開平10-212401	C08L67/04
	生分解性潤滑性樹脂	ポリエステルと潤滑剤のブレンド	特開平6-240004	C08J3/00
			特開平6-315935	B29B17/00

2.1.4 技術開発拠点
　福岡県：大牟田地区
　神奈川県：横浜地区
　愛知県：名古屋地区

2.1.5 研究開発者
　三井化学の発明者数は90年の3名から93年（44名）まで急激に増加し以後99年まで40名弱から60名弱までのレベルを保っている。中でも95年は58名と最多となっている。出願件数も類似の傾向にあるが99年にはその前年、前前年の約半数に減少している。
　三井化学の出願はそのほぼ四分の三がポリ乳酸系ポリマーに関連するもので占められている。90年から94年までは成形加工や用途の出願が多く、発明者数も増加した。95年ごろには製造方法関連の出願が増加している。これはポリ乳酸の直接脱水重縮合法の開発に伴うものであるが、ポリ乳酸系ポリマーの製造に関しては99年に固相重合法についてまとまった数の出願がみられる。
　樹脂ブレンドや添加物配合によりポリマーの物性や機能の向上をはかることも大きな検討項目で98年から99年にかけて多数の研究開発者が参加している。

図 2.1.5-1 三井化学の研究開発者数推移

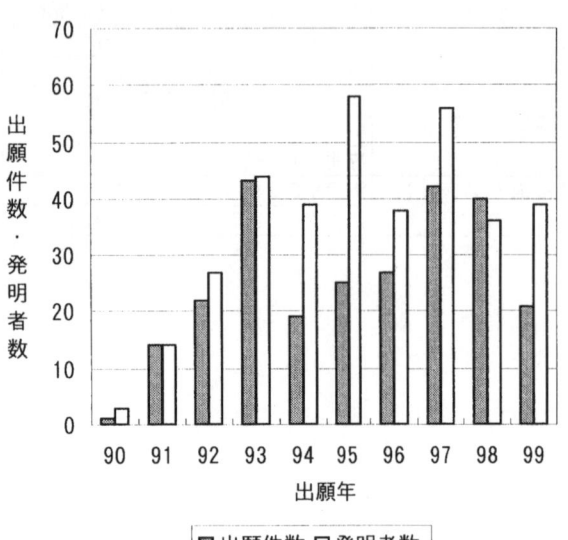

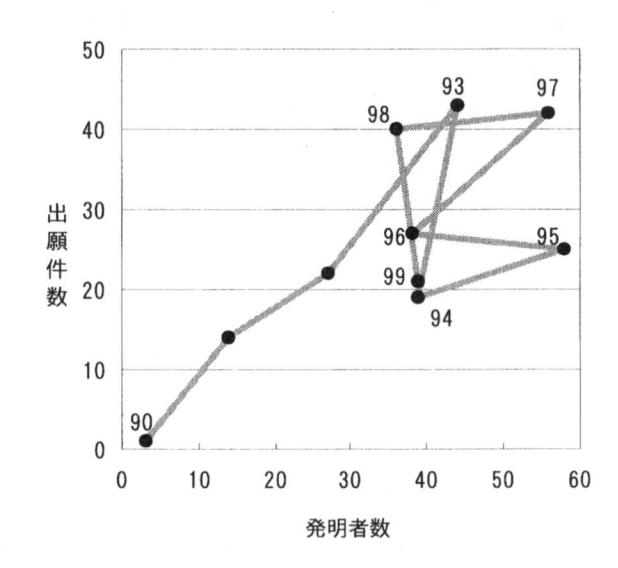

2.2 島津製作所

2.2.1 企業の概要

表 2.2.1-1 島津製作所の企業の概要

1)	商　　　　　号	株式会社島津製作所
2)	設 立 年 月 日	大正6年9月
3)	資　　本　　金	168億2,400万円（2001年3月現在）
4)	従　業　員	3,377名　　　　　（　〃　）
5)	事　業　内　容	計測機器、医用機器、航空・産業機器の製造、販売、保守サービス
6)	技術・資本提携関係	技術提携／ハネウェル・インターナショナル社（米）、ボーイング社（米）、ゼネラルエレクトリック社（米）、他
7)	事　業　所	本社／京都、工場／三条、柴野、秦野、厚木
8)	関　連　会　社	国内／島津理化器機、島津テクノリサーチ、島津ハイドロリクス、島津メクテム、他 海外／シマヅ・ユーエスエーマニュファクチュアリング・インク（米）、シマヅ・サイエンティフィック・インスツルメンツ・インク（米）、他
9)	業　績　推　移	平成13年3月期は前期に比し、売上高0.7％減、経常利益42.8％増
10)	主　要　製　品	バイオ機器、環境関連機器、産業用非破壊検査機器、デジタル医療機器、医家向け撮影装置、航空機器、産業機器、等
11)	主　な　取　引　先	官公庁病院、一般病院、航空会社、一般会社、他

生分解性ポリエステル製品の販売部署は京都および東京の化成品部であり、生産拠点は、島津メクテム（大津市）内で生産能力は120t/年のパイロットプラントである。

2.2.2 生分解性ポリエステル技術に関連する製品・技術

表 2.2.2-1 島津製作所の製品・技術

技術要素	製品	製品名	発売時期	出典
合成反応	ポリ乳酸　押出成形用	ラクティ＃5000	発売中	プラスチックス 2001年10月号
	ポリ乳酸　射出成形用	ラクティ＃9800	発売中	〃
	ポリ乳酸　射出成形用	ラクティ＃9030	発売中	〃

島津製作所はポリ乳酸系ポリマーをベースとした生分解性プラスチック「ラクティ」を上市している。「ラクティ＃5000」は高分子量、高結晶製品である。「＃9800」は結晶性、＃9030は非晶性である。

「ラクティ」の製造には島津製作所が多数の特許を出願しているラクチドからの二段重合あるいは連続重合の技術および中間体ラクチドの製造、精製の技術が使用されていると推測される。

2.2.3 技術開発課題対応保有特許の概要

島津製作所の保有特許出願は180件で、そのうちポリ乳酸系主体のポリエステルに関するものが154件であり、三井化学同様、技術開発の方向はかなりポリ乳酸系主体のポリエステルに向けられている。

ポリエステル一般（24件）としては脂肪族ポリエステルを主体とした樹脂ブレンドのほか繊維材料を目的とする特許が多く出願されている。

外部との共願は、カネボウ：38件、三菱樹脂：14件、三菱樹脂、山本光学：1件、神戸製鋼所：9件、経済産業省産業技術総合研究所長：5件、三菱瓦斯化学：3件、三菱瓦斯化学、スターラ：1件、旭電化工業：2件、三井化学：2件、ゴーセン：1件、ダイセル化学工業：1件、ヤスハラケミカル：1件、宇部日東化成：1件、関西化学機械製作所：1件、白井義人：1件、田中製作所：1件、巴川製紙所：1件、中野産業機械、協立化学：1件、日本電池：1件である。

島津製作所の各技術要素における課題と解決手段について表2.2.3-1、表2.2.3-2および表2.2.3-3に示す。

島津製作所は製造メーカーであり、合成反応に関する特許出願が多いため、特にポリ乳酸に注目して課題と解決手段を整理している。

ここではポリ乳酸系ポリエステルに注目し表2.2.3-3においてはポリ乳酸系ポリマー、その他のポリマー、ポリエステル一般に分けて技術要素毎に課題と概要等を掲載した。

島津製作所の出願で最も注目されるのは三井化学と同様に生分解性ポリエステルの「合成反応」に関連するもので全体の20%強を占め、ポリ乳酸系ポリマーの製造が殆どであることも同じである。ポリ乳酸系ポリマーの製造については特定の方法（ラクチドからの二段重合法や、連続重合法など）の出願が多く、これによってポリ乳酸系ポリマーを短時間、高収率、安価に製造し、純度を高め、品質の向上をはかるという課題を解決している。中間体ラクチドの製造法や精製法が多いのも特徴的である。

「組成物・処理」のうちでは、強度、耐衝撃性、耐熱性、成形加工性、透明性などが共重合によって解決され、柔軟性、成形加工性、生分解制御、透明性、導電・制電性などが樹脂ブレンドによって解決されている。また熱安定性、生分解促進、生分解制御などが複合化によって解決されている。

「農業用フィルム」の課題である生分解促進や「フィルム・シート」の課題である強度、寸法安定性に対しては共重合で対応している。

表 2.2.3-1 島津製作所の合成反応の課題と解決手段

(技術要素) 課題		解決手段	重合			精製法	中間体の製法・精製法
		重合方法	触媒・重縮合剤	重合原料	重合装置		
合成反応	容易に製造(高収率安価)	12	2	1	4		
	品質の向上 高純度	7				1	12

表中の数字は出願件数を表す

表 2.2.3-2 島津製作所の合成反応以外の技術要素の課題と解決手段 (1/2)

(技術要素) 課題			共重合	樹脂ブレンド	複合化	添加物配合	後処理	成形	発泡	紡糸	延伸	積層	その他加工
組成物・処理	性質	機械的	機械的強度	5	1								
			柔軟性		7	3							
			耐衝撃性	4									
		熱的性質	耐熱性	3			1						
			熱安定性			3							
	成形加工性			6	3	1							
	機能性		生分解促進	1	1	3							
			生分解制御		2	2							
			透明性	4	3		1						
			導電・制電性		3								
			その他	1		2	3						
加工	性質	機械的	機械的強度									1	1	1
	熱的性質		ヒートシール性									1	
			寸法安定性									1		1
	性能		透明性										1
			バリア性									1	
	その他(用途)		ラミネート		1								

表 2.2.3-2 島津製作所の合成反応以外の技術要素の課題と解決手段 (2/2)

(技術要素) 課題			共重合	樹脂ブレンド	複合化	添加物配合	後処理	成形	発泡	紡糸	延伸	積層	その他加工
農業用途（農業用フィルム）	機能性	生分解性	2										
包装用途（フィルム・シート）	機械的性質	機械的強度	3										
	熱的性質	寸法安定性	3										
	成形加工性		1										
	機能性	導電・制電性				2							
繊維関連（繊維）	機械的性質	機械的強度	1										
		嵩高性	3										
	成形加工性		1										
	機能性	生分解性	1										
		導電・制電性			1								
		自己接着性	2										
		その他	1										
その他（用途）	糸		11										

表 2.2.3-3 島津製作所の技術開発課題対応保有特許(1/6)

技術要素	課題	概要（解決手段要旨）	特許番号	筆頭IPC
合成反応 （ポリ乳酸系）	ポリ乳酸を容易に製造する短時間、高収率、安価、品質の向上、着色、分解物なく高分子量	特定の方法－ラクチドを主原料とし、ポリ乳酸の融点より低い温度で加熱重合（溶融重合）し、得られた固形ポリ乳酸を加熱重合（固相重合）する二段重合法	特許2621813	C08G63/80
			特許2850775	C08G63/78
			特開平8-193123	C08G63/08
			特開平8-193124	C08G63/08
			特許3055422	C08G63/78
			特許3127770	C08G63/78
			特許2850780	C08G63/78
			特開平8-12750	C08G63/80
		特定の方法－ラクチドを開環重合する際、反応系から未反応ラクチドを回収するなどする連続重合法	特開平10-17653	C08G63/08
			特開平10-17654	C08G63/08
			特開平10-17655	C08G63/08
			特開平10-60101	C08G63/78
	品質の向上、熱安定性	特定の方法－重合後半または重合終了時に重金属不活性剤などを添加	特許2850776	C08G63/78
			特許2862071	C08G63/78
			特開平9-124778	C08G63/08
			特開平9-151242	C08G63/06
			特開平9-151243	C08G63/06
			特開平9-151244	C08G63/08
		重合反応初期に酸化安定剤を添加	特開平10-158370	C08G63/08
	効率よく製造	触媒－オクチル酸スズを所定量使用	特開平9-255766	C08G63/08
			特開平10-120772	C08G63/08
	安価に製造	特定の原料－乳酸アンモニウムを使用してラクチド、ポリ乳酸を製造	特開平10-287668	C07D319/12
		特定の装置－重合装置	特開平8-259676	C08G63/08
			特開平8-311175	C08G63/08
			特開平9-104745	C08G63/88
		脱ポリマー装置	特開平9-95531	C08G63/90
	品質の向上 熱安定性	精製法－粗ポリ乳酸をモノマー、ラクチド等を溶解する溶媒で洗浄	特開平9-110967	C08G63/06
合成反応 （ポリ乳酸系共重合系）	強度	乳酸をポリエステルグリコールと共重合	特開平7-305227	D01F6/84,303
			特開平7-305228	D01F6/84,303
			特開平7-165896	C08G63/664
		ラクチドとポリアルキレングリコール	特開平8-283392	C08G63/08
	成形加工性	乳酸と脂肪族ポリエステル	特開平7-300520	C08G63/60
	透明性	ポリ乳酸と脂肪族ポリエステル	特開2001-64379	C08G63/91
	耐衝撃性	乳酸とオリゴアルキレンオキシド	特開平8-245775	C08G63/60

表 2.2.3-3 島津製作所の技術開発課題対応保有特許(2/6)

技術要素	課題	概要（解決手段要旨）	特許番号	筆頭IPC
合成反応 （ポリ乳酸系共重合系） （つづき）	透明性	ポリ乳酸とポリカプロラクトン	特開平9-59356	C08G63/06
		ポリ乳酸と芳香族ポリエステル	特開平9-100345	C08G63/91
	成形加工性	ポリ乳酸と脂肪族ポリエステル等	特開平9-309948	C08G63/60
	耐衝撃性	ラクチドとポリウレタン	特開平10-101778	C08G63/08
		ポリ乳酸とポリウレタン	特開平10-237165	C08G63/08
			特開平10-237164	C08G63/06
	耐熱性	ラクチドとビニル化合物	特開平10-120771	C08G63/08
	強度	ラクチドと脂肪族ポリエステル	特開平10-182801	C08G63/08
	透明性	ラクチドとセルロースエステル	特開平11-240942	C08G63/08
	耐熱性	ポリ乳酸ブロック共重合体	特開平9-40761	C08G63/06
	耐熱性	ポリ乳酸ブロック共重合体	特開平9-100344	C08G63/91
	成形加工性	ポリ乳酸ステレオコンプレックスポリマー	特開2000-17163	C08L67/04
			特開2000-17164	C08L67/04
		可塑剤をグラフト共重合	特開2000-248163	C08L67/04
	染色性	スルホン酸基含有エステル形成性化合物を共重合	特開平8-3299	C08G63/688
合成反応 （ポリ乳酸系中間体の製造）	乳酸オリゴマーなどからラクチドを製造する	無溶媒プロセス	特許2822906	C07D319/12
		適度の滞留時間、触媒の存在下	特開平9-110860	C07D319/12
			特開平9-110861	C07D319/12
			特開平9-110862	C07D319/12
	高光学純度	適切な解重合温度、圧力条件	特開平10-306091	C07D319/12
	ラセミ化制御		特開平11-292871	C07D319/12
	乳酸および／または乳酸アンモニウムからラクチドを製造する	減圧下、加熱	特開平11-92475	C07D319/12
	ラクチドの精製法（高純度）	ラクチドを低級アルコール、次にベンゼン等で再結晶	特許2809069	C07D319/12
		ラクチドをベンゼンなどの混合溶媒で再結晶	特許2959375	C07D319/12
		ラクチドを水、アルコール等の水溶性溶媒で洗浄	特開平10-25288	C07D319/12
		ラクチドをエタノールと接触	特開2000-86652	C07D319/12
			特表2000-818757	C07D319/12
組成物・処理 （ポリ乳酸系樹脂ブレンド）	生分解性制御	ポリエチレン、変性ポリエチレンブレンド	特開平8-183898	C08L67/04
	柔軟性	ポリアルキレンエーテルブレンド	特開平8-199052	C08L67/04
	制電性	ポリアルキレンエーテルと脂肪族ポリエステルとのブロックコポリマーをブレンド	特開平8-231837	C08L67/04

表 2.2.3-3 島津製作所の技術開発課題対応保有特許(3/6)

技術要素	課題	概要（解決手段要旨）	特許番号	筆頭IPC
組成物・処理（ポリ乳酸系樹脂ブレンド）（つづき）	制電性	ポリアルキレンエーテルと芳香族ポリエステルとのブロックコポリマーをブレンド	特開平8-231838	C08L67/04
	制電性	ポリ乳酸とポリアルキレンエーテルとポリ乳酸とのブロックコポリマーをブレンド	特開平8-253665	C08L67/04
	柔軟性	脂肪族ポリエステルブレンド	特開平8-245866	C08L67/04
			特開平8-283557	C08L67/04
	成形加工性		特開平11-124430	C08G63/02
	耐衝撃性	ポリ乳酸にポリ乳酸と他の脂肪族ポリエステルとのコポリマーをブレンド	特開平11-124495	C08L67/04
	耐衝撃性	脂肪族ポリエステルおよび／または脂肪族ポリエステルカーボネートブレンド	特開2000-109663	C08L67/04
	成形加工性	ポリ乳酸、脂肪族ポリエステル、ポリカプロラクトンをブレンド	特開2001-31853	C08L67/04
	耐衝撃性	ポリ乳酸、脂肪族ポリエステル、変性オレフィン化合物をブレンド	特開2001-123055	C08L67/04
	柔軟性	脂肪族ポリエステルをブレンド	特開2000-191895	C08L67/04
	生分解性促進	スルホン基含有ポリエステルをブレンド	特開平8-283558	C08L67/04
	柔軟性	低分子量乳酸誘導体をブレンド	特開平9-100401	C08L67/04
	耐熱性	ポリ乳酸の結晶性コポリマーとブロックコポリマーとをブレンド	特開平9-272790	C08L67/00
	透明性	特定のエステル化合物をブレンド	特開平9-296102	C08L67/04
			特開平10-279786	C08L67/04
	生分解性制御	ポリエーテル化合物をブレンド	特開平10-36652	C08L67/04
	強度	ヒドロキシアルカン酸ポリマーをブレンド	特開平9-87499	C08L67/04
	柔軟性	脂肪族ポリエステル等を配合	特開平10-45889	C08G63/78
	耐熱性	ポリ-3-ヒドロキシ酪酸をブレンド	特開平10-53698	C08L67/04
	成形加工性	高結晶性ポリ乳酸と低結晶性または非晶性ポリ乳酸からなる	特開平11-302521	C08L67/04
	柔軟性	光学純度が50％以下と50％以上のポリ乳酸からなる	特開平11-323113	C08L67/04
	耐衝撃性	架橋ポリカーボネートとポリ乳酸をブレンド	特開平11-140292	C08L67/04
	耐熱性	脂肪族ポリエステルカーボネートとポリ乳酸をブレンド	特開2000-109664	C08L67/04
	透明性	テンペンフェノールコポリマーブレンド	特開2000-7903	C08L67/04

表 2.2.3-3 島津製作所の技術開発課題対応保有特許(4/6)

技術要素	課題	概要（解決手段要旨）	特許番号	筆頭IPC
組成物・処理 （ポリ乳酸系添加物配合）	生分解性促進	加水分解酵素配合	特許3077704	C08L67/04
		微生物培地成分配合	特許3068174	C08L67/04
	柔軟性	脂肪族可塑剤配合	特開平8-199053	C08L67/04
		芳香族可塑剤配合	特開平8-199054	C08L67/04
	生分解性抑制	ポリオルガノシロキサン配合	特開平8-277357	C08L67/00
			特開平8-277326	C08G63/695
	熱安定性	酸化ケイ素安定剤配合	特開平9-67511	C08L67/04
	軟化性	特定の可塑剤配合	特開平9-296103	C08L67/04
	生分解性促進	界面活性剤配合	特開平10-17757	C08L67/04
	成形加工性	ワックス配合	特開平11-106628	C08L67/04
	熱安定性	エーテルエステル系可塑剤配合	特開平11-35808	C08L67/02
			特開平11-181262	C08L67/04
	柔軟性	グリコールジベンゾエート系可塑剤配合	特開2000-136300	C08L67/04
	常温以上で高い損失角正接を維持	特定の可塑剤を配合	特開2000-248164	C08L67/04
組成物・処理 （ポリ乳酸系後処理）	着色低減	光照射	特開平10-217243	B29B13/08
		加熱処理	特開平11-35669	C08G63/88
		紫外線照射	特開2000-86749	C08G63/78
	耐熱性		特開2000-86750	C08G63/78
	透明性		特開2000-86877	C08L67/04
加工 （ポリ乳酸系成形）	脆さ、透明性	特定条件で熱成形加工	特開平7-308961	B29C51/08
	寸法安定性		特開平9-12748	C08J7/00,301
加工 （ポリ乳酸系延伸）	寸法安定性のよいフィルムを製造	ポリ乳酸重合体を二軸延伸	特開平7-205278	B29C55/14
加工 （ポリ乳酸系積層）	分解性ラミネート材料	ポリ乳酸重合体フィルムと紙を積層	特開平8-252895	B32B27/36
	ガスバリヤー性の優れた成形体	ポリ乳酸とポリビニルアルコールを積層	特開平8-244190	B32B27/36
	ヒートシール性の優れた多層フィルム	融解温度の異なるポリ乳酸フィルムを積層	特開平8-323946	B32B27/36
加工 （ポリ乳酸系被覆）	耐水性、耐油性に優れた複合材料	紙を乳酸系ポリマーで被覆	特許2513091	B32B27/10
農業用途 （ポリ乳酸系）	生分解性畦畔シート	ポリ乳酸系ポリマーを使用	特開平10-25336	C08G63/06
	農業用マルチフィルムの代用、省力化	ポリ乳酸系ポリマー溶液を散布	特開平11-92304	A01N25/32
	園芸用器材	ポリ乳酸系ポリマーに肥料成分混入	特公平8-4428	A01G1/06
	層状肥料	ポリ乳酸系ポリマーで肥料を被覆	特開平8-2989	C05G5/00
	生ごみ処理用フィルム	ポリ乳酸系ポリマーフィルムを使用	特開2000-319419	C08J5/18
	育苗用容器	ポリ乳酸系ポリマーを使用	特開平9-224488	A01G9/10
包装用途 （ポリ乳酸系）	強度、熱寸法性の高いフィルム	ポリ乳酸ポリマーを使用	特開平7-207041	C08J5/18
	強度、熱収縮性に優れたフィルム		特開平7-256753	B29C61/06
	強度、寸法安定性の優れたフィルム・シート		特開平8-198955	C08G63/06
	成形加工性のよいシート		特開平9-31216	C08J5/18
	帯電防止性フィルム・シート	乳酸系ポリマーに帯電防止剤を含有	特開平9-221587	C08L67/04
	梱包用バンド	乳酸系ポリマーを延伸	特開2000-335627	B65D63/10
土木・建築用途 （ポリ乳酸系）	管状物およびバルブの端部封止用キャップ	ポリ乳酸ポリマーを使用	特開2000-2392	F16L55/00
水産関連用途 （ポリ乳酸系）	養殖真珠用核	核の少なくとも表面層にポリ乳酸またはその誘導体を含有する	特許2988053	A01K61/00

表2.2.3-3 島津製作所の技術開発課題対応保有特許(5/6)

技術要素	課題	概要（解決手段要旨）	特許番号	筆頭IPC
生活関連用途 （ポリ乳酸系）	皮膚にやさしい廃棄自由な眼鏡	ポリ乳酸樹脂から製作	特許3201739	C08G63/08
	ヘルメットシールド用およびゴーグルレンズ用保護フィルム		特開平8-52171	A61F9/02
	高弾性率、耐摩耗性の弓用弦	乳酸系ポリマーから作成	特開2001-12898	F41B5/14
	ティーバック	ポリ乳酸系ポリマー複合繊維、不織布を使用	特開2001-63757	B65D77/00
	熱変形性を有する装具	ポリ乳酸系ポリマーを使用	特開平9-234241	A61L15/58
	熱変形性を有する柄を具備する食器類		特開平9-234151	A47G21/04
	熱変形性を有する座板		特開平9-235379	C08J5/00
	熱変形性を有する靴中敷		特開平9-234101	A43B17/00
繊維関連用途 （ポリ乳酸系）	充分な機械強度、加工性のモノフィラメント	ポリ乳酸系ポリマーとその他の脂肪族エステルを混合、成形	特開2001-40529	D01F6/92,307
	分解性に優れたストッキング	ポリ乳酸繊維とポリウレタン繊維を編成糸とする	特開平7-305203	A41B11/00
	分割可能な複合繊維	ポリ乳酸と芳香族ポリエステルとで構成	特開平8-35121	D01F8/14
	芯／鞘型複合繊維	芯、鞘成分にポリ乳酸を特定量含有させる	特開平8-325848	D01F8/04
	熱融着性繊維	融点の異なるポリ乳酸ポリマーを使用する	特開平7-310236	D01F8/14
その他用途 （ポリ乳酸系）	圧電性、強度に優れた高分子エレクトレット材料	ポリ乳酸を急冷、分極処理	特開平9-110968	C08G63/06
	高定着強度で、揮発ガス発生のない電子写真用トナー	ポリ乳酸系ポリマーとテンペルフェノール共重合体をブレンド	特開2001-166537	G03G9/087
	浴用軽石	光学純度99％以上のL-乳酸ポリマーを使用	特許3052369	C08G63/06
	金属焼結用バインダー	ポリ乳酸系ポリマーを使用	特開平7-90314	B22F3/02
	低蛍光性セル		特開平11-211653	G01N21/03
合成反応 （菌・酵素による分解）	ポリ乳酸樹脂の微生物分解方法	Amycolatopsis属微生物	特開平9-37776	C12N1/20
		Streptomyces属微生物	特開平10-108669	C12N1/20
		Straphylococcus属微生物	特開平10-108670	C12N1/20
		Bacillus属微生物	特開平11-4680	C12N1/20
		Actinomadur属微生物	特開平11-46755	C12N1/00
合成反応 （その他）	高分子量ポリ乳酸からラクチド回収	1A、4A、4B、5A金属（化合物）触媒とポリ乳酸とを加熱、減圧回収	特開平9-77904	C08J11/10
	乳酸系副産物の再生利用	触媒の（非）存在下にラセミ化して光学不活性の乳酸成分を得る	特開平10-182630	C07D319/12
	廃棄物の処理	ポリ乳酸廃棄物を水酸化カルシウム水溶液で分解	特開平10-36553	C08J11/16
合成反応−共重合 （その他のポリエステル系）	生分解性促進	ジオール、多価アルコール、カルボニル成分の架橋ポリカーボネート	特開平11-116668	C08G64/02
	加工性	セルロース誘導体ラクトン等を開環混成グラフト重合	特開平11-255870	C08G63/08

表 2.2.3-3 島津製作所の技術開発課題対応保有特許(6/6)

技術要素	課題	概要（解決手段要旨）	特許番号	筆頭IPC
組成物・処理－樹脂ブレンド（ポリエステル一般系）	生分解性抑制	脂肪族ポリエステルと（不）飽和アルキル基をもつ特定の二種のセグメントとをブレンド	特開平8-183895	C08L67/00
	透明性、力学的性質	脂肪族ポリエステルのブロックコポリマー、オリゴマーの混合物	特開平9-137047	C08L67/00
組成物・処理－複合化・繊維（ポリエステル一般系）	強度	脂肪族ポリエステルをガラス繊維により強化	特開平8-41214	C08J5/04
組成物・処理－添加物配合	分解性制御	脂肪族ポリエステルにポリオルガノシロキサンを配合	特開平8-183899	C08L67/04
包装用途（ポリエステル一般系）	ヒートシール性フィルムおよびシート	低融点と高融点の脂肪族ポリエステルを複合したフィルムおよびシート	特開平9-123375	B32B27/36
	帯電防止性フィルムおよびシート	脂肪族ポリエステルに帯電防止剤を添加	特開平9-216324	B32B27/36
繊維関連用途（ポリエステル一般系）	設計された強度と生分解速度の繊維	劣化度の異なる脂肪族ポリエステル芯鞘複合繊維	特開平7-305234	D01F8/14
	自発巻縮性複合繊維	脂肪族ポリエステルを主成分	特開平9-209216	D01F8/14
			特開平9-302529	D01F8/14
			特開平10-88425	D01F8/14
	自然分解性複合繊維		特開平9-302530	D01F8/14
			特開平9-302531	D01F8/14
			特開平9-310229	D01F8/14
	自己接着性複合繊維		特開平9-157952	D01F8/14
			特開平10-88426	D01F8/14

2.2.4 技術開発拠点

京都府：京都市三条工場
滋賀県：島津メクテム

2.2.5 研究開発者

　島津製作所の出願はその殆どがポリ乳酸系ポリマーに関連している。

　発明者数は1990年から93年までは10名以下であったが、94年に増加に転じ、95年には最多（35名）に達し、以後は99年まで漸減した。出願件数もほぼ同様の傾向を示し95年が最多（56件）である。

　ラクチドからの二段重合法などのポリ乳酸系ポリマーの製造方法の開発、共重合や樹脂ブレンド、添加物配合などによるポリマーの物性や機能の改善、ポリマーの用途開発などが大きな課題である。いずれの検討項目についても94、95、96年に出願が集中し、多くの研究開発者が加わっている。

図 2.2.5-1 島津製作所の研究開発者数推移

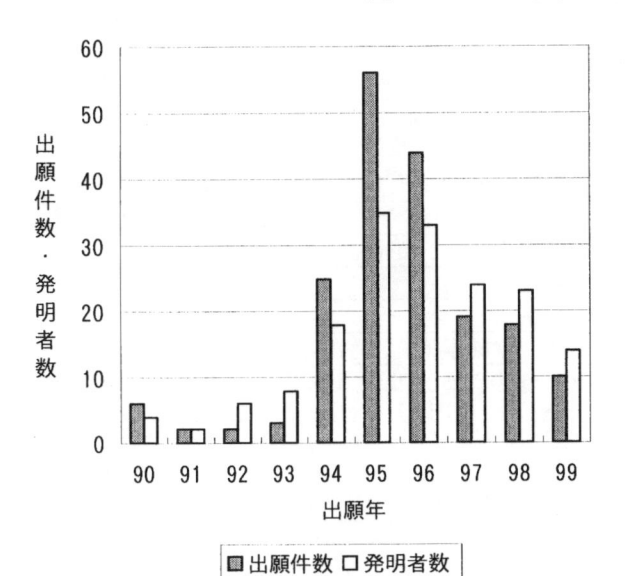

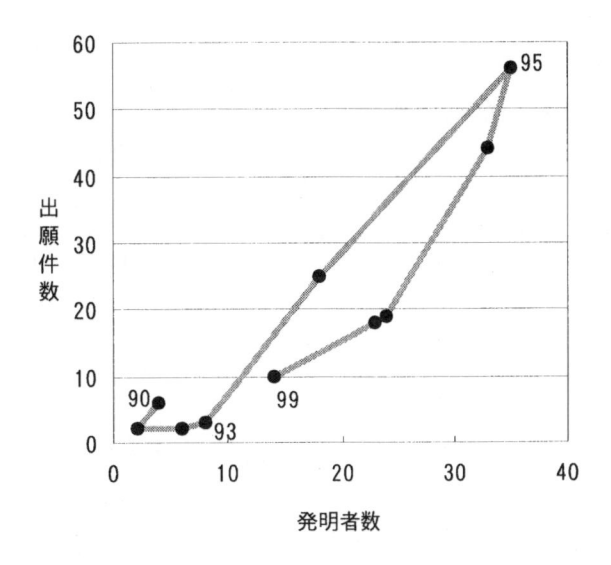

91

2.3 ユニチカ

2.3.1 企業の概要

表 2.3.1-1 ユニチカの企業の概要

1)	商　　　　　号	ユニチカ株式会社
2)	設 立 年 月 日	昭和44年10月（ニチボーと日本レイヨンが合併）
3)	資　　本　　金	237億9,800万円（2001年3月現在）
4)	従　業　員	1,484名　　　　（　〃　）
5)	事　業　内　容	高分子事業、環境・機能材事業、繊維事業、生活健康・その他事業
6)	技術・資本提携関係	技術提携／ハネウエル・インターナショナル社（米）、中国技術進出口公司（中国）、上海申信進出口公司（中国）、エンブレム・アジア（インドネシア）、他 資本提携／丸紅（インドネシア）、グラハ・ウバヤマンデ社・丸紅（インドネシア）、帝人・TPL社・ユニチカ香港（タイ）、他
7)	事　業　所	本社／尼崎（大阪、東京）、工場／宇治、岡崎、坂越、垂井
8)	関　連　会　社	国内／日本エステル、ユニチカテキスタイル、ユニチカファイバー、他 海外／タスコ（タイ）、エンブレム・アジア（インドネシア）、他
9)	業　績　推　移	平成13年3月期は前期に比し、売上高24.7%減、経常利益22.7%増
10)	主　要　製　品	ナイロンフィルム、ポリエステルフィルム、不織布、焼却炉、水処理施設、活性炭繊維、ガラス繊維、ポリエステルフィラメント、ポリエステルステーブル、カテーテル、等
11)	主 な 取 引 先	商社、卸し小売業、繊布業、病院、自治体、他
12)	技 術 移 転 窓 口	技術統括部　大阪市中央区久太郎町4-1-3　TEL:06-6281-5245

　生分解性ポリエステル製品の販売部署はフィルム事業本部スパンボンド事業本部およびユニチカファイバーである。また生産拠点は宇治プラスチック工場および岡崎工場である。

　カーギル・ダウと提携し、生分解性フィルムおよび繊維である「テラマック」を開発し、フィルム・繊維など製造販売を行い、ソニーのミニディスク包装フィルムやNTTドコモの請求所用封筒などに採用されている。（日経産業新聞2002年2月7日）

2.3.2 生分解性ポリエステル技術に関連する製品・技術

表 2.3.2-1 ユニチカの製品・技術

技術要素	製品	製品名	発売時期	出典
包装用途 繊維関連用途	フィルム・シート	テラマック	発売中	コンバーテック 2000年2月号　p.37 プラスチックス　2000年7月号
	繊維	テラマック	発売中	〃
	不織布	テラマック	発売中	〃
	バンド・ロープ	テラマック	発売中	〃

　ユニチカはポリ乳酸系生分解性プラスチックを加工処理して種々の製品を生産している。

　フィルム・シートとしては二軸延伸フィルムとブロー成形軟質フィルム等を、繊維はモノフィラメント、マルチフィラメント、スフ等を、不織布はレギュラー、芯鞘複合、ニードルパンチ等を上市している。

ユニチカの出願はポリ乳酸系ポリマーの繊維、織物、不織布に関するものが多く、上記「テラマック」にはこれらの技術が使用されていると推測される。

2.3.3 技術開発課題対応保有特許の概要
　ユニチカの保有特許出願は131件で、その内容は、不織布：51件（一般38、農業11、容器2）、繊維：29件（単繊維20、複合繊維7、構造物1、その他1）、積層：17件、農業：11件（不織布11）、ポリエステルの合成・精製：10件（うち精製1）、フィルム・シート：10件（フィルム7、シート3）、ブレンド：8件（繊維3、フィルム2、組成物2、紐1）、織物：7件（土木・袋7、紐4）、土木：7件、添加剤配合：6件（不織布2、織物1、紐1、繊維1 フィルム1）、延伸：3（フィルム）、発泡：1件、成形：1件、雑貨：1件、ヤーン：1件である。

　繊維関係が中心であり、不織布、繊維・織物で131件中87件に達する。中でも不織布は51件と多い。ついでフィルム関係とポリエステルの合成が多いが、フィルム関係は繊維関係に比べ、10件と極端に少ない。

　また外部との共願はユニチャーム：1件、北越製紙：1件がある。

　ユニチカの各技術要素における課題と解決手段について表2.3.3-1～表2.3.3-8に示す。

　ユニチカは加工メーカーであり、合成よりもそれ以外に関する特許出願が多いため、組成物、処理、加工、用途などにも注目して課題と解決手段を整理している。

　ユニチカでは不織布、成形加工、繊維、ポリエステル合成、組成物、フィルム・シートに関して重点的に特許出願がなされている。特に、不織布については、全特許出願の2/3をユニチカが占めており、不織布はユニチカが重要視している技術と言える。

(1) ポリエステル合成
　課題は、着色低減、柔軟性、高分子量、成形加工性である。しかし物性改良については特に重点化しているものは見あたらず、着色低減に重点があると思われる。

　これらの解決手段は新しいポリエステルの開発と重合触媒である。ユニチカはポリブチレンサクシネートを中心にコハク酸と1,4ブタンジオール、シクロヘキサンジメタノール、アジピン酸、エチレングリコールなどの組み合わせで、新しい生分解性ポリマーの開発を行っている。

(2) 加工
　加工の課題は不織布関連で、機械的性質（強度、耐衝撃強度）、熱的性質（耐熱性、寸法安定性）、機能（接着性、吸水性）である。とりわけ機械的性質と接着性、吸水性への重点化が目立つ。

　解決手段は、不織布に関係して全ての角度から隙間無く検討が進められ、積層、紡糸、樹脂ブレンド方法に重点が置かれており、積層は全て不織布に関するものである。紡糸では融点をコントロールした芯鞘構造における溶融接着性、及びウエッブの吸水性に関する特許が非常に多く、また、層間の接着に関するもの、絡み合いに関するものも多い。

　ユニチカはフィルム、シートにも重点が置かれ、延伸は全てフィルムに関するものある。

　ポリエステル合成の特許にはポリブチレンサクシネートが中心であるが、繊維の紡糸に使われている素材は殆どがポリ乳酸である。

(3) フィルム・シート

フィルム・シートの課題は機械的性質（強度、引き裂き性）に重点があるが、不織布に比べると特許の数は少なく、余り重要視していない。

解決方法としては、ポリマー合成と延伸である。

(4) 繊維

繊維に関する課題は、機械的性質（強度、柔軟性）、嵩高・風合いである。

これらに対する解決手段は、殆どポリエステル合成で素材からの開発にウエイトがかかっている。

(5) 不織布

不織布の課題は機械的性質（強度、柔軟性）、嵩高性、熱的性質（寸法安定性）、成形加工性（一次加工）、機能（接着性、吸水性）である。とりわけ機械的性質と接着性、吸水性への重点化が目立つ。

解決手段は、複合化、積層、合成である。共重合関係で不織布に関する全特許の 2/3 をユニチカが占め、さらに、添加剤、積層、複合化に関してはユニチカの独壇場である。複合化では芯鞘構造やそれに使うポリマーの組み合わせに工夫が見られる。天然繊維、または、通常の合成繊維との組み合わせもあり、全ての角度から、偏りなく不織布の研究開発を行っている。また、複合化、積層を成功させるために、接着性については重点化を行っている。

表 2.3.3-1 ユニチカの合成反応の課題と解決手段

(技術要素) 課題		共重合（改質）						触媒	固相重合	その他
	解決手段	ポリ乳酸	ポリブチレンサクシネート系	ポリカプロラクトン系	PHA系	その他ポリエステル系	ポリエステル一般			
機械的性質	機械的強度					1				
	高分子量		1			1		1		
	融点					1		1	1	
	その他					1				
成形加工性						2				
着色低減			1			2		3		
その他										1

表中の数字は出願件数を表す

表 2.3.3-2 ユニチカの組成物・処理の課題と解決手段（1/2）

(技術要素) 課題		樹脂ブレンド	複合化		添加物配合	後処理	その他の処理
	解決手段		繊維	フィラー・他			
機械的性質	耐衝撃性	1					
熱的性質	耐熱性	1					
	寸法安定性	1					
成形加工性	成形性			1			
機能性	吸水性	1					
	導電・制電性				1		
	風合	2					

表 2.3.3-2 ユニチカの組成物・処理の課題と解決手段（2/2）

(技術要素) 課題	解決手段	樹脂ブレンド	複合化 繊維	複合化 フィラー・他	添加物配合	後処理	その他の処理
その他（用途）	モノフィラメント	1					
	包装用	1			1		

表 2.3.3-3 ユニチカの加工の課題と解決手段

(技術要素) 課題	解決手段	樹脂ブレンド	複合化	添加物配合	後処理	発泡	紡糸	延伸	積層	その他
機械的性質	機械的強度	2					8	2		
	柔軟性	1								
	耐衝撃性	2								
	その他			2			3			2
熱的性質	耐熱性	2					1			
	寸法安定性	1					1			
機能性	接着性						2		10	
	吸水性	1							12	
	風合								1	
用途	フィルム							2	1	
	糸、ヤーン						1			

表 2.3.3-4 ユニチカのフィルム・シートの課題と解決手段

(技術要素) 課題	解決手段	共重合（改質）	樹脂ブレンド	複合化	添加物配合	発泡	延伸	積層（含塗布）
機械的性質	機械的強度	2						
	柔軟性		1					
	耐衝撃性		1					
	寸法安定性						1	
	引裂性	1					2	
熱的性質	耐熱性						1	
機能性	導電・制電性				1			
	吸水性			1				
	緩衝性			1				
	その他	1						
その他						1		

表 2.3.3-5 ユニチカの緩衝材および発泡体の課題と解決手段

(技術要素) 課題	解決手段	共重合（改質）
その他（用途）	発泡容器	1

表 2.3.3-6 ユニチカの繊維の課題と解決手段

(技術要素)課題		解決手段 共重合(改質)	樹脂ブレンド	複合化	添加物配合	紡糸	延伸
機械的性質	機械的強度	8	1	1		2	
	柔軟性	3					
	耐摩耗性	1					
	嵩高性			1			
	風合	1		1			1
熱的性質	寸法安定性	1			1		
機能性	生分解	1	1				
	自己接着性	2					

表 2.3.3-7 ユニチカの不織布の課題と解決手段

課題		解決手段 共重合(改質)	複合化	添加物配合	積層
機械的性質	機械的強度	7	10	2	9
	柔軟性	8	6		3
	嵩高	7	5		1
	耐摩耗性	1	1		
熱的性質	寸法安定性	1	4		2
成形加工性	一次加工性	2	3		8
	二次加工性	2			
機能性	生分解性		2		2
	接着性	3	12	1	10
	吸水性		4	1	17
	抗菌性		3		
	その他		4		
その他(用途)	不織布	1			
	濾過用	1	1		
	農業用	11			

表 2.3.3-8 ユニチカの技術開発課題対応保有特許(1/7)

技術要素	課題	概要	特許番号	筆頭IPC
合成反応	高強度ポリエステル	脂肪族ジカルボン酸とシクロヘキサンジメタノールとを重縮合	特開平9-169835	C08G63/199
	着色防止の生分解性ポリエステルの製造	(無水)コハク酸と1、4-ブタンジオールオリゴマーをチタン触媒存在下で重縮合	特開平8-73582	C08G63/85
	分子量の大きいポリブチレンサクシネートの製造	(無水)コハク酸と1、4-ブタンジオールとをアルコキシアンチモン化合物存在下に重縮合	特開平8-3302	C08G63/86
	着色のない、高分量、低融点の脂肪族ポリエステル	1,4-ブタンジオール等とアジピン酸とのオリゴマーをチタン触媒、リン化合物の下で重縮合	特開平7-242742	C08G63/85
	生分解性可能な高融点のポリエステルの製造	脂肪族ポリエステルを結晶化後、固相重合	特開平8-34843	C08G63/80
	小球状脂肪族ポリエステルの製造	溶融状態の脂肪族ポリエステルをPVA、ゼラチン等の水溶性に添加して小球を得る	特開平9-59358	C08G63/16
	着色防止をした成形体として利用可能な高分子量ポリエチレンサクシネート	オリゴマーをチタン、ゲルマニウム及びアンチモン系触媒の中から選ばれる触媒とリン化合物との存在で重縮合する	特開平7-173267	C08G63/16
	金属化合物が残留してない高分子量のポリエチレンサクシネート	コハク酸とエチレングリコールを280℃で無触媒で反応する	特開平9-31174	C08G63/16
	成形可能な分子量を持つポリエステルエーテル	数平均分子量が30,000以上の脂肪族ポリエステルエーテル	特開平8-59808	C08G63/66
合成反応 (ブレンド)	生分解性成形体に利用可能な組成物の製造	ブレンド(ポリエチレンサクシネート/ポリブチレンサクシネート)の溶融混合	特開平8-176416	C08L67/02
	生分解性の制御された組成物	傾斜構造(ポリヒドロキシ絡酸/他の生分解性ポリマー)それぞれを溶かした溶液を重層し溶媒を蒸発する	特開2001-49100	C08L67/04
合成反応 (ポリエステルの分解)	ポリ脂肪酸エステルの酵素分解法	微生物由来のリパーゼ使用	特開平7-165977	C08J11/00
組成物・処理 (添加物配合)	カッティング性、成形性に優れたポリエステル樹脂組成物	脂肪族ポリエステルに層状珪酸塩を配合	特開平9-169893	C08L67/00
包装用途 (フィルム)	機械的性質の優れた生分解性フィルム	ポリ乳酸コポリマーと変性ポリエチレンで構成されたフィルム	特開平9-59498	C08L67/04
	生分解性包装材	生分解性ポリマー使用	特開2001-88865	B65D75/02
	易引裂性フィルム	脂肪族ポリエステルの二軸延伸物性限定特定の成形条件	特開2000-198913	C08L67/04
包装用途 (フィルム、ブレンド)	柔軟で耐衝撃性の優れたポリ乳酸フィルム	ブレンド(ポリ乳酸/生分解性脂肪族ポリエステル(Tg<0℃)/可塑剤)	特開2000-273207	C08J5/18
	耐熱性、寸法安定性によい易引裂性フィルム	ブレンド(ポリ乳酸共重合体/エチレンテレフタレート或いはエチレンイソフタレートの重合体)の二軸延伸	特開2001-64413	C08J5/18
包装用途 (フィルム、延伸、添加剤配合)	生分解性延伸フィルム	ブチレンサクシネート系ポリマーに帯電防止剤、滑剤、を添加、成形、延伸	特開平7-179626	C08J5/18
包装用途 (フィルム、積層)	透明、強度、熱安定性	ポリ乳酸の二軸延伸フィルムに珪素酸化物を蒸着	特開平10-138433	B32B27/36

表 2.3.3-8 ユニチカの技術開発課題対応保有特許(2/7)

技術要素	課題	概要	特許番号	筆頭IPC
包装用途 (シート)	衝撃吸収性、吸水性、保水性の優れた生分解性シート	パルプ、脂肪族ポリエステル、カルボキシメチルセルロースなどからなるシート	特開平7-324140	C08J5/18
	薬剤含浸生分解性シート	生分解性素材使用	特開平10-195797	D21H19/10
	分解性フィルター	ポリ乳酸を主成分とする連続発泡体	特開2001-104729	B01D39/16
包装用途 (雑貨)	生分解性食品トレイ	ポリ乳酸ポリマーを使用物性限定	特開2000-327031	B65D77/02
包装用途 (発泡、農業)	生分解性発泡緩衝容器	ポリ乳酸ポリマーを使用	特開2001-180755	B65D81/133
包装用途 (成型物)	射出成型用素材	ポリ乳酸ポリマー繊維(又は粉末)にパルプ又はセルロースを水中に混合、解繊、湿式造粒、乾燥	特開平6-345944	C08L67/00
繊維関連用途 (不織布)	嵩高性、吸水性に優れた生分解性不織布	天然繊維と脂肪族ポリエステル異形断面短繊維を混合、部分的点圧接	特開平8-325911	D04H1/62
		天然繊維と脂肪族ポリエステル異形断面短繊維を混合、加圧液体処理	特開平8-325912	D04H1/62
	機械的性質に優れ熱接着機能を持つ生分解性不織布	脂肪族ポリエステル高融点成分と低融点成分の交互配列型複合長繊維使用	特開平9-78429	D04H3/00
	機械的性質、吸水性に優れ熱接着機能を持つ生分解性不織布	脂肪族ポリエステル高融点成分と低融点成分の環状的等配向型複合長繊維使用	特開平9-78428	D04H3/00
	機械的強度、柔軟性の良い不織布	ポリ乳酸系重合体からなる長繊維を開繊、堆積したウエブを部分的熱圧着	特開平9-95849	D04H3/00
	機械的強度、柔軟性、寸法安定性の良い不織布	ポリ乳酸系重合体の吐出糸条をウエブ化、部分的熱圧着、三次元的交絡処理	特開平9-95850	D04H3/00
	機械的強度、嵩高性の良い不織布	融点の異なるポリ乳酸重合体を複合型紡糸、ウエブ化して熱接着する	特開平9-95847	D04H3/00
	可紡性、開繊性、機械的性質に優れた不織布	脂肪族ポリエステル高融点成分と低融点成分からなる長繊維不織布	特開平8-246316	D04H3/00
	機械的特性、地合、熱接着性に優れた不織布	脂肪族ポリエステルに結晶核剤を添加、特定条件で防止した長繊維を不織布とする	特開平8-325916	D04H3/00
	通気性、通液性に優れ、複雑な形状成形も可能な不織布	脂肪族ポリエステルの吐出糸をウエブ化熱接着、熱処理する	特開平9-95848	D04H3/00
	優れた機械強度と柔軟性の不織布	芯鞘複合繊維(芯:PHA、鞘:ポリ乳酸系重合体)繊維表面に突起部を設ける繊維表面に交互に露出する	特開平11-269754	D04H3/00
	強度、柔軟性、耐摩耗性	生分解性可塑性脂肪族ポリエステルからなる繊維同志が超音波により融着	特開2000-282357	D04H3/14
	柔軟性、高強度	ポリ乳酸系樹脂の物性限定	特開2000-273750	D04H3/00
	機械強度、寸法安定性、熱接着	芯部に高融点、鞘部にはより低い融点の脂肪族ポリエステルの複合長繊維を使用	特開平6-207324	D01F8/14
	機械強度、寸法安定性、熱接着、柔軟性、嵩高性	芯部に高融点、鞘部にはより低い融点の脂肪族ポリエステルの潜在巻縮性複合長繊維使用巻縮数に限定	特開平6-207323	D01F8/14

表 2.3.3-8 ユニチカの技術開発課題対応保有特許(3/7)

技術要素	課題	概要	特許番号	筆頭IPC
繊維関連用途（不織布）（つづき）	機械強度、寸法安定性、熱接着、柔軟性、嵩高性	芯部に高融点、鞘部にはより低い融点の脂肪族ポリエステルの潜在巻縮性複合短繊維を使用巻縮数に限定	特開平6-212548	D04H1/54
	機械強度、熱接着、柔軟性、嵩高性	ポリアルキレンサクシネート（コ）ポリマー短繊維不織布製造条件に規定	特開平9-13259	D04H1/54
		ポリアルキレンサクシネート（コ）ポリマー短繊維不織布メッシュ上で水流交絡処理で3次元的に交絡	特開平9-13255	D04H1/46
	柔軟性、嵩高性	ポリアルキレンサクシネート（コ）ポリマー短繊維不織布メッシュ上で水流交絡処理で3次元的に交絡	特開平9-13256	D04H1/46
	機械強度、熱接着、延伸性	脂肪族ポリエステルの高融点、低融点成分の交互積層型複合短繊維からなる不織布	特開平10-1855	D04H1/42
	延伸性、実用に耐えうる機械的性質	脂肪族ポリエステルの高融点成分を芯に、低融点成分を鞘にした芯鞘複合繊維で、交互積層型複合短繊維からなる加圧液体流で熱処理した不織布	特開平9-279446	D04H1/46
	可紡性、延伸性、熱融着性に優れた生分解性不織布	交互露出繊維を短繊維ウエブとして所定に形態を保持する	特開平9-279454	D04H1/54
	柔軟性、熱接着性のよい生分解性不織布	鞘部が芯部より低融点の脂肪族ポリエステル芯鞘複合繊維で構成繊維同志が融着	特開平8-260320	D04H1/54
	機械強度、熱接着、寸法安定性	鞘部が芯部より低融点の生分解性芯鞘複合繊維で構成繊維同志が融着3次元的交絡	特開平6-207320	D01F8/04
	生分解性シート	芯鞘複合繊維（芯：高融点ポリブチレンサクシネート、鞘：低融点ポリブチレンサクシネートコポリマー）の不織布脂肪族ポリエステルの多葉型複合短繊維をセルロース繊維と混抄、シート形成	特開平9-310295	D21H15/10
		芯鞘複合繊維（芯：高融点ポリブチレンサクシネート、鞘：低融点ポリブチレンサクシネートコポリマー）の繊維とセルロース繊維と混抄、脱水、熱処理	特開平9-310292	D21H13/24
		脂肪族ポリエステルの交互積層型複合短繊維をセルロース繊維と混抄、熱処理	特開平9-310292	D21H13/24
	高温下での使用でも、へたり難く接着力の低下しない不織布	繊維の一部がポリ乳酸系ポリエステル、他の部分がPET系、PBT系ポリエステル	特開平11-279841	D01F8/14
	長期使用でも、へたり性の少ない不織布	生分解性繊維と通常繊維の混紡	特開平11-279920	D04H1/54
	伸縮性に優れた生分解性不織布	生分解性ポリマーを使用物性制限	特開平10-325064	D04H3/14
	生分解性濾過用不織布	ポリ乳酸繊維を使用	特開2000-34657	D04H1/42
繊維関連用途（不織布添加物配合）	高強度、耐摩耗性	伝導性の良い金属、その酸化物、炭化物を配合	特開2000-328421	D04H3/00
繊維関連用途（不織布）	柔軟性、吸湿・吸水性、抗菌性	ポリ乳酸系繊維に木綿を混綿、界面活性剤を混入	特開2000-248452	D04H1/42
	熱融着性、高嵩密度	光学純度の異なるポリ乳酸を複合紡糸それぞれの配向度、物性を限定	特開2001-49533	D01F8/14

表 2.3.3-8 ユニチカの技術開発課題対応保有特許(4/7)

技術要素	課題	概要	特許番号	筆頭IPC
繊維関連用途 (不織布) (つづき)	水切りの良い生分解性ゴミ捕集袋	芯鞘複合繊維（芯成分：ポリ乳酸系ポリマー、鞘成分：ポリ乳酸系ポリマー（芯よりも融点が20℃低い）を熱融着した不織布	特開2000-297143	C08G63/06
	抗菌性成型品	ポリ乳酸ポリマーに界面活性剤付与	特開2000-239969	D06M15/53
	吸湿・吸水抗菌性交編織物	ポリ乳酸系ポリマーに天然繊維との交編界面活性剤添加	特開2000-248442	D03D15/00
	柔軟性に富んだゼブラ模様不織布	生分解性短繊維ウエブの片面に長繊維ウエブをウオータージェットパンチ法で一体化	特開平8-232152	D04H5/00
繊維関連用途 (不織布、容器)	成形加工できる生分解性不織布から容器の製造	ポリ乳酸系繊維物性限定	特開2000-136479	D04H3/00
	深絞りできる生分解性不織布から容器の製造	ポリ乳酸系芯鞘複合繊維（鞘成分の融点は新成分のそれよりも低い）配向、物性限定	特開2000-136478	D04H3/00
繊維関連用途 (不織布、農業用)	適度な強度の生分解性育苗用不織布	木綿や脂肪族ポリエステル系短繊維などの生分解性繊維が集積されてなる繊維ウエブを準備する	特開平11-318206	A01G1/00,303
	形状安定性、適度に壊れる育苗用不織布	物性制限繊維長に限定	特開2001-64862	D04H1/54
	特定の透光率、耐候性、強度をもつ不織布	ポリ乳酸系繊維使用物性制限	特開2000-333542	A01G9/14
	透光性、耐候性のある農業用廃棄処理容易な内張りシート	ポリ乳酸系繊維使用物性制限	特開2000-45163	D04H3/00
	遮光性、通気性に優れた生分解性マルチシート	ポリ乳酸系繊維使用物性制限	特開2000-45164	D04H3/00
	稲苗の根上が少なく、掻き取り時に壊れやすい育苗用不織布	木綿、レーヨン、ポリ乳酸繊維、脂肪族ポリエステル短繊維等で構成された不織布絡み合いの部分と層でない部分を作る	特許2940608	A01G1/00,303
	移植後はほぼ分解する根カバー	脂肪族ポリエステル不織布を縫製又は熱接着して袋状に形成	特開平9-191778	A01G23/04,503
	根カバーを剥がさず移植可能な育苗根カバー	脂肪族ポリエステル繊維からなる不織布を使用	特開平9-191772	A01G9/10
	引張り強度、寸法安定性、透光性、通気遮断性、吸水性、柔軟性のある生分解性シート	生分解性合成長繊維不織布ウエブ層の面に生分解性短繊維不織ウエブ層を設ける	特開平8-89101	A01G13/02
	引張り強度、寸法安定性、透光性、通気遮断性、吸水性、柔軟性のある生分解性シート	生分解性合成長繊維不織布ウエブ層の面に生分解性短繊維不織ウエブ層を設ける	特開平8-89102	A01G13/02
	遮光性、適度な透水性、生分解性防草シート	生分解性熱可塑性脂肪族ポリエステルを使用	特開平11-229260	D04H3/14
繊維関連用途 (不織布、積層)	可紡性、延伸性、熱接着性を持つ生分解性制御可能な短繊維による不織布	脂肪族ポリエステル高融点成分と低融点成分を使用する積層不織布交互露出複合繊維を短繊維ウエブとし、所定の形態を保持する	特開平9-279455	D04H1/54
	機械的性質に優れ熱接着機能を持つ生分解性不織布	脂肪族ポリエステル高融点成分と低融点成分を使用する積層不織布交互積層型長繊維不織布	特開平9-279461	D04H3/00
	機械的性質、吸水性に優れ熱接着機能を持つ生分解性不織布	脂肪族ポリエステル高融点成分と低融点成分の多葉型複合長繊維をウエブ化、一体化	特開平9-78427	D04H3/00

表 2.3.3-8 ユニチカの技術開発課題対応保有特許(5/7)

技術要素	課題	概要	特許番号	筆頭IPC
繊維関連用途（不織布、積層）（つづき）	吸水性、機械的強度に優れた不織布	ポリ乳酸系重合体長繊維をウェブ化、天然又は再生繊維ウェブ層と積層、ウエブ層一体化	特開平9-95852	D04H3/00
	可紡性、延伸性、熱融着性、吸水・吸湿性生分解性制御が可能	鞘部が芯部より低融点の生分解性芯鞘複合繊維でから短繊維ウエブとし、天然繊維ウエブと積層、加圧液体流処理	特開平9-279465	D04H5/00
	可紡性、延伸性、熱融着性、吸水・吸湿性生分解性制御が可能	鞘部が芯部より低融点の生分解性芯鞘複合繊維でから短繊維ウエブとし、天然繊維ウエブと積層、加圧液体流処理	特開平9-279452	D04H1/54
	吸水性、機械的性質	脂肪族ポリエステル長繊維不織ウエブを天然繊維不織ウエブと積層部分的超音波融着	特開平9-310261	D04H5/00
	嵩高性、吸水性	脂肪族ポリエステル長繊維不織ウエブを天然繊維等の短繊維不織ウエブと積層	特開平9-310257	D04H1/42
	機械性強度	長繊維ウエブと短繊維ウエブとを高圧液体流処理により積層一体化処理により、積層界面で交絡を行う	特開2000-199163	D04H5/02
	可紡性、延伸性、熱融着性、吸水・吸湿性生分解性	鞘部が芯部より低融点の生分解性芯鞘複合繊維で構成繊維同志が部分的に超音波で融着これと天然繊維ウエブと積層	特開平9-279451	D04H1/54
		脂肪族ポリエステル高融点成分と低融点成分を使用する不織布交互露出複合短繊維ウエブと天然繊維ウエブが積層、3次元交絡	特開平9-279450	D04H1/54
	吸水性、実用的機械物性	脂肪族ポリエステル高融点成分と低融点成分を使用する不織布中実交互型複合長繊維を短繊維ウエブと積層、熱圧接処理	特開平9-279466	D04H5/06
	可紡性、延伸性、熱融着性、吸水・吸湿性生分解性の制御	脂肪族ポリエステル高融点成分（芯）と低融点成分（鞘）を使用する複合繊維を短繊維ウエブとし、天然繊維ウエブと積層	特開平9-279449	D04H1/54
		脂肪族ポリエステル高融点成分（芯）と低融点成分（鞘）を使用する複合繊維を短繊維ウエブで、中実交互型複合長繊維を短繊維ウエブととし、天然繊維と積層加圧流体処理	特開平9-279464	D04H5/00
		脂肪族ポリエステル高融点成分（芯）と低融点成分（鞘）を使用する複合繊維を短繊維ウエブで、中実交互型複合長繊維を短繊維ウエブととし、天然繊維と積層加圧流体処理	特開平9-279448	D04H1/54
		高融点成分（芯）と低融点成分（鞘）を使用する複合繊維を短繊維ウエブ交互露出複合繊維を短繊維ウエブとし天然繊維と積層、超音波融着処理	特開平9-279447	D04H1/54
	剥離強度、柔軟吸水性、疎水性を併せ持つ不織布	サクシネート系ポリマー繊維不織布と木綿繊維不織布を融着湿式不織布	特開平7-109659	D04H5/06

表 2.3.3-8 ユニチカの技術開発課題対応保有特許(6/7)

技術要素	課題	概要	特許番号	筆頭IPC
繊維関連用途（袋、土木用織物）	機能性向上	脂肪族ポリエステル（特にポリ乳酸）に、K,PNを含ませるこれに再生繊維や天然繊維を混用して、布帛を形成する	特開2001-11833	E02B3/04,301
		脂肪族ポリエステル（特にポリ乳酸）に、K,PNを含ませるこれに再生繊維や天然繊維を混用して、布帛を形成する物性限定	特開2001-11834	E02B3/04,301
		脂肪族ポリエステル（特にポリ乳酸）に、K,PNを含ませるこれに再生繊維や天然繊維を混用して、布帛を形成する物性限定	特開2001-11832	E02B3/04,301
	袋積工事の滑り防止を施した土木用袋	透水係数や性摩擦係数を所定値に形成することによる脂肪族ポリエステル（特にポリ乳酸）使用	特開2001-123427	E02B3/04,301
	自然分解土木用袋	透水係数や静摩擦係数を所定値に形成することによる脂肪族ポリエステル（特にポリ乳酸）使用	特開2001-123450	E02D17/20,102
	縫い目のないコストの安い自然分解土木用袋	脂肪族ポリエステル（特にポリ乳酸）使用	特開2001-123426	E02B3/04,301
繊維関連用途（袋、土木用織物、添加剤配合）	ぬめり悪臭防止の袋	抗菌剤使用ポリ乳酸繊維	特開2001-32230	E02B3/04,301
繊維関連用途（紐）	機械物性の良い生分解性紐	生分解性ポリマー（（コ）ポリ乳酸）フィルムに特定の撚りを加えて摩擦抵抗を減らし、伸度の向上を図る	特開2001-48222	B65D63/10
	機械特性、防黴、耐候性に優れ、高温での加水分解を抑制された紐	ポリ乳酸使用物性限定	特開2000-248437	D02G3/02
	生分解性包装用バンド	エンボス加工したポリ乳酸バンド	特開2001-19027	B65D63/10
繊維関連用途（紐－延伸、ブレンド、添加剤配合）	生分解性包装用バンド	ブレンド（乳酸系ポリマー/他の脂肪族ポリエステル/滑剤）を使った紐一軸延伸物性限定	特開2001-115350	D02G3/06
繊維関連用途（繊維）	十分な強度・弾性を持つ繊維	ポリ乳酸使用紡糸条件限定	特開平11-131323	D01F6/62,305
	弾性率、寸法安定性に優れたポリ乳酸繊維	分子量限定紡糸条件限定	特開平11-293517	D01F6/62,305
	耐摩耗性、高強度、寸法安定性、に優れた生分解性繊維	ポリ乳酸使用物性限定	特開2000-136435	D01F6/62,305
	柔軟性、実用強度	ポリ乳酸使用物性限定	特開2001-98417	D01F6/62,305
	耐久性のある優れたバインダー特性を持つ生分解性繊維	ポリ乳酸使用物性限定	特開平11-302925	D01F8/14
	生分解性速度の制御可能繊維	脂肪族ポリエステルのアルカリ性無機化合物の含有量を0.5～10重量％内で選定	特開平9-41220	D01F6/62,302
	紡出糸の冷却性、繊維の機械的性能に優れた長繊維	脂肪族ポリエステルを特定温度で紡糸、特定倍率で延伸した長繊維	特開平8-158154	D01F6/62,306
	実用物性を保持し、ドライタッチ風合の生分解性長繊維	ポリ乳酸系ポリマーを使用	特開平11-293519	D01F6/62,305
	高強度・高弾性率の生分解性モノフィラメント	ポリ乳酸系ポリマーの延伸	特開2000-27030	D01F6/62,305
	強度、熱接着	脂肪族ポリエステル物性限定製造条件限定（高配向未延伸糸）	特開平11-61561	D01F6/62,306

表 2.3.3-8 ユニチカの技術開発課題対応保有特許(7/7)

技術要素	課題	概要	特許番号	筆頭IPC
繊維関連用途（繊維）（つづき）	機械強度、熱接着に優れた生分解性繊維	脂肪族ポリエステル物性、製造条件限定	特開平11-61560	D01F6/62,306
	高嵩性、ドレープ性のある生分解性ポリエステル繊維	溶解速度の異なる２種のポリエステル系複合繊維少なくとも一方の材料が表面の一部に現れる	特開平11-302926	D01F8/14
	機械的性質、熱接着性	複合長繊維（芯成分：ポリブチレンサクシネート、鞘成分：脂肪族ポリエステルとのコポリマー）	特開平8-246243	D01F8/14
	吸水性、保水性	混合糸（ポリ乳酸系樹脂／木綿など）に親水性活性剤を付与	特開2000-248465	D06M13/224
繊維関連用途（繊維、ブレンド）	高強度の生分解性モノフィラメント	生分解性の異なる二種の脂肪酸エステルからなる海島構造の複合繊維	特開平8-302529	D01F8/14
	腰、ドライ感のある生分解性繊維	複合比が所定の範囲にあるブレンド（脂肪族ポリエステル／ナイロン６）による繊維で脂肪族ポリエステルが繊維表面の一部に露出するポリアミド繊維	特開2000-54228	D01F8/12
	腰、ドライ感のある生分解性繊維	複合比が所定の範囲にあるブレンド（脂肪族ポリエステル／ポリエチレン）による繊維で脂肪族ポリエステルが繊維表面の一部に露出するポリアミド繊維	特開2000-54227	D01F8/06
繊維関連用途（繊維、水産用）	分解性水産用モノフィラメント	ポリ乳酸（分子量＞7万）の延伸延伸条件の限定	特開2000-154425	D01F6/62,305
繊維関連用途（繊維、延伸）	ドライタッチな風合、柔軟性短繊維	ポリ乳酸系ポリマーの使用延伸して表面に凹凸を着ける	特開平11-293518	D01F6/62,305
繊維関連用途（繊維、添加剤配合）	抗菌性糸	ポリ乳酸系ポリマーと天然繊維と混紡界面活性剤添加	特開2000-248465	D06M13/224
繊維関連用途（複合繊維）	生分解性複合繊維	複合繊維（芯成分：生分解性合成繊維、鞘成分：天然繊維）	特開2001-123348	D02G3/04
	木綿並の吸水性と吸湿性を持つ生分解性複合繊維	芯鞘複合繊維（芯：ポリエチレンオキサイド架橋物／脂肪族ポリエステル、鞘：）	特開平9-111537	D01F8/14
	木綿並の吸水性と吸湿性を持つ生分解性複合繊維	芯鞘複合繊維（芯：ポリエチレンオキサイド架橋物、鞘：脂肪族ポリエステル）	特開平9-95823	D01F8/14
繊維関連用途（複合繊維、ダイデザイン）	熱劣化しやすいポリマー用の口金装置	ダイデザイン	特開2000-160426	D01D5/30
繊維関連用途（複合繊維、ブレンド）	木綿並の吸水性と吸放出性を示す複合繊維	芯鞘複合繊維（鞘：ポリエチレンオキサイド架橋物／脂肪族ポリエステル、鞘：脂肪族ポリエステル）	特開平9-111537	D01F8/14
繊維関連用途（繊維成型物）	生分解性繊維強化成形体	強化用生分解性繊維（天然繊維など）を液状で分散・混合、シートにして乾燥、加圧圧縮成型	特開平9-169897	C08L67/04
繊維関連用途（フラットヤーン）	長時間使用に耐え、強度のある生分解性フラットヤーン	無機、有機滑剤含有ポリ乳酸の延伸	特開2001-131827	D01F6/62,305

2.3.4 技術開発拠点
京都府：宇治氏中央研究所、宇治プラスチック工場
愛知県：岡崎工場

2.3.5 研究開発者
　1991年、92年の発明者数は一桁であったが93年は26名となり、99年は28名に達している。出願件数も同様の傾向で、99年には33件と増加している。
　ポリ乳酸系ポリマーを主体とした繊維、織物、不織布などの出願が多く、農業用、土木用途についても開発を行っており、これらは特に98年、99年に集まっており、発明者数も多い。

図2.3.5-1 ユニチカの研究開発者数推移

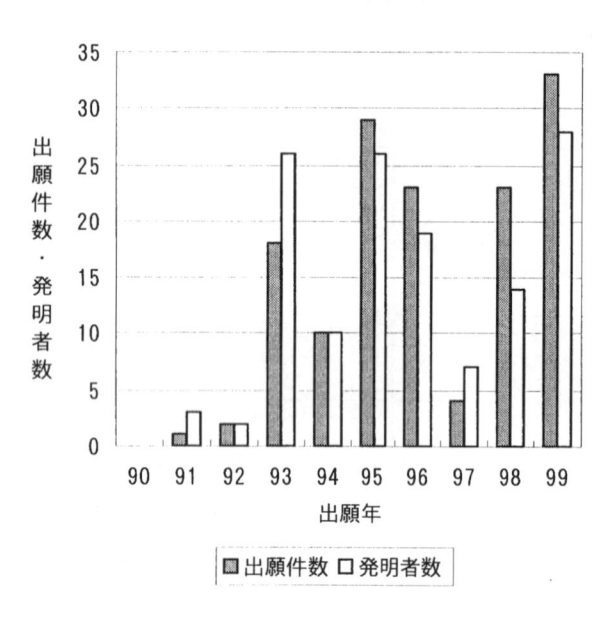

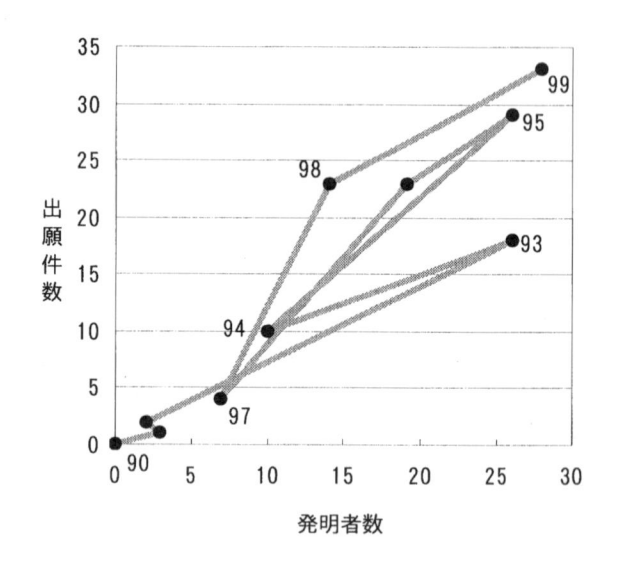

2.4 東洋紡績

2.4.1 企業の概要

表 2.4.1-1 東洋紡績の企業の概要

1)	商　　　　号	東洋紡株式会社
2)	設 立 年 月 日	大正5年6月
3)	資　本　金	433億4,100万円(2001年3月現在)
4)	従　業　員	4,078名(2001年3月現在)
5)	事 業 内 容	繊維事業、化成品事業、その他事業
6)	技術・資本提携関係	モレキュラー・バイオシステムズ・インコーポレイテッド（アメリカ）、メトプロ・コーポレーション（アメリカ）、シイー・ジェー・ビー・デベロップメンツ・リミテッド（イギリス）、デュール・アンラーゲンバウゲー・エム・ベーハー（ドイツ）、斗山機械株式会社（韓国）、灜壁企業（台湾）、デュール・インダストリーズ・インコーポレイテッド（アメリカ）
7)	事　業　所	本社／大阪、工場／敦賀、岩国、庄川（富山県）、犬山
8)	関 連 会 社	国内／東洋紡総合研究所、日本エクスラン工業、新興産業、日本マグファン呉羽テック、東洋化成工業、クレハエラストマー
9)	業　績　推　移	（単位：百万円） 　　　　　　　平成12年3月　　　平成13年3月 売上高　　　　262,389　　　　255,364 経常利益　　　　6,244　　　　　6,723 税引き利益　　　1,222　　　　　3,527
10)	主 要 製 品	化合繊、紡績糸、加工糸、織物、加工織物、ニット、二次製品、プラスチック、生化学品ほか
11)	主 な 取 引 先	新興産業、伊藤忠商事、ニッショー、トーメン、大倉三幸、他
12)	技 術 移 転 窓 口	知的財産部　大阪市北区堂島浜2-2-8　TEL: 06-6348-3385

2.4.2 生分解性ポリエステル技術に関連する製品・技術
商品化されていない。

2.4.3 技術開発課題対応保有特許の概要

　東洋紡績の保有特許出願は96件で、その内容は、フィルム：28件（フィルム25、農業用フィルム2、包装用1）、ポリエステルの合成：21件、ポリエステルの分解：1件、繊維関係16件（不織布：10、繊維：6）、積層：9件（積層8（フィルム3、コーティング1）、不織布1）、塗料：9件（漁業8）、緩効性肥料：6件、農業：8件（フィルム1、育苗1、緩効性肥料6）、インキ：1件、接着剤：1件である。
　また、外部との共願は、地球環境産業技術研究機構：2件、三井石油化学：1件、石川播磨重工業：1件である。
　東洋紡績の各技術要素について課題と解決手段について表2.4.3-1〜表2.4.3-7に示す。
　東洋紡績は加工メーカーであるので合成よりもそれ以外に関する特許出願が多い。ポリエステルの合成と組成物、成形加工、フィルム・シートに関して重点的に特許出願がなされている。

(1) ポリエステル合成
　重点にしている課題は、高分子量化、架橋による物性の改良、および、熱安定性、加

水分解性、コスト低減などである。高分子量化は、耐衝撃性や強度につながるものである。
　これらの対策としては、ポリ燐酸を中心にカプロラクトン系、その他のポリエステルでの共重合による改質を行っている。また、熱硬化性ポリマーを目的としたイソシアネートの架橋によるポリ乳酸系ポリマーの検討も行っている。

(2) 組成物

　課題は、水産用の藻や貝の忌避剤を使った付着防止品、農業における徐放性肥料であり、ポリマー自体も自然に消滅するもので、最終製品が明確である。その他の課題はフィルムの二次加工に必要な物性（ハンドリング性、印刷性、手切れ性、捻り固定性など）の改良がある。
　これらの解決手段はそれぞれの目的にあった薬剤を配合して行う。ブレンドに関する特許は1件もない。

(3) 加工

　課題は、フィルムなど出来上がった製品の二次加工性の改良である。
　その解決手段は延伸、積層であり、延伸技術を生かした特許出願が多い。しかし、延伸技術は完成されたものなので、操作そのものの特許は少なく、出来上がったフィルムの配向や物性で規定した特許を出願している。その他の成形加工に関しては積層、成形品を初め散発的である。

(4) フィルム・シート

　課題は二次加工性、強度などであるが、圧倒的に二次加工性が多い。
　解決手段としては延伸と積層である。中でも二次加工性を中心に延伸に関するものが多いが、これらは延伸技術に関する物ではなく、出来たフィルムの配向や物性、表面の粗さを尺度にして二次加工性との関係を規定した特許である。素材からの改良は2件あるのみで延伸に比べて極度に少ない。
　強度については、延伸操作は改良の手段の1つであるが、ここでは積層での改良に重点がおかれている。

表 2.4.3-1 東洋紡績の合成反応の課題と解決手段

(技術要素) 課題	解決手段	共重合(改質) ポリ乳酸	ポリブチレンサクシネート系	ポリカプロラクトン系	PHA系	その他ポリエステル系	ポリエステル一般	触媒
機械的性質	機械的強度	1						
	高分子量	3		1				1
	融点	1						
熱的性質	耐熱性	1						
	熱安定性	3		1		1	2	3
	その他					1		1
成形加工性	二次加工性	1		1		1		
機能性	加水分解性	3				1		
	架橋	1				3		
	コスト低減	1				3		

表中の数字は出願件数を表す

表 2.4.3-2 東洋紡績の組成物・処理の課題と解決手段

(技術要素) 課題	解決手段	添加物配合
成形加工性	二次加工性	4
機能性	防藻、防貝	1
	徐放性	4
その他(用途)	水産用塗料	9

表 2.4.3-3 東洋紡績の加工の課題と解決手段

(技術要素) 課題	解決手段	延伸	積層	その他
機械的性質	機械的強度	1		
熱的性質	寸法安定性	1		
成形加工性	一次加工性			1
	二次加工性	11		1
機能性	バリア性		1	
その他(用途)	フィルム		1	
	容器(中空、射出)			1

表 2.4.3-4 東洋紡績のフィルム・シートの課題と解決手段

(技術要素) 課題	解決手段	共重合(改質)	樹脂ブレンド	複合化	添加物配合	発泡	延伸	積層(含塗布)
機械的性質	機械的強度							4
	寸法安定性							1
熱的性質	その他							5
成形加工性	一次加工性							
	二次加工性	2					25	
機能性	生分解性							
	透明性							1
	バリア性							1

表 2.4.3-5 東洋紡績の繊維の課題と解決手段

(技術要素) 課題	解決手段	共重合(改質)
熱的性質	耐熱性	1

表 2.4.3-6 東洋紡績の不織布の課題と解決手段

(技術要素) 課題		解決手段 共重合 (改質)	複合化	積層
熱的性質	耐熱性	2		
機能性	生分解性	1		
	抗菌性	1	1	
	その他	3		1
その他 (用途)	不織布			
	濾過用	1		

表 2.4.3-7 東洋紡績の技術開発課題対応保有特許(1/5)

技術要素	課題	概要	特許番号	筆頭IPC
合成反応 (ポリエステルの合成)	成形性の良いポリ乳酸共重合体	乳酸、コハク酸、グリコール酸、α-オキシ酸、環状ラクトンのコポリエステル	特開平7-53685	C08G63/08
	耐加水分解性、自然環境下で優れたポリ乳酸系組成物	Tg>90℃以下で2個の加水分解反応式を満足するポリ乳酸組成物	特開平9-12688	C08G63/06
	耐加水分解性、安定性の優れたポリ乳酸系組成物	数平均分子量<1000が全重量の2％以下の乳酸（コ）ポリマー	特開平7-316272	C08G63/06
	高融点のポリ乳酸系重合体	融点120℃以上のポリ乳酸系ブロック重合体	特開平7-316271	C08G63/06
	耐加水分解性の良い酸末端封鎖ポリ乳酸	酸末端がアルキル基などで実質的に封鎖されているポリ乳酸	特開平7-316273	C08G63/06
	分子量調節容易、熱安定性の良いポリ乳酸の製法	ポリ乳酸の水酸基末端をエステル封鎖	特開平6-228287	C08G63/06
	任意に分子量調節し、熱安定性に優れたポリ乳酸	特定のポリ乳酸の水酸基末端を脂肪族カルボン酸でエステル封鎖	特開平7-330876	C08G63/06
	分子量調節が容易良好な安定性脂肪族ポリエステル	ラクトン類の開環重合時に、特定量の脂肪族カルボン酸を存在させる触媒はオクチル酸亜鉛	特開平6-228289	C08G63/08
	高収率、低コストな製造法	原料環状ジエステルを水系溶媒で洗浄、開環重合	特開平6-228288	C08G63/08
	少ない労力と費用で脂肪族ポリエステルを得る製法	α-オキシ酸から前駆耐ポリマーを製造後、加熱解重合をする	特許3139565	C08G63/78
	効率の良い製造法	前駆体ポリマーを加熱解重合した環状二量体を開環重合	特開平6-287278	C08G63/06
	低分子物を低減し熱安定性に優れた脂肪族ポリエステルの製法	α-オキシ酸の環状二量体の開環重合後期あるいは終了後溶融状態で減圧処理	特開平9-12690	C08G63/08
	脂肪族ポリエステルの連続重合法	α-オキシ酸環状ダイマーを初期重合後、多軸混練機で後期重合を行う	特開平7-53684	C08G63/08
	熱安定性の優れた成形容易なポリエステル	特定な式で表される脂肪族ポリエステル（共重合体）にアルミニウムを含有させる	特許3144231	C08G63/84
	熱安定性の優れたポリエステル	脂肪族ポリエステル（共重合体）にアルミニウムを含有させる	特許3144416	C08G63/02
	生分解性糖含有ポリマー	特定の分子構造を持つ	特開2000-328422	D04H3/00
	加水分解可能な防汚塗料用樹脂	ヒドロキシカルボン酸金属塩含有脂肪族ポリエステル	特開平8-176501	C09D167/04

表 2.4.3-7 東洋紡績の技術開発課題対応保有特許(2/5)

技術要素	課題	概要	特許番号	筆頭IPC
合成反応 (ポリエステルの 合成、改良)	硬化度の高い物性に優れるポリエステル	特定個以上のヒドロキシル基を含有したウレタン系ポリマー	特開2001-151871	C08G63/06
	硬化度の高い、高物性樹脂	3級アミンの共重合ポリ乳酸で、多官能イソシアネートの架橋促進を図るL-体、D-体のモル比限定、粘度限定	特開2001-151874	C08G63/685
合成反応 (ポリエステルの 合成、配合)	防藻性、防貝性に優れた組成物	共重合ポリエステルに天然物防汚剤を配合	特開平8-109283	C08K5/13
合成反応 (ポリエステルの 合成、塗料用)	高価なDL-ラクチドやメソラクチドを用いずにD-またはL-ラクチドから塗料用の乳酸系ポリエステルを得る	Sn系重合触媒の存在下で重合	特開平11-35663	C08G63/08
合成反応 (ポリエステルの 分解)	完全分解	微生物産生性脂肪族ポリエステルを、嫌気条件下で嫌気性細菌またはその分解酵素を用いて分解する	特許2889953	C08J11/06
農業用途 (フィルム)	自然界で消滅する機械強度に優れたフィルム	脂肪族ポリエステル使用	特開平6-256481	C08G63/06
	生分解性のマルチング材	乳酸を含む生分解性ポリマーを使用	特開平8-259823	C08L101/00
農業用途 (緩効性肥料)	徐放性	特定の構造を持つポリエステルで肥料をコーティング	特開2000-290092	C05G3/00,103
		ポリ乳酸(無機粒子含有)で肥料をコーティング	特開2000-256087	C05G3/00,103
		規定された特定の条件を満たすポリ乳酸を使用	特開平10-7484	C05G3/00,103
	膜強度、耐衝撃性のある徐放性肥料	L-、D-ポリ乳酸の比率の特定物性の限定	特開2001-64090	C05G3/00,103
	生分解、加水分解を制御した徐放性肥料	特定の構造を持つ脂肪族ポリエステルポリ乳酸のL/Dに限定脂肪族ポリエステルの末端のカルボン酸基と金属とでイオン結合し、脂肪族ポリエステルの分子を延長すると共に、分解性を制御	特開2001-64089	C05G3/00,103
農業用途 (緩効性農薬組成物)	徐放性	規定された特定の条件を満たすポリ乳酸で農薬を被覆	特開2001-10901	A01N25/10
包装用途 (フィルム)	加工適性に優れた脂肪族ポリエステルフィルム	物性限定加工条件の選定厚み斑限定	特開2000-239410	C08J5/18
	手切れ性、ねり性に優れた脂肪族ポリエステルフィルム	物性限定	特開2000-281811	C08J5/18
	印刷ズレ、加工性に優れた脂肪族ポリエステルフィルム	物性限定	特開2000-281763	C08G63/06
	連続安定操業可能	物性限定	特開2000-271988	B29C47/88
	加工適性、手切れ性、ひねり性に優れた脂肪族ポリエステル	物性限定収縮率のバラツキ限定	特開2000-281814	C08J5/18
	走行性、透明性に優れた脂肪族ポリエステル	表面粗度に限定	特開2000-44702	C08J5/18
包装用途 (フィルム、配向)	印刷ズレ、皺のない脂肪族ポリエステルフィルム	配向度限定(ばらつきも考慮)物性限定	特開2000-273208	C08J5/18

表2.4.3-7 東洋紡績の技術開発課題対応保有特許(3/5)

技術要素	課題	概要	特許番号	筆頭IPC
包装用途 （フィルム、配向）（つづき）	印刷性、加工性に優れた脂肪族ポリエステルフィルム	物性限定成形条件限定配向軸の歪みを限定	特開2000-238125	B29C55/12
		配向度限定物性限定	特開2000-238126	B29C55/12
		配向度限定（ばらつきも考慮）物性限定	特開2000-238127	B29C55/12
		配向度限定（ばらつきも考慮）物性限定	特開2000-238128	B29C55/12
		配向度限定（ばらつきも考慮）物性限定	特開2000-239411	C08J5/18
	加工適性、手切れ性、ひねり性優れた脂肪族ポリエステル	物性限定配向の主軸の歪みに制限	特開2000-281815	C08J5/18
		配向度限定配向度のバラツキを限定物性限定	特開2000-281810	C08J5/18
		配向度限定物性限定（特に表面張力）	特開2000-281813	C08J5/18
	ハンドリング性、印刷性に優れた脂肪族ポリエステル	配向度限定物性限定表面荒さを限定	特開2000-290400	C08J5/18
包装用途 （フィルム、延伸）	印刷ずれ、皺の無い脂肪族ポリエステル	延伸配向度限定物性限定	特開2000-281812	C08J5/18
	ハンドリング性、印刷性に優れた脂肪族ポリエステル	延伸配向度限定物性限定表面荒さ及び表面突起の高さ限定	特開2000-281816	C08J5/18
	ハンドリング、透明性	延伸物性限定表面突起数限定	特許3196895	C08J5/18
	印刷ズレのない脂肪族ポリエステル	延伸物性限定厚み斑限定＜10%	特開2000-273209	C08J5/18
	手切れ性、ひねり固定性、印刷性	延伸配向度限定物性限定	特開2000-273210	C08J5/18
		延伸配向度、そのバラツキを限定物性限定	特開2000-273211	C08J5/18
包装用途 （フィルム、延伸、添加剤配合）	印刷鮮明性、手切れ性、ひねり固定性	配向、物性を限定有機、無機粒子配合	特開2001-49004	C08J5/18
		延伸延伸温度はTg～Tg＋50℃が望ましい無機粒子添加配合	特開2001-49003	C08J5/18
	加工適性	延伸配向度限定物性限定滑剤粒子添加	特開2000-273212	C08J5/18
包装用途 （フィルム、積層）	透明性、バリア性に優れた脂肪族ポリエステル	無機物の蒸着	特開平11-42752	B32B27/36
包装用途 （フィルム、積層、延伸）	離型フィルム	延伸フィルムに離型剤塗布製造条件限定	特開2000-280429	B32B27/36
		延伸物性限定配向度限定	特開2000-289170	B32B27/36
		延伸物性限定配向度限定配向度のバラツキ限定	特開2000-289169	B32B27/36
	寸法安定性、実用的強伸度の良い生分解性粘着テープ	2軸延伸	特開2000-281984	C09J7/02
包装用途 （フィルム、積層、添加剤配合）	抗菌、防黴性のある生分解の制御されたフィルム	脂肪族ポリエステルの外層に抗菌剤、防黴剤を配合	特開2001-88263	B32B27/36
		外層に抗菌剤を配合	特開2001-88264	B32B27/36
包装用途 （フィルム）	耐候性、機械的性質に優れたフィルム	脂肪酸ポリエステルを使用	特開平6-256480	C08G63/06
包装用途 （積層体）	優れた物性の完全生分解性積層体	積層（脂肪酸ポリエステル／紙）	特開平6-255039	B32B27/10
	塗膜物性の良いコーティング剤	D-L-のモル比限定、物性限定した組成物	特開平10-204378	C09D167/04
土木・建築用途 （緑化工法）	水切り性の良い水生植物用生分解性支持体	ランダムの立体網状体（生分解性ポリマー）に多年草を植え込む	特開2001-32236	E02B3/12

表 2.4.3-7 東洋紡績の技術開発課題対応保有特許(4/5)

技術要素	課題	概要	特許番号	筆頭IPC
土木・建築用途（植生）	育苗用土壌と生分解性容器（土壌と容器が一体）	澱粉を含有し、表面をキトサンで被覆した繊維状物質（ポリカプロラクトン等）からなるそれから出来るシートからは容器を造る	特開平9-56256	A01G1/00,303
水産関連用途（塗料、漁業用、添加剤配合）	生分解性漁網用防汚剤	有機防汚剤と生分解性ポリエステル（-20℃＜Tg＜50℃）、を併用	特開平11-106302	A01N43/80,102
	生分解性漁網用防汚剤	有機防汚剤と生分解性ポリエステル（-20℃＜Tg＜50℃）を併用	特開平11-106304	A01N47/48
		有機防汚剤と生分解性ポリエステル（-20℃＜Tg＜50℃）、有機溶媒を併用	特開平11-106303	A01N47/48
	生分解性漁網用処理剤	共重合ポリエステル（乳酸残基60～99％）、の天然物防汚剤（タンニン酸、ゲラニオール等）を配合	特開平8-103190	A01K75/00
	生分解性防汚塗料	防汚剤、脂肪族ポリエステル、キサンタンガム組成物	特開平7-305002	C09D5/16
		加水分解型生分解性ポリエステルに防汚剤配合	特開平11-255869	C08G63/06
	水生生物誘引塗料	生分解性ポリエステルに誘引剤配合	特開2000-136346	C09D167/00
水産関連用途（塗料、漁業用）	適度の加水分解性、長期間の防藻性、防臭性の良い防汚塗料用組成物	乳酸、アジピン酸、ブタンジオールの共重合ポリエステルを使用	特開平7-53899	C09D5/16
繊維関連用途	耐熱性の良い生分解性短繊維	ポリ乳酸及び／又はそれを主体とする樹脂の短繊維、物性を特定	特開平7-118922	D01F6/62,305
	自然分解する土木用繊維集合体	脂肪族ポリエステルを使用	特許3156812	D07B1/02
	抗菌、防黴性ポリ乳酸繊維構造体	ポリ乳酸中にそのオリゴマー成分が0.01～10重量％含有するポリ乳酸構造体	特開2000-328422	D04H3/00
	自然界で消滅する衛生用繊維集合体	脂肪族ポリエステル使用	特開平6-264344	D04H1/42
	自然界で消滅する漁業用繊維集合体	脂肪族ポリエステル使用	特許3156811	D07B1/02
	自然界で消滅する農業用繊維集合体	脂肪族ポリエステル使用	特開平6-264343	D04H1/42
繊維関連用途（不織布）	抗菌、防黴性不織布	ポリ乳酸樹脂中にそのオリゴマーを含有する繊維構造体	特開2000-328422	D04H3/00
	根の成長を妨げない、耐水性、保水性、作業性の良い播種シート	脂肪族ポリエステル繊維とセルロース系繊維を混繊、熱接着させる	特開平9-205827	A01C1/04
	経時安定性の良い生分解性不織布	ポリ乳酸（コ）ポリマーの乳酸、ラクチド、ラクチル乳酸の含有量を1重量％以下とする	特開平9-21018	D01F6/62,305
	経時安定性に優れた生分解性不織布	酸価を特定したポリ乳酸（コ）ポリマー繊維、不織布	特開平9-21017	D01F6/62,305
	耐熱性の良い生分解性複合繊維	融点の異なるポリ乳酸主体樹脂を用いた芯鞘型、並列型複合繊維不織布	特開平7-133511	D01F8/12
	耐熱性生分解性不織布	ポリ乳酸主体の不織布短繊維の物性限定	特開平7-133569	D04H1/42
	生分解性不織布	ポリ乳酸（コ）ポリマー繊維不織布物性特定	特開平7-126970	D04H1/42

表 2.4.3-7 東洋紡績の技術開発課題対応保有特許(5/5)

技術要素	課題	概要	特許番号	筆頭IPC
繊維関連用途 (不織布) (つづき)	持続的に高い静電力を持つ生分解フィルター	脂肪族ポリエステルの不織布のコロナ処理	特開2001-146672	D04H3/00
	実用耐水性、加工性に優れた生分解性不織布成型物	セルロース系繊維と脂肪族ポリエステル繊維の混繊、不織布に加工	特開平9-272760	C08L1/00
	生分解性耐水性袋	セルロース系繊維と脂肪族ポリエステル繊維を熱融着した不織布を使用	特開平9-142485	B65D30/02
繊維関連用途 (不織布、積層)	耐水性の優れた生分解性不織布	セルロース系繊維と脂肪族ポリエステル繊維不織布に脂肪族ポリエステルフィルムを積層	特開平9-239881	B32B5/02
繊維関連用途 (成形体)	機械的強度のある生分解性成形物	脂肪族ポリエステルを使用	特開平6-256479	C08G63/06
	溶融押出	物性限定成形条件規制	特開2000-280314	B29C47/00
その他用途 (塗料)	耐水性、耐候性、溶剤溶解性の良い生分解性塗料組成物	乳酸と炭素数2〜30のジカルボン酸、グリコール類とを共重合	特開平8-3297	C08G63/60
その他用途 (インキ)	インキ性能の良い生分解性インキ	乳酸、それ以外のオキシ酸、グリセリン等を含有する生分解性ポリエステルをバインダーとする	特開平8-92518	C09D11/10
その他用途 (接着剤)	耐水性、接着強度、品質安定性に優れたポリエステル接着剤	乳酸基、カプロラクトン残基を特定割合で含有する接着剤	特開平8-92359	C08G63/08

2.4.4 技術開発拠点

滋賀県：大津市総合研究所

2.4.5 研究開発者

　発明者数は1991年から93年まで漸増した後98年まで10名前後であったが、99年には一挙に倍増（23名）し、出願件数もそれまでの年間平均の約4倍（40件）に達した。

　99年の出願の内容は殆どがフィルム関連であり、成形、延伸、積層などの加工手段と製品に関わるものが多い。そのほか継続的に検討されてきたものとしては脂肪族ポリエステルの合成、改質、共重合および繊維、不織布などが挙げられる。

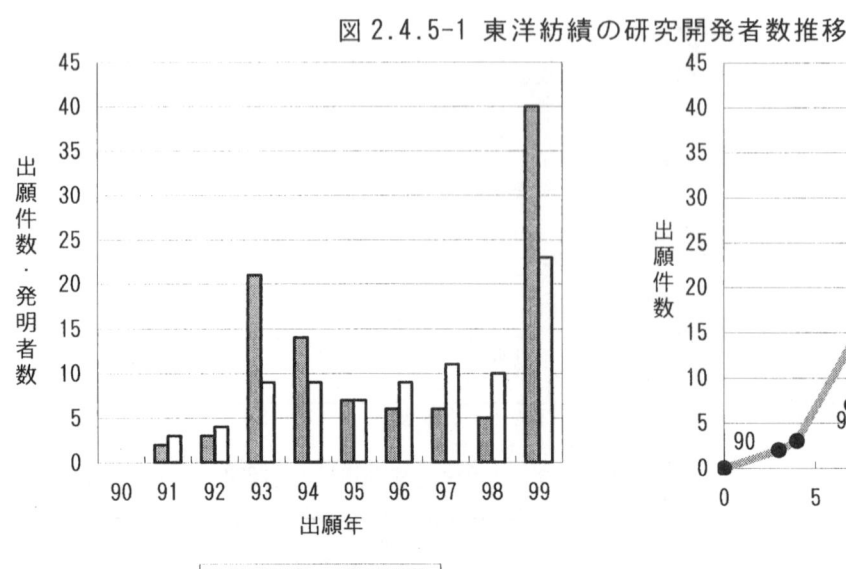

図 2.4.5-1 東洋紡績の研究開発者数推移

2.5 カネボウ

2.5.1 企業の概要

表 2.5.1-1 カネボウの企業の概要

1)	商　　　　　　号	カネボウ株式会社
2)	設 立 年 月 日	明治 20 年 5 月 6 日
3)	資　　本　　金	313 億 4,100 万円（2001 年 3 月現在）
4)	従　業　員	2,859 名　　　　　（　〃　）
5)	事　業　内　容	化粧品、ホームプロダクツ、繊維、食品、薬品およびその他の事業
6)	技術・資本提携関係	技術提携／フィラ・スポートプライベート・リミテッド（シンガポール）、ジャンヌ・ランバン S.A.（仏）、クリスチャンディオール（日）
7)	事　業　所	本社／東京、工場／小田原、津島、高槻、高岡、群馬、防府、他
8)	関　連　会　社	国内／カネボウ合繊、カネボウ繊維、カネボウストッキング、カネボウ薬品、カネボウフーズ、カネボウ電子、他 海外／P.T.カネボウ・インドネシア・テキスタイルミルズ、カネボウ・ブラジル S.A.、他
9)	業　績　推　移	平成 13 年 3 月期は前期に比し、売上高 2.3％減、経常利益 23.8％増
10)	主　要　製　品	化粧品、トイレタリー商品、天然繊維、合成繊維、複合繊維、食品、薬品、ガラス繊維、人工皮革、等
11)	主 な 取 引 先	商社、卸し・小売業、繊布業、病品、一般産業、他
12)	技 術 移 転 窓 口	知的財産権センター　東京都港区海岸 3-20-20　TEL: 03-5446-3575

生分解性ポリエステルについては以前、カネボウで行った事業は現在カネボウ合繊が引き継いでいる。

2.5.2 生分解性ポリエステル技術に関連する製品・技術
商品化されていない。

2.5.3 技術開発課題対応保有特許の概要
　カネボウの保有特許出願は 86 件で、その内容は、繊維：23 件（単繊維 8、複合繊維 15）、ポリエステルの合成：20（内、精製 1）、ブレンド：12 件（一般 4、繊維 8）、繊維製品：12 件、発泡：11 件、添加剤配合：19 件（架橋 10、合成 3、組成物 4、繊維 2、）、組成物：6 件、農業：6 件（フィルム 3、不織布 2、織物 1）、不織布：4 件（農業 2）、フィルム：4 件（農業 3、他 1）、成形：1 件である。
　繊維関係が中心であり、繊維・織物で 86 件中 39 件に達する。しかし、不織布については 4 件と非常に少ない。
　また、外部との共願は、島津製作所：38 件（ポリ乳酸の製造と成型品が主）、地球環境産業技術研究機構：11 件、インテイックアート：1 件、ルシアン：1 件、日華化学：1 件、ミヤマ全繊：1 件である。
　カネボウの各技術要素について課題と解決手段について表 2.5.3-1～表 2.5.3-8 に示す。
　カネボウは加工メーカーであり合成よりもそれ以外に関する特許出願が多い。
　カネボウでは、ポリエステルの合成と組成物、加工、発泡緩衝材、繊維に関して重点的に特許出願がなされている。

(1) ポリエステル合成

　課題は機械的性質（強度、柔軟性、耐衝撃性）、熱的性質（熱安定性）である。

　これらの解決手段は、殆どがポリ乳酸の共重合による改質である。その他のポリマーについては、カプロラクトン系、PHA系にわずかの件数があるのみである。また、高分子量化を含む分子量の調節に重点をおいた特許は、強度、耐衝撃性を目的とするものである。熱的性質に関しては、触媒の検討に拠るところが大きい。

(2) 組成物

　課題は、機械的性質（柔軟性、耐衝撃性）、機能性（生分解性、制御、透明性、導電性）である。

　これらの解決手段は樹脂ブレンドと添加物の配合である。組成物では、ポリ乳酸のコポリマーによる改良が2/3を占め、他は添加剤配合での改質である。物性の改質については、柔軟性に重点をおき、次いで耐衝撃性である。フィルムでは透明性に関するものが2件、繊維ではカーボンブラックを入れた制電性繊維が2件ある。熱安定性については、配合やブレンドよる改質よりは、共重合によって解決を図っている。

(3) 加工

　紡糸に関する課題が多く、その中でも繊維の柔軟性に関する出願が多い。

　これらの解決手段は、従来の複合繊維のノズルを使って、融点や接着性の違う素材の複合材の組み合わせなどに工夫をしている。

(4) 緩衝材および発泡体

　課題は機械的性質（柔軟性、耐衝撃性）、成形性、導電性である。

　これらの解決手段は添加物配合とポリエステル合成に拠る。発泡剤配合に関する特許が7件、共重合に関するものが4件ある。共重合での殆どの検討はイソシアネート配合の架橋構造で、製品を安定させるものである。

表 2.5.3-1 カネボウの合成反応の課題と解決手段

(技術要素) 課題		ポリ乳酸	ポリブチレンサクシネート系	ポリカプロラクトン系	PHA系	その他ポリエステル系	ポリエステル一般	触媒	固相重合	その他
機械的性質	機械的強度	2						2		
	柔軟性	2	1					1		
	耐衝撃性	2						1		
	高分子量	4								
熱的性質	耐熱性		1							
	熱安定性	5						4	1	1
成形加工性			1							
機能性	透明性	1		1				1		
	コスト低減	1			1					
	その他	2					1		1	

表中の数字は出願件数を表す

表 2.5.3-2 カネボウの合成反応以外の課題と解決手段

(技術要素) 課題		樹脂ブレンド	添加物配合
機械的性質	柔軟性	5	3
	耐衝撃性	2	2
熱的性質	耐熱性	1	
成形加工性	二次加工性	1	
機能性	生分解制御	1	4
	透明性	2	1
	導電・制電性		2
	接着性	1	
	風合	1	
	その他	1	1
その他 (用途)	コンポスト	1	
	農業用	1	
	成型品	1	

表 2.5.3-3 カネボウの加工の課題と解決手段

(技術要素) 課題		樹脂ブレンド	複合化	添加物配合	後処理	発泡	紡糸	延伸	積層	その他
機械的性質	機械的強度		1					1		
	柔軟性	2				1	2			
	その他						1			
熱的性質	その他		1				1			
成形加工性	一次加工性									1
機能性	接着性						1			
	吸水性			1						
その他 (用途)					1		1			

表 2.5.3-4 カネボウのフィルム・シートの課題と解決手段

(技術要素) 課題		積層 (含塗布)
機械的性質	機械的強度	1
機能性	透明性	1
	バリア性	1

表 2.5.3-5 カネボウの緩衝材および発泡体の課題と解決手段

(技術要素) 課題		共重合 (改質)	樹脂ブレンド	添加物配合
機械的性質	柔軟性			1
	耐衝撃性			1
成形加工性	一次加工性	3	1	2
機能性	導電・制電性			2
その他 (用途)	発泡体	1		1
	発泡粒子			1

表 2.5.3-6 カネボウの繊維の課題と解決手段

(技術要素) 課題		解決手段 共重合（改質）	樹脂ブレンド	複合化	添加物配合
機械的性質	機械的強度	1		1	
	柔軟性	1	4	2	2
	嵩高性	3	1	2	
	風合	3	1	2	
熱的性質	耐熱性	1			
成形加工性	一次加工性				1
機能性	生分解	1			
	導電・制電性				2
	自己接着性			1	1
その他 (用途)	糸	1	1	1	
	その他			1	

表 2.5.3-7 カネボウの不織布の課題と解決手段

(技術要素) 課題		解決手段 複合化
機能性	吸水性	1
	その他	1

表 2.5.3-8 カネボウの技術開発課題対応保有特許(1/6)

技術要素	課題	概要	特許番号	筆頭IPC
合成反応（ポリエステル合成）	透明性、柔軟性、耐衝撃性に優れた生分解性ポリエステル	ポリカプロラクトンとラクチドに2-エチルヘキサン酸スズを添加し溶融重合	特開平9-59356	C08G63/06
	ポリ乳酸の重合度の均一性、分子量調節	ラクチドとポリアルキレングリコールに分子量1000以下のアルコール添加共重合	特開平8-283392	C08G63/08
	残存ラクチドの少ない高分子量ポリ乳酸の製法	光学純度97%以上のL-、D-ラクチドをスズ化合物の存在下で、120〜200℃で開環重合、110〜140℃に保持	特開平8-311176	C08G63/08
	溶融安定性、熱安定性に優れたポリ乳酸の製造	L-/D-ラクチドを溶融重合、冷却固化後、固相重合、結晶化核剤を配合	特開平8-193123	C08G63/08
	高分子量、残存モノマーの少ない低コストのポリ乳酸の製造	L-/D-ラクチドを溶融重合、冷却固化、チップ化、固相重合（初期に少量のアルコー又はラクトン添加）	特開平8-193124	C08G63/08
	透明性、靭性、耐衝撃性に優れたポリ乳酸コポリマー	ポリ乳酸、芳香族ポリエステル、ポリアルキレンエーテルのブロック共重合	特開平9-100345	C08G63/91
	熱安定性、高強度に優れたポリ乳酸コポリマー	ポリ乳酸に触媒として、トリスアセチルアセトナトアルミニウムを配合	特開平10-176038	C08G63/08
	熱安定性、高強度に優れたポリ乳酸コポリマー	ポリ乳酸コポリマーに触媒としてコポリマーにトリスアセチルアセトナトアルミニウムを配合	特開平10-176039	C08G63/08
	成形時に無着色の熱安定性に優れたポリ乳酸コポリマー	ポリ乳酸の環状二量体のラクチド又はラクチドと多価アルコール、ラクトン等とを亜燐酸エステルに共存させて開環重合	特開平10-287734	C08G63/08

表 2.5.3-8 カネボウの技術開発課題対応保有特許(2/6)

技術要素	課題	概要	特許番号	筆頭IPC
合成反応 (ポリエステル合成)(つづき)	成形時に無着色の熱安定性に優れたポリ乳酸コポリマー	ポリ乳酸の環状二量体のラクチド又はラクチドと多塩基カルボン酸化合物を亜燐酸エステルに共存させて開環重合	特開平10-287735	C08G63/08
	高分子量ポリ乳酸成型品の製造	L-/D-乳酸とポリエチレングリコールを連続的に溶融共重合	特開平7-305228	D01F6/84,303
	新規分生解性ポリエステル	乳酸を成分とするポリエステルにスルホン酸基含有エステル形成性化合物を共重合	特開平8-3299	C08G63/688
	成形性の優れた生分解性ポリエステル	L-、D-乳酸と脂肪酸ポリエステルの平均分子量80,000以上の共重合体、	特開平7-300520	C08G63/60
	高生産速度でポリヒドロキシ酸エステルを製造	特定の微生物を好気条件下培養	特許2925385	C12P7/62
合成反応 (ポリエステル合成、添加剤配合)	乳酸成分とポリエチレングリコール成分とを連続的に重合したポリエステル	複数の撹拌素子、送液機能の装置、微量のヒンダードフェノール(アミン)を使用	特開平7-165896	C08G63/664
	分解性制御されたポリ乳酸組成物	配合(ポリ乳酸、パラフィン、(変性)ポリエチレン、脂肪族アルコール、カルボン酸、アミド)	特開平8-183898	C08L67/04
	成形時の熱安定に優れたポリ乳酸樹脂	乳酸モノマー、ラクチド融合触媒を溶解する溶媒で洗浄しオリゴマーを除去したポリ乳酸に熱安定剤を加え成形	特開平9-110967	C08G63/06
合成反応 (ポリエステル合成、ブレンド)	強度、耐衝撃性に優れた生分解ポリマー	ブレンド(ポリ乳酸/変性ポリオレフィン化合物)	特開平9-316310	C08L67/04
	結晶性、耐熱性維持、柔軟性に優れた組成物	結晶性D-/L-乳酸ホモポリマー、非晶性脂肪族ポリエステル混合物のブロックコポリマー	特開平9-100344	C08G63/91
合成反応 (ポリエステル精製)	分子量分布、共重合組成比分布が狭い三元ブロックコポリマーの精製	ポリ乳酸/エチレングリコール/ポリ乳酸三元ブロックコポリマー溶液に沈殿剤を滴下する分別沈殿法	特開平9-157368	C08G63/664
組成物・処理 (添加剤配合)	分解性を制御されたポリエステル組成物	脂肪族ポリエステルに炭素数10～40の(不)飽和アルキル基をもつ化合物を配合	特開平8-183895	C08L67/00
	分解性を制御されたポリエステル組成物	脂肪族ポリエステルにポリオルガノシロキサン含有セグメントを配合	特開平8-183899	C08L67/04
	透明性、靭性、柔軟性、耐衝撃性に優れた生分解性組成物	乳酸又はラクチドの重縮合物にフタル酸ジエステル化合物を配合	特開平9-12851	C08L67/04
	植物の成長促進、有害細菌の抑制、自然界で容易に分解	配合(脂肪族ポリエステル/P,K,Mg等を含むガラス)	特開平10-251492	C08L67/00
組成物・処理 (複合繊維)	設計された強度と生分解速度のポリエステル繊維	鞘が難加水分解性ポリエステル、芯が劣化速度の大きいポリエステルの芯鞘複合繊維	特開平7-305234	D01F8/14
組成物・処理 (ブレンド)	分解性を制御されたポリエステル組成物	(変性)ポリオルガノシロキサン、芳香族ポリエステル、脂肪族ポリエステル、改質剤を混合	特開平8-277326	C08G63/695
	透明性、靭性、柔軟性、耐衝撃性に優れた生分解性組成物	乳酸と脂肪酸ポリエステルのブロック共重合体	特開平9-12699	C08G63/91

表 2.5.3-8 カネボウの技術開発課題対応保有特許(3/6)

技術要素	課題	概要	特許番号	筆頭IPC
組成物・処理（ブレンド）（つづき）	耐衝撃性、流動性、透明性に優れた安価な生分解性組成物	ブレンド（乳酸を主体とする脂肪族ポリエステル／シンジオタクチックポリプロピレン）	特開平10-251498	C08L67/04
組成物・処理（ブレンド、添加剤配合）	分解性を制御されたポリエステル組成物	（変性）ポリオルガノシロキサン、脂肪族ポリエステル、改質剤を混合	特開平8-277357	C08L67/00
組成物・処理（成形、添加物配合）	成形離型性組成物	配合（ポリ乳酸／脂肪族カルボン酸金属塩／タルク）	特開平9-12852	C08L67/04
農業用途（シート、ブレンド）	柔軟性のある植物の成長促進シート	ブレンド（(A)結晶性ポリ乳酸（Tm＞150℃）と／(B)脂肪族ポリエステル（Tm＜140℃）／(C)AとBの混合物、ブロック共重合物）からなる繊維を含ませる	特開平10-262474	A01G13/02
農業用途（フィルム）	生分解性の防草袋	防木材チップを詰めた防草袋を生分解性ポリマーで製造	特開平9-56267	A01G13/00,301
農業用途（シート）	生分解性防草繊維シート	脂肪族ポリエステルを使用	特開2000-300088	A01G13/00,302
農業用途（植生、農業、不織布）	軽量安価な生分解性プランター樹木の活着性に良い	生分解性ポリマーからなる不織布からなる袋状構造物	特開2000-60314	A01G9/02,103
	吸水能力に優れた生分解性育苗マット	ポリ乳酸ステープルとポリカプロラクトンステープルからなる不織布の熱融着	特開平11-206257	A01G31/00,606
農業用途（植生、農業）	生分解性折り畳み式育苗ポット	生分解性ポリマー使用設計	特開2000-83484	A01G9/10
	稲の直播き用生分解性紐状構造物	生分解性ポリマー使用設計	特開2000-92922	A01C1/04
包装用途（発泡、添加剤配合）	発泡製品の高生産性ポリ乳酸	ポリ乳酸にポリイソシアネートを配合分子量、分子量分布に限定	特開2001-98044	C08G18/42
	安定した溶融粘度を持つ発泡素材	ポリ乳酸にポリイソシアネートを配合	特開2000-169546	C08G18/42
	生産性に優れる発泡体	イソシアネート配合物性限定	特開2000-17037	C08G18/42
	生産性に優れる発泡体	ポリ乳酸にイソシアネート配合物性限定金属酸化物、又は金属硫酸塩粒子を配合	特開2000-178346	C08G63/06
	生産性に優れる発泡体	ポリイソシアネートをポリ乳酸に配合物性限定	特開2000-17039	C08G18/42
	生分解性発泡導電成形体	ポリ乳酸に導電性カーボンを配合物性限定	特開2000-86802	C08J9/18
	生分解性発泡粒子	発泡核剤としてタルクを非晶性ポリ乳酸に配合発泡粒子の表面に高級脂肪酸又はその金属塩、エステル、アミドを配合	特開2001-98104	C08J9/18

表 2.5.3-8 カネボウの技術開発課題対応保有特許(4/6)

技術要素	課題	概要	特許番号	筆頭IPC
包装用途（発泡、添加剤配合）（つづき）	柔軟性、耐衝撃性に優れた生産性の良い安価なポリ乳酸発泡粒子	粒径の寸法限定ポリ乳酸に核剤、増粘剤、発泡剤（炭化水素化合物）を加える水蒸気加熱で発泡	特開2001-164027	C08J9/18
	生産性の良い制電性発泡体	配合（ポリ乳酸／ポリアルキレングリコール誘導体／アルキルアリールスルホン酸金属塩）	特開2000-230029	C08G18/42
包装用途（発泡、ブレンド）	生産性に優れる発泡体	ブレンド（ポリ乳酸／ポリカーボネート、ポリスチレン及びTg>60℃の共重合PET）にイソシアネートを配合	特開2000-17038	C08G18/42
	発泡性粒子を使って発泡体の製造	発泡粒子にTg<40℃の生分解性樹脂を配合	特開2001-98105	C08J9/236
包装用途（フィルム、積層）	透明性、強度、靭性、ガスバリアに優れた成形体	ポリ乳酸層とPVA層の繰り返し単位を1単位以上で構成（積層、コーティング）	特開平8-244190	B32B27/36
包装用途（コンポスト袋、ブレンド）	使い捨てゴミ袋	結晶性ポリエステル（Tm>150℃）と脂肪族ポリエステル（Tm<140℃）の混合物、コポリマーを使用	特開平10-316739	C08G63/06
繊維関連用途（繊維）	高強力、耐熱性ポリ乳酸繊維	L-/D-ポリ乳酸とポリエチレングリコールを連続的に溶融共重合	特開平7-305227	D01F6/84,303
	安定した繊維内部構造を持つ生分解性繊維	ポリ乳酸とポリエチレングリコールのブロック共重合	特開平10-37020	D01F6/86,301
	高強度、高弾性率の生分解性繊維	延伸（コ）ポリ乳酸モノフィラメント	特開平10-60733	D01F6/62,305
	自己接着性複合繊維	融点の異なる2種の脂肪族ポリエステル（融点差30℃以上）を複合	特開平9-157952	D01F8/14
繊維関連用途（繊維、ブレンド）	導電性繊維	脂肪族ポリエステル／カーボンブラック入り脂肪族ポリエステル）が短繊維内で複合	特開平9-157953	D01F8/14
	帯電防止繊維	脂肪族ポリエステル／界面活性剤入り脂肪族ポリエステルが短繊維内で複合	特開平9-157954	D01F8/14
	温度により強度調節可能な自己接着性複合繊維	融点の異なる2種の脂肪族ポリエステル（融点差20℃以上）の混合物、又はブロック共重合体	特開平10-88426	D01F8/14
	生分解性スパンボンド	ブレンド（ポリ乳酸主体ポリマー（Tm>150℃）／脂肪族ポリエステル（Tm<120℃））	特開平11-32596	A01G13/02
繊維関連用途（複合繊維）	均一なセルロース繊維／ポリ乳酸繊維混紡糸を安定して製造する	製造条件規定	特開2001-123347	D02G3/04
	耐洗濯性に優れた生分解性繊維	ポリ乳酸繊維と天然繊維と混合	特開2000-80531	D02G3/04
	嵩高、柔軟性、風合優れた生分解性繊維	芯鞘複合繊維（鞘：結晶性脂肪族ポリエステル重合体(A)、芯：Aより融点が20℃以下低い脂肪族ポリエステル成分を含む重合体）	特開平10-102337	D02G3/04
	嵩高、柔軟性、風合に優れた生分解性繊維	溶融時の急熱量に差のある脂肪族ポリエステル繊維の2種を混合した複合繊維	特開平9-209222	D02G3/04

表 2.5.3-8 カネボウの技術開発課題対応保有特許(5/6)

技術要素	課題	概要	特許番号	筆頭IPC
繊維関連用途（複合繊維）（つづき）	嵩高、柔軟性、風合に優れた生分解性繊維	脂肪族ポリエステルのソフトセグメントとハードセグメントのブロック共重合体からなる繊維	特開平9-324329	D02G3/04
	嵩高性、風合、自発巻縮性に優れた生分解性繊維	脂肪族ポリエステル結晶性重合体とブロック共重合体（非結晶／結晶セグメント）を複合	特開平9-302529	D01F8/14
	嵩高性、風合、自発巻縮性複合繊維を高能率で製造	物性限定	特開平10-88425	D01F8/14
	自発巻縮性新規複合繊維	溶融時の吸熱量に差のある脂肪族ポリエステル繊維2種を偏心的に複合	特開平9-209216	D01F8/14
	生分解速度調整した強靭性、成形性の良い複合繊維	鞘成分、芯成分を乳酸モノマー及び／又はオリゴマーを特定量含有させたポリ乳酸で構成	特開平8-325848	D01F8/04
	中性又はアルカリ性の環境下で分割可能な複合繊維	ポリ乳酸を主成分とするポリエステル、芳香族化合物に由来するポリエステルの分割可能な複合繊維	特開平8-35121	D01F8/14
繊維関連用途（複合繊維、ブレンド）	嵩高、柔軟性、風合に優れた生分解性繊維	脂肪族ポリエステル繊維、融点が10℃以上異なる2種以上の脂肪族エステルの共重合／混合体	特開平9-310237	D02G3/04
	優れた柔軟性、比表面積の大きい生分解性複合繊維	脂肪族ポリエステル（Tm＞140℃）の結晶性重合体と結晶性脂肪族ポリエステル（Tm＞140℃）と脂肪族ポリエステル（Tm＜120℃、Tg＜30℃）混合物が短繊維内で複合されているそれらの一方又は両方が有機シロキサン成分を含有させ、分割可能とする	特開平9-302531	D01F8/14
繊維関連用途（複合繊維、ブレンド、添加物配合）	柔らかく優れた機能の織物、不織布に出来る分割可能な生分解性複合繊維	脂肪族ポリエステル（Tm＞140℃）の結晶性重合体と脂肪族ポリエステル（Tm＞140℃）の結晶性セグメントと脂肪族ポリエステルセグメント（Tm＜120℃、Tg＜30℃）ブロック共重合体が短繊維内で複合されているそれらの一方又は両方が有機シロキサン成分を含有させ、分割可能	特開平9-302530	D01F8/14
	自然分解性で、柔軟性で比表面積の大きい分割可能な繊維	脂肪族ポリエステル（Tm＞140℃）の結晶性重合体と脂肪族ポリエステルに「ポリエーテルその誘導体スルホン酸基、硫酸エステル基を持つ有機化合物、燐酸基を持つ有機化合物、アミノ基及び／又はアミド基を持つ有機化合物」との混合組成物が短繊維内で複合しかつ分割されている	特開平9-310229	D01F8/14
繊維関連用途（繊維製品）	吸水性、風合に優れた生分解性繊維	ポリ乳酸繊維と天然繊維の交撚	特開2000-248444	D03D27/00
	易生分解性タオル	ポリ乳酸繊維を使用	特開平11-113783	A47K10/02

表 2.5.3-8 カネボウの技術開発課題対応保有特許(6/6)

技術要素	課題	概要	特許番号	筆頭IPC
繊維関連用途（繊維製品）（つづき））	使用感に優れた易分解性タオル	特定の光学純度値を持つ乳酸異形断面繊維	特開平10-309244	A47K10/02
	強度の改善されたポリ乳酸の浴用ボディタオル	クリンプ加工糸とそうでない糸の混紡	特開2000-342481	A47K10/02
	環境汚染性に優れたストッキング	ポリ乳酸繊維とポリウレタン繊維を主たる編成糸とする	特開平7-305203	A41B11/00
	機械強度に優れた繊維製品	融点の異なるポリ乳酸ポリマーの複合繊維	特開2001-63757	B65D77/00
	防炎性のあるポリ乳酸布帛	ポリ乳酸繊維、或いはポリ乳酸繊維と天然繊維からなる布帛の表面にエキソ多糖類ポリマーを付与する	特開2001-181975	D06M15/03
	防炎性のあるポリ乳酸繊維、繊維構造物	ポリ乳酸繊維を脂環式臭素化合物で防炎加工する	特開2001-164463	D06M13/08
	生分解性形態安定衣料	ポリ乳酸を主成分とする生分解性ポリエステル使用	特開2000-265309	A41D31/00,502
	風合、抗ピリング性、形状安定性に優れた生分解性繊維構造物	生分解性繊維と天然繊維との混紡	特開2001-11749	D03D15/00
	生コンなどを入れる分解性の袋状、筒状繊維製品	ポリ乳酸系繊維使用	特開2001-192947	D03D15/00
	植物の培養培地等として好適な成型物	ポリ乳酸繊維と生分解性熱融着繊維の混合繊維のウエッブをスライバー加工、融着	特開平9-217257	D04H1/42
繊維関連用途（不織布）	吸音材	マトリックス繊維と熱融着繊維を熱融着で表面を膜状にする	特開2000-199161	D04H1/54
	抗張力、引裂抵抗力、剥離強度の優れた熱融着ポリ乳酸繊維	L-/D-ポリ乳酸で高融点体と低融点体（非晶質体）を芯鞘型並列型とする不織布	特開平7-310236	D01F8/14

2.5.4 技術開発拠点

山口県：防府地区

2.5.5 研究開発者

カネボウの発明者数は 1991～93 年の 4 名から 94 年に 8 名となったあと、95 年に 21 名まで伸びたが、以後 99 年まで年間平均 12 名程度で推移している。出願件数も 95 年がピーク（20 件）である。

複合繊維、繊維製品などが継続的に検討されているが、1994～95 年にはポリ乳酸系ポリマーを主体とする脂肪族ポリエステルの合成（共重合、改質）に関連して多数出願された。

図 2.5.5-1 カネボウの研究開発者数推移

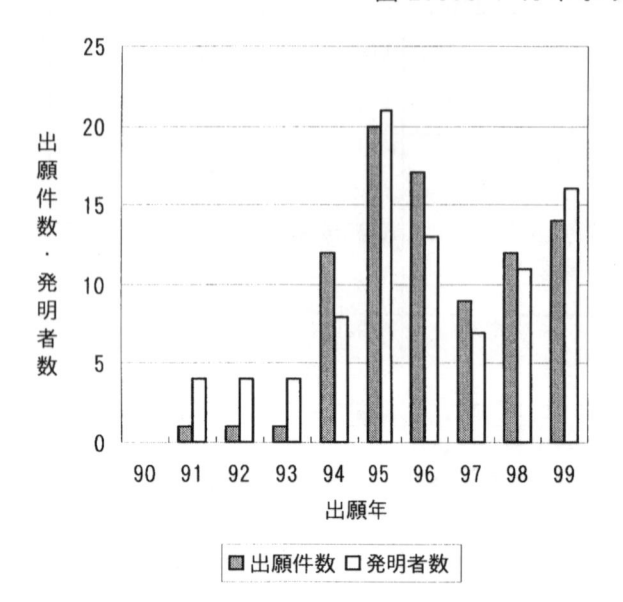

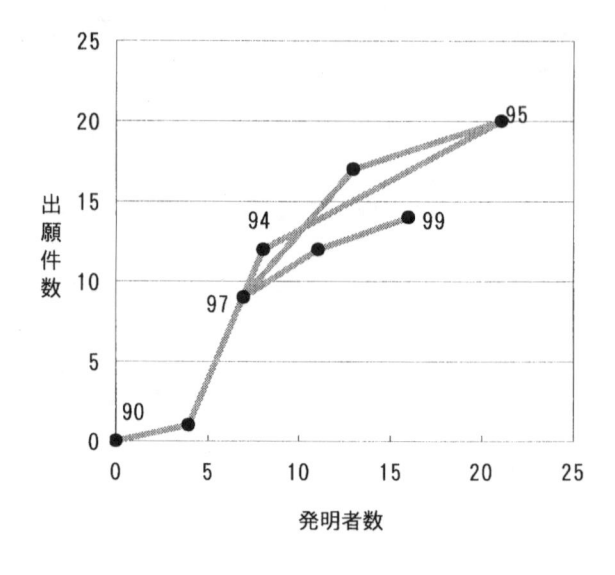

2.6 昭和高分子

2.6.1 企業の概要

表2.6.1-1 昭和高分子の企業の概要

1)	商 号	昭和高分子株式会社
2)	設立年月日	昭和12年11月
3)	資本金	109億5,000万円（2001年3月現在）
4)	従業員	551名　　　　（〃）
5)	事業内容	不飽和ポリエステル樹脂、エマルジョン重合系樹脂、工業用フェノール樹脂およびその二次製品の製造、販売
6)	事業所	本社／東京、工場／高崎、伊勢崎、龍野、大分
7)	関連会社	国内／昭高化工、ハイパック、他 海外／エターナル昭和ハイポリマーCo. Ltd（タイ）、上海昭和高分子有限公司（中国）
8)	業績推移	平成13年3月期は前期に比し、売上高3.5%増、経常利益25.1%増
9)	主要製品	不飽和ポリエステル樹脂、エマルジョン重合系樹脂、工業用フェノール樹脂、生分解性樹脂、チャック付ポリ袋、等
10)	主な取引先	プラスチック加工会社、商社、各種産業、他

　生分解性ポリエステルの販売部署は、ビオノーレプロジェクトである。生産拠点は、大阪府龍野工場でその生産能力は3,000t/年である。昭和電工と共同開発を行っている。

2.6.2 生分解性ポリエステル技術に関連する製品・技術

表2.6.2-1 昭和高分子の製品・技術

技術要素	製品		製品名	発売時期	出典
合成反応	サクシネート系重合体	HDPE類似 （生分解速度　遅い）	ビオノーレ　PBS 　　　　　#1001	発売中	ポリファイル2001年3月号
			#1903	発売中	〃
			#1020	発売中	〃
		L-LDPE類似 （生分解速度　速い）	ビオノーレ　PBSA 　　　　　#3001	発売中	〃
			#3020	発売中	〃
		成形用組成物	ビオノーレ エマルジョン	発売中	〃

　昭和高分子はポリブチレンサクシネート系ポリマーベースとした生分解性プラスチック「ビオノーレ」を上市している。「ビオノーレ　PBS」はポリブチレンサクシネート系、「ビオノーレ　PBSA」はポリブチレンサクシネート・アジペート系である。「#1903」は新グレードで、長鎖分岐により加工性を向上させ、柔軟で、より品質の高いフィルム用である。
　昭和高分子の出願にはポリブチレンサクシネート系ポリマーをイソシアナート系化合物と処理して成形加工性を改善する内容のものが多くみられる。

2.6.3 技術開発課題対応保有特許の概要

表 2.6.3-1 に昭和高分子の保有特許を示す。

昭和高分子の保有特許出願は 80 件で、このうちポリブチレンサクシネート系主体のポリエステルに関するものが 78 件を占めている。ここではポリブチレンサクシネート系ポリエステルに注目し、表 2.6.3-1 においてはポリブチレンサクシネート系ポリマーとその他のポリマーに分けて、技術要素毎に課題と概要等を掲載した。

イソシアナート化合物をポリブチレンサクシネート系主体のポリエステルと反応させる特許出願が多くみられ、この改質によってポリブチレンサクシネート系主体のポリエステルの熱安定性や成形加工性が向上するとされている。それ以外の系も若干出願されている。

組成物としては澱粉などとブレンドして生分解を制御すること、充填剤を配合して熱安定性を向上させることが試みられている。それ以外の系も若干出願されている。

フィルム、シートを主とした包装用材料、フィラメントや複合繊維などの繊維材料も出願されている。

外部との共願は、昭和電工：31 件、昭和電工、大日精化：2 件、昭和電工、ダン産業：1 件、昭和電工、興人：1 件、昭和電工、東レモノフィラメント：1 件、昭和電工、凸版印刷：1 件、昭和電工、藤森工業：1 件、昭和電工、古河電気工業：1 件、昭和電工、三菱樹脂、ニットーパック：1 件、凸版印刷：2 件、スリオンテック：1 件、パイロット：1 件、リンテック：1 件、資生堂：1 件、日生化学：1 件である。

表2.6.3-1 昭和高分子の技術開発課題対応保有特許(1/4)

技術要素	課題	概要（解決手段）	特許番号	筆頭IPC
合成反応 （ポリブチレンサクシネート系）	透明性	特定のグリコール成分と酸成分の反応から得られる脂肪族エステルにモノイソシアナート化合物を反応させる	特許2713108	C08G63/91
	熱安定性	ジイソシアナートを反応	特許3179177	C08G18/42
			WO96/19521	C08G63/91
		多価イソシアナートを反応	特許2581390	C08G18/42
			特開平6-41288	C08G63/78
			特開平7-118359	C08G18/42
			特許2760270	C08G18/42
			特許2760271	C08G18/42
			特開平7-304839	C08G18/42
			特開平7-324126	C08G63/78
			特開平7-330881	C08G63/685
			特開平7-330879	C08G63/199
			特許2976847	C08G18/42
	成形加工性	イソシアナート基とマスクイソシアナート基を有する化合物を反応	特許2798590	C08G63/91
		脂肪族エステルと末端にイソシアナート基を持つ脂肪族エステルを反応	特許2676127	C08G18/42
		不飽和基結合含有ポリエステル（イソシアナート改質を含む）と有機過酸化物を反応	特許2699802	C08G63/91
			特許2670006	C08G63/91
			特許2746525	C08G18/42
			特許2760739	C08F299/04
			特開平7-133331	C08F299/02
	透明性	グリコール成分にアルキル基含有グリコールを併用	特開平9-31176	C08G63/16
組成物・処理 （樹脂ブレンド）	生分解性制御	ポリブチレンサクシネート系脂肪族ポリエステル（イソシアナート改質を含む）に澱粉をブレンド	特開平7-330954	C08L3/02
		蔗糖の脂肪族エステルをブレンド	特開平9-25406	C08L75/06
組成物・処理 （複合フィラー）	強度	充填剤を配合	特許3069196	C08L67/02
			特許2801828	C08L67/02
		有機質充填剤を配合	特許2743053	C08L67/02
組成物・処理 （添加物配合）	熱安定性	酸化防止剤を配合	特許2941577	C08L67/00
	着色	着色剤、分散剤を配合	特開平11-322949	C08J3/20
			特開2000-86965	C09D17/00
組成物・処理 （その他の処理）	表面光沢の経時低下防止	脂肪族ポリエステルを洗浄	特開平7-316276	C08G63/88
	エマルジョン（接着性）	脂肪族ポリエステルを水エマルジョン化	特開平11-92712	C09D167/02

表 2.6.3-1 昭和高分子の技術開発課題対応保有特許(2/4)

技術要素	課題	概要（解決手段）	特許番号	筆頭IPC
加工（成形）	射出成形体（熱安定性）	脂肪族ポリエステルを射出成形	特許2752876	B29C45/00
	中空成形体（熱安定性）	脂肪族ポリエステルを中空成形	特許2662492	C08G63/16
	射出中空成形体（熱安定性）	脂肪族ポリエステルを射出中空成形	特許2747196	B29C49/06
加工（発泡）	発泡成形体（強度）	脂肪族ポリエステルを発泡	特許2655796	C08J9/04
			特開平11-147943	C08G63/12
	発泡解繊体（強度）	脂肪族ポリエステルを発泡・解繊	特開平8-325918	D04H13/02
加工（延伸）	二軸延伸中空成形体（熱安定性）	脂肪族ポリエステルを二軸延伸成形	特許2747195	B29C49/08
	延伸成形体（弾性）	脂肪族ポリエステルを延伸	特開平7-290564	B29C55/00
	延伸中空成形体（熱安定性）	脂肪族ポリエステルを延伸	特許2882756	C08L75/06
加工（積層）	ラミネート（高密着性）	脂肪族ポリエステルを厚紙に積層	特許2721945	B32B27/36
	メタライジング材料（強度）	脂肪族ポリエステルと金属膜を積層	特開平7-290645	B32B15/08,104
	紙製容器用器材（高密着性、耐水性）	脂肪族ポリエステルを紙に積層	特許3108201	B32B27/10
加工（その他の加工）	ボード（軽量、安価）	脂肪族ポリエステルのフレークまたは繊維をセルロース系のフレークまたは繊維に融着	特開平7-119098	D21J1/00
農業用途	生物活性物質含有生分解性樹脂成形品（徐放性）	ポリブチレンサクシネート系脂肪族ポリエステル（イソシアナート改質を含む）を使用	特開平8-92006	A01N25/10
	植生シート		特許2644138	E02D17/20,102
包装用途	フィルム		特許3042096	C08G18/42
			特許3067361	C08J5/18
			特許2759596	C08J5/18
	シート		特許2752880	C08J5/18
	熱収縮性フィルム		特許3130731	C08J5/18
			特開平9-57849	B29C61/08
	ケーシングフィルム		特許2909389	D21H13/24
	容器	ポリブチレンサクシネート系脂肪族ポリエステル（イソシアナート改質を含む）を使用（マイカを混合）	特開2000-6230	B29C49/06
	緩衝材	ポリブチレンサクシネート系脂肪族ポリエステル（イソシアナート改質を含む）を使用	特許2571329	B32B3/26
	発泡フィルム・発泡解繊体	ポリブチレンサクシネート系脂肪族ポリエステル（イソシアナート改質を含む）を使用	特許2678868	C08J9/06

表 2.6.3-1 昭和高分子の技術開発課題対応保有特許(3/4)

技術要素	課題	概要（解決手段）	特許番号	筆頭IPC
包装用途（つづき）	発泡性粒子、発泡体	ポリブチレンサクシネート系脂肪族ポリエステル（イソシアナート改質を含む）を使用	特許2609795	C08J9/16
	チャック付包装用袋	ポリブチレンサクシネート系脂肪族ポリエステル（イソシアナート改質を含む）を使用	特許2803474	B65D30/02
		ポリブチレンサクシネート系脂肪族ポリエステル（イソシアナート改質を含む）を使用	特開平10-146936	B32B27/36
	テープ	ポリブチレンサクシネート系脂肪族ポリエステル（イソシアナート改質を含む）を使用	特許2752881	C08J5/18
	梱包用バンド	ポリブチレンサクシネート系脂肪族ポリエステル（イソシアナート改質を含む）を使用	特許2662494	B29C47/00
水産関連用途	釣り糸	ポリブチレンサクシネート系脂肪族ポリエステル（イソシアナート改質を含む）を使用（多段延伸して製造）	特開平9-74961	A01K91/00
生活関連用途	カード	ポリブチレンサクシネート系脂肪族ポリエステル（イソシアナート改質を含む）を使用（フィラーと混練）	特開平8-39745	B32B27/36
	フィルム印刷物	ポリブチレンサクシネート系脂肪族ポリエステル（イソシアナート改質を含む）を使用	特開平7-195814	B41M1/30
	着色液内蔵の筆記具または塗布具	ポリブチレンサクシネート系脂肪族ポリエステル（イソシアナート改質を含む）を使用	特開平8-52408	B05C17/00
	使い捨ておむつ	ポリブチレンサクシネート系脂肪族ポリエステル（イソシアナート改質を含む）を使用	特許2652319	A61F13/54
繊維関連用途	モノフィラメント	ポリブチレンサクシネート系脂肪族ポリエステル（イソシアナート改質を含む）を使用	特許2851478	D01F6/84,306
	ステープル	ポリブチレンサクシネート系脂肪族ポリエステル（イソシアナート改質を含む）を使用	特許2709234	D01F6/62,306
	捲縮繊維	ポリブチレンサクシネート系脂肪族ポリエステル（イソシアナート改質を含む）を使用	特許2709235	D01F6/62,306
	マルチフィラメント	ポリブチレンサクシネート系脂肪族ポリエステル（イソシアナート改質を含む）を使用	特許2709236	D01F6/62,306
	フラットヤーン	ポリブチレンサクシネート系脂肪族ポリエステル（イソシアナート改質を含む）を使用	特許2733184	D01F6/62,303
	複合繊維	ポリブチレンサクシネート系脂肪族ポリエステル（イソシアナート改質を含む）を使用	特許3153621	D01F8/04
	並び繊維	ポリブチレンサクシネート系脂肪族ポリエステル（イソシアナート改質を含む）を使用	特開平6-248510	D01F6/62,306
	不織布	ポリブチレンサクシネート系脂肪族ポリエステル（イソシアナート改質を含む）を使用	特許2589908	D04H1/42

表 2.6.3-1 昭和高分子の技術開発課題対応保有特許(4/4)

技術要素	課題	概要（解決手段）	特許番号	筆頭IPC
その他用途	粘着テープ、シート	ポリブチレンサクシネート系脂肪族ポリエステル（イソシアナート改質を含む）を使用	特許2513988	C09J7/04
	粘着剤用樹脂、テープ	ポリブチレンサクシネート系脂肪族ポリエステル（イソシアナート改質を含む）を使用	特開平11-21533	C09J167/02
		ポリブチレンサクシネート系脂肪族ポリエステル（イソシアナート改質を含む）を使用	特開平11-21340	C08G63/685
	油分吸着性、組成物 油分吸着性積層体	ポリブチレンサクシネート系脂肪族ポリエステル（イソシアナート改質を含む）を使用（ワックスを混合）	特開平9-100395	C08L67/00
合成反応（その他のポリエステル）	ウレタン結合を含むポリラクタイドの製法	ポリラクタイドとイソシアナートを反応	特許3079716	C08G63/685
農業用途（その他のポリエステル）	農業用シート	3-ヒドロキシブチレートと3-ヒドロキシバリレート共重合体を加工	特開平9-107808	A01G9/14

2.6.4 技術開発拠点
　東京都：東京地区
　大阪府：龍野工場

2.6.5 研究開発者

　昭和高分子の発明者数の推移をみると1992年と94年にピーク（いずれも32名）があり、その他の年は10名以下で、90年と99年はゼロとなっている。出願件数は92年がピーク（34件）である。

　昭和高分子はポリブチレンサクシネート・アジペート系ポリマーの開発に注力しているが、92年にはそれらを利用した包装用材料、繊維材料関連の出願が多く、多数の研究者によって用途開発が行なわれた。

　一方、94年にはポリブチレンサクシネート系ポリマーをイソシアネート系化合物と反応、改質して熱安定性や成形加工性を向上させる特許が出願されており、耐熱性グレード新製品の開発のために多くの研究開発者が投入されたものとみられる。

図 2.6.5-1 昭和高分子の研究開発者数推移

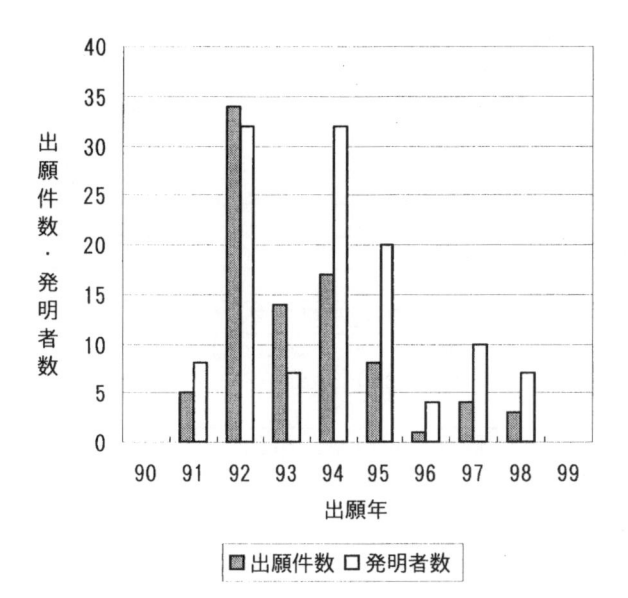

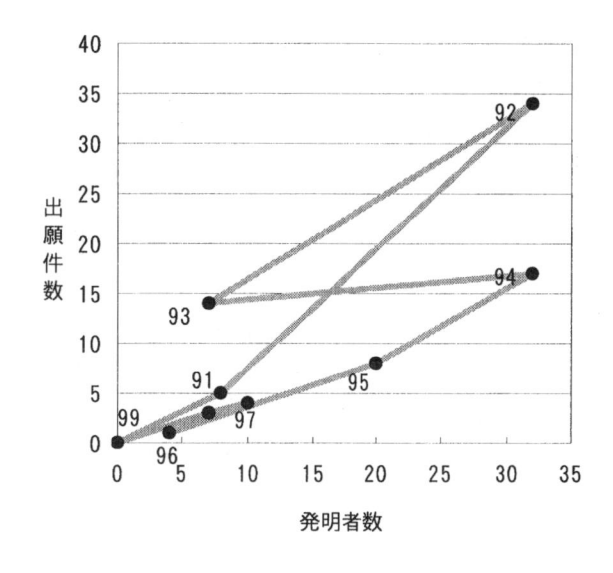

129

2.7 凸版印刷

2.7.1 企業の概要

表 2.7.1-1 凸版印刷の企業の概要

1)	商　　　　　号	凸版印刷株式会社
2)	設　立　年　月　日	明治 33 年 1 月
3)	資　　本　　金	1,049 億 8,500 万円（2001 年 3 月現在）
4)	従　　業　　員	13,026 名　　　　（　〃　）
5)	事　業　内　容	印刷事業、化学工業、出版業、物品販売業、役務提供業、等
6)	技術・資本提携関係	技術提携／テキサス・インスツルメンツ・インコーポレイテッド（米）、ポラロイド・コーポレーション（米）、ムーアーノースアメリカ（米）、他
7)	事　　業　　所	本社／東京、工場／朝霞、板橋、群馬、相模原、柏、新潟、大阪、滋賀、滝野、福岡、熊本、名古屋、仙台、その他
8)	関　連　会　社	国内／トッパン・フォームズ、トッパンレーベル、他 海外／Toppan Printing Co.(H.K.)Ltd.（中国）、中華凸版電子（台湾）、他
9)	業　績　推　移	平成 13 年 3 月期は前期に比し、売上高 5.5％増、経常利益 2.0％減
10)	主　要　製　品	株券、通帳、カタログ、パンフレット、教科書、事典、単行本、紙器、包装紙、化粧シート、フォトマスク、リードフレーム、他
11)	主　な　取　引　先	出版業、卸し・小売業、一般産業、他
12)	技　術　移　転　窓　口	法務本部　東京都千代田区神田和泉町 1　TEL: 03-3835-5532

　生分解性ポリエステル製品の販売部署は、金融・証券事業本部カードセンターであり、生産拠点は朝霞工場である。
　凸版印刷は東洋インキと東洋繊維とともにグラビア印刷向けの生分解性インキ「ネクスト GP」、ヒートシール剤「GP ヒートシール剤」を国内で初めて開発した（凸版印刷のホームページ）。

2.7.2 生分解性ポリエステル技術に関連する製品・技術

表 2.7.2-1 凸版印刷の製品・技術

技術要素	製品	製品名	発売時期	出典
生活関連用途	薄手カード	新 BE カード	1995 年	「生分解性ポリマーの現状と新展開」㈱ダイヤリサーチマーテック 2001 年 1 月発行
	厚手カード		1997 年	〃
	ホログラムステッカー	エコホロステッカー	1999 年	〃

　薄手カードはプリペードカード用に、また厚手カードは IC カード用、印鑑登録カード用に使用されている。「新 BE カード」と「エコホロステッカー」の原料はポリ乳酸系生分解性プラスチックである。
　凸版印刷の特許出願には積層加工に関連するものが多くみられ、カードの製造にはこの技術が使用されているものと推測される。

2.7.3 技術開発課題対応保有特許の概要

表2.7.3-1に凸版印刷の保有特許を示す。

凸版印刷の保有特許出願は、66件でその内容は、積層：22件（カード14、フィルム5、他3）、カード：20件（積層13、ブレンド3、複合化2）、ポリエステルの合成：15件（熱硬化性樹脂4、光硬化樹脂1）、添加剤配合：10件（硬化樹脂5、カード3、他2）、モノマーの合成：1件、フィルム：9件（積層5、オーバーラップフィルム2、その他2）、成型品：6件（容器、2）およびブレンド：5件（カード3、フィルム1、その他1）である。またシートは3件で、その内容は複合：2件（カード2）およびインキ：2件である。その他塗料は2件でその中には接着剤：1件がある。

ポリエステルの改質を含む合成、カード、積層、ブレンド、配合に関する特許出願が多い。

合成では脂肪族二価カルボン酸、脂肪族二価アルコールの反応を広く検討しているが、実際に、積層シートで使用しているのはポリ乳酸系である。合成の目的は高分子量、高物性であり、一部イソシアネートを使って、熱硬化性樹脂の検討がある。

最終製品としてはカードに重点が置かれ、製法は積層が中心であり、それによる物性の改良が主なものである。生分解性ポリエステルはただ単に基板としてのみ使い、それに積層する感光層に工夫のある特許出願も多い。

フィルムについては、単層フィルムよりは積層フィルムに重点が置かれている。具体的な商品にはオーバーラップフィルムがある。

成型品ではボトルがある。成型品の特許は殆どが中空成形でり、それに関連したラベルの特許がある。

接着、塗料、インキなどバインダーに関しては散発的な特許がそれぞれ2件づつあるのみである。

また、外部との共願は、工業技術院、地球環境産業技術研究機構：7件、昭和高分子：3件、日本甜菜製糖：1件、三井石油化学：1件、昭和電工：1件である。

表 2.7.3-1 凸版印刷の技術開発課題対応保有特許(1/5)

技術要素	課題	概要	特許番号	筆頭IPC
合成反応 (ポリエステルの合成法)	高分子量ポリエステルの製法	脂肪族二価カルボン酸ジ低級アルキルエステルと脂肪族二価アルコールの重縮合反応	特許2684150	C08G63/16
	成形加工性、高分子量のポリエステルコポリマー	脂肪族ジカルボン酸、脂肪族ジオール、オキシカルボン酸又はラクトンのコポリマー	特許2997756	C08G63/60
	実用上十分な物性	脂肪族ジカルボン酸或いはその酸無水物、又はそのジエステル(A)と脂肪族ジオール(B)と側鎖にアルキル基又はアルケニル基を有する脂肪族ジカルボン酸或いはその酸無水物、又はそのジエステル(C)を触媒下で反応	特開平10-36489	C08G63/16
	柔軟性、破断強度、溶解性	アルキル、アルケニル基を有する脂肪酸、直鎖脂肪酸類とジオール類との共重合体	特開平9-241359	C08G63/16
	分子量を安定的に増大させるポリエステルの製法	溶融状態の脂肪族ポリエステルにジエポキシ類を配合	特開平9-71638	C08G59/42
	高分子量ポリエステル重合体の製法	脂肪族テトラエステル化合物と二価アルコールを反応させた脂肪族ポリエステル重合体	特許2840670	C08G63/16
	耐熱性、機械的性質	脂肪族ポリエステルカーボネート	特許3044235	C08G63/64
	成形加工に優れたポリエステルカーボネートコポリマー	脂肪族ポリエステルカーボネートを脂肪族カルボン酸ジエステル、脂肪酸ジオールとエステル交換反応	特許2744925	C08G63/64
	高強度、高融点	ポリエステルエーテルコポリマー	特許3131603	C08G63/672
合成反応 (モノマーの合成法)	低圧下でも高収率プロセスのアルキルエステル	アクリル酸低級アルキルエステルと一酸化炭素と低級飽和脂肪族一価アルコールをコバルトカルボニルとピリジン塩基の存在下で反応	特公平7-5517	C07C69/40
合成反応 (モノマーの合成法、改質)	十分な実用物性	脂肪族ポリエステルと脂肪族ポリエステルにイソシアネート化合物を混合溶解し、乾燥、熱硬化する	特開平10-36478	C08G18/42
	フィルムに成形加工可能な素材	特定の脂肪族ポリエステルと脂肪族ジイソシアネート化合物を溶解混合、乾燥、加熱硬化	特開平10-251368	C08G18/42
	溶媒溶解性で少量の硬化剤で硬化する樹脂	ポリ乳酸にイソシアネート化合物を溶解・混合、乾燥、熱硬化	特開平11-181046	C08G18/42
	溶媒溶解性	脂肪族ポリエステルに感光性基(メタアクロイル基など)を導入	特許3175141	C08G63/91

表 2.7.3-1 凸版印刷の技術開発課題対応保有特許(2/5)

技術要素	課題	概要	特許番号	筆頭IPC
合成反応 （モノマーの合成法、改質）（つづき）	柔軟性、靭性、耐溶剤性	ポリ乳酸及び脂肪族ポリエステル／イソシアナート化合物	特開平10-36477	C08G18/42
組成物・処理 （添加物配合）	帯電防止、機械的性質に優れた生分解性ポリマー	熱可塑性ポリエステル／ポリオキシアルキレングリコール／多官能エポキシ化合物、又は多官能イソシアネート化合物及び亜燐酸トリエステル化合物から選択されるいずれか	特開平11-172090	C08L67/02
組成物・処理 （配合）	透明性、帯電防止	熱可塑性ポリエステル／ポリオキシアルキレングリコール／塩基性金属塩	特開平10-316845	C08L67/02
組成物・処理 （ブレンド）	熱可塑性樹脂成形加工の良い組成物	オキシ酸（コ）ポリマー／エチレン・酢酸ビニル共重合体ケン化物	特開平7-316367	C08L23/26
包装用途 （化粧版シート、積層）	無公害	積層（生分解性樹脂／絵柄層／生分解性樹脂）生分解性樹脂は発泡もよし	特開平10-180973	B32B33/00
包装用途 （シート、積層）	易接着性シート	ポリ乳酸延伸シートの表面に熱可塑性飽和共重合ポリエステル層（多孔性シリカ配合）を付け接着性を良くする	特開平10-120811	C08J7/04
	放置で自然消滅の転写シート	生分解性使用	特開平11-1097	B44C1/165
包装用途 （シート）	柔軟性、透明性に経時変化のない生分解性シート	乳酸を主体とする生分解性樹脂の使用高周波ウエルダーで溶断、溶着する	特開平10-24492	B29C65/74
包装用途 （フィルム）	生分解性ホログラム脆性シール	分子量特定のポリ乳酸とオキシカルボン酸コポリマーフィルムを基材とする	特開平9-90858	G03H1/18
	インク剥離しないプラスチックフィルム印刷物	脂肪族ポリエステル延伸フィルムにニトロセルローズ、ウレタンを含むインキで印刷する	特開平7-195814	B41M1/30
包装用途 （オーバーラップフィルム）	無公害	生分解性ポリマーの使用	特開2001-180741	B65D65/46
包装用途 （フィルム、積層）	ヒートシール性のよい生分解性フィルム	脂肪族ポリエステルポリオール（イソシアナート改質）未延伸フィルムと乳酸（コ）ポリマーフィルム積層	特開平8-85194	B32B27/36
	透視窓付き封筒	窓に生分解性透明フィルムの使用	特開平7-267253	B65D27/04
	洗瓶に容易に剥がれるホログラムラベル	積層体の生分解性樹脂表面にレリーフ型ホログラムを設けたラベル	特開平8-185111	G03H1/18
	酸素バリア性の向上した生分解性組成物、積層体	生分解性ポリマーにマイカ状にしたPVAを配合	特許2684894	C08L29/04
包装用途 （フィルム、積層、ブレンド）	易開封、易接着生分解性包装体	ポリマーブレンド（ポリカプロラクトン混合物）からなるフィルムを厚紙に積層	特開平11-20084	B32B27/00

表 2.7.3-1 凸版印刷の技術開発課題対応保有特許(3/5)

技術要素	課題	概要	特許番号	筆頭IPC
包装用途 (容器)	生分解性容器	生分解性樹脂(特に、ポリ乳酸)の延伸ブローこのとき紙をインサートする	特開平8-58796	B65D23/08
	生分解性容器	延伸ブロー成形品の周囲を生分解性シュリンクラベルで巻く	特開平8-58797	B65D23/08
包装用途 (成形品)	延伸ブロー可能な脂肪族ポリエステルで成形	狭い分子量分布、融解と再結晶温度差が25℃以上で、結晶化度の小さいポリエステルを使用	特開平6-297551	B29C49/08
	熱安定性、機械的強度に優れた中空成形体	ポリブチレンサクシネートアジペートを主体とする組成物を使用	特許2882756	C08L75/06
	ガスバリア性、強度に優れた生分解性容器の製造	生分解性プラスチック容器の表面をPVA系樹脂でコーティング	特開平8-244781	B65D23/02
	ラベルの廃棄処理が容易な連続集合体	ハニカム状の連続集合体に紙―生分解性プラスチック接着ラベルを貼着	特開平9-74917	A01G9/10
包装用途 (積層体)	非分解性のカップと性能的に遜色がない分解性紙カップ	生分解性ポリエステル(ポリブチレンサクシネート)と紙との積層	特許2884936	A47G19/22
	表面光沢の良い生分解性積層体	3-ヒドロキシ絡酸と3-ヒドロキシ吉草酸の共重合体を融着しないプラスチックフィルムに積層後、剥離	特開平6-270368	B32B31/30
	生分解容易な積層体	脂肪族ポリエステルとポリオレフィン樹脂を共押出	特許2927109	B32B27/36
	高バリア生分解性積層体	紙基材の表面に生分解性プラスチックを積層体	特開平9-164626	B32B9/00
生活関連用途 (カード、積層)	剛性などのゲート特性に優れた生分解性カード	乳酸(コ)ポリマーを2軸延伸し、紙基材に積層	特開平8-34186	B42D15/10,551
	剛性などのゲート特性に優れた生分解性カード	乳酸(コ)ポリマー、特定の熱可塑性樹脂とフィラー、それぞれの混練シートを積層	特開平8-175058	B42D15/10,501
	高級感、美麗に優れた生分解性カード	生分解性プラスチックコアシートに両面に(コ)ポリマーシートを積層	特開平8-267968	B42D15/10,501
	剛性などのゲート特性に優れた生分解性カード	コアシート層は乳酸(コ)ポリマーとフィラー、オーバーシート層は脂肪酸ポリエステルとフィラーの積層	特開平8-290692	B42D15/10,501
	非ハロゲン系有機溶剤に易溶解な生分解性カード	積層(生分解性基材/バインダー層に生分解性ポリマー)生分解生樹脂:ポリカプロラクトン、ポリグリコール酸、ポリ乳酸そのコポリマー	特開平8-281878	B32B27/00
	生分解性カード	積層(ポリ乳酸(コ)ポリマー/異なる生分解性樹脂/2種の生分解性フレンド接着性中間層	特開平9-131835	B32B27/00

表 2.7.3-1 凸版印刷の技術開発課題対応保有特許(4/5)

技術要素	課題	概要	特許番号	筆頭IPC
生活関連用途 (カード、積層) (つづき)	カードの偽造防止紙	熱水性支持体とアルカリ可溶（乳酸など生分解性ポリマー）を含むOVDフィルム	特開2000-345496	D21H21/42
	自然分解のICカード	生分解性ポリマーの使用	特開平9-240174	B42D15/10,521
	剛性などゲート特性に優れた感熱記録カード	脂肪酸ポリエステル等からなる支持体に着色層、金属薄膜層、保護層を積層	特開平8-333444	C08G63/685
	文字・絵柄等の情報を構成する印刷層が残らない情報記録カード	積層（生分解性ポリマーもしくは紙／生分解性ポリマー（情報記録層））	特開平8-230365	B42D15/10,501
	信頼性向上のインクジェット生分解性記録媒体	ポリ乳酸からなるアンカー層を設ける	特開平11-321072	B41M5/00
	放電破壊記録媒体生分解性支持層	脂肪族ポリエステル支持体に有色層、保護層、印刷層を積層	特開平8-324111	B41M5/24
	磁気記録媒体生分解性支持層	脂肪族ポリエステルなどをカード基材と磁性記録層に積層使用する	特開平8-249651	G11B5/80
生活関連用途 (カード、添加剤配合)	生分解性OVD付きスクラッチカード	（コ）ポリ乳酸を主成分とする生分解性樹脂と有機／無機顔料を配合	特開2001-150850	B42D15/10,531
	スクラッチカード	（コ）ポリ乳酸を主成分とする生分解性樹脂と有機／無機顔料を配合	特開2001-39069	B42D15/10,551
	カードの偽造防止	添加物配合（ランタノイド系土類化合物）	特開2001-206959	C08J5/18
生活関連用途 (カード、ブレンド、複合化)	高強度に優れた生分解性カード	乳酸（コ）ポリマー、脂肪酸ポリエステル、フィラー組成物で支持基材を構成	特開平8-290693	B42D15/10,501
生活関連用途 (カード、ブレンド・積層)	保存安定性、機械的性質に優れた生分解性カード	ブレンド（（コ）ポリ乳酸／アルキレン、シクロ環、シクロアルキレン、イソシアネートなどの熱可塑性樹脂）これを積層基板とする	特開平8-176421	C08L67/04
生活関連用途 (カード、ブレンド)	保存劣化、機械的性質、寸法安定性、成形加工性に優れた生分解性カード	ブレンド（（コ）ポリ乳酸／高吸水性フィラー）	特開2000-309695	C08L67/04
生活関連用途 (カード、複合化)	耐折曲性、剛性に優れた生分解性カード	ジ-またはポリイソシアナート残基を持つ脂肪族ポリエステルフィラーを混練	特開平8-39745	B32B27/36
その他用途 (記録媒体)	生分解性インクジェット記録媒体	生分解性ポリマー使用	特開平11-198522	B41M5/00
その他用途 (インキ)	生分解性磁気インキ組成物	溶解度パラメーターが8〜10の生分解性ポリマーを使用	特開平10-25439	C09D11/00
	従来品と同等の印刷適性を維持したインキ組成物	ポリカプロラクトン、D-、L-ポリ乳酸、又はPVAを含有するバインダーを使用	特開平8-319445	C09D11/10

表 2.7.3-1 凸版印刷の技術開発課題対応保有特許(5/5)

技術要素	課題	概要	特許番号	筆頭IPC
その他用途（塗料）	印刷インキ用組成物	脂肪族ポリエステル、架橋剤、架橋触媒、非ハロゲン系溶媒組成物	特開平8-311368	C09D5/00
	耐熱性、耐候性、耐薬品性、耐屈曲性の優れた生分解性塗料組成物	磁性材料、生分解性樹脂粉体、バインダー、助剤、揮発性溶剤組成物	特開平9-78033	C09D201/00
その他用途（接着剤）	生分解性接着剤	脂肪族ジカルボン酸とジオールを重縮合、溶融状態でジエポキシ化合物を添加	特開平9-249868	C09J167/02

2.7.4 技術開発拠点

生分解性ポリエステルの開発を行っていると思われる事業所・研究所などを発明者住所をもとに紹介する。

東京都：（特許の発明者住所は本社）
埼玉県：朝霞工場

2.7.5 研究開発者

凸版印刷の発明者数は1991年から93年までは漸増、94年には急増して28名に達し、その後は漸減して99年には5名となっている。出願件数は95年がピーク（21件）で以後これも漸減している。

生分解性プラスチックの主要な製品開発であるカードに関しては組成物（樹脂ブレンド、複合化、添加物配合）、積層加工などの技術要素について多くの出願がみられ、これらは94年、95年に集中している。

その他には共重合により脂肪族ポリエステルの成形加工性や耐熱性を改善する特許が94年以降多く出願されている。

図 2.7.5-1 凸版印刷の研究開発者数推移

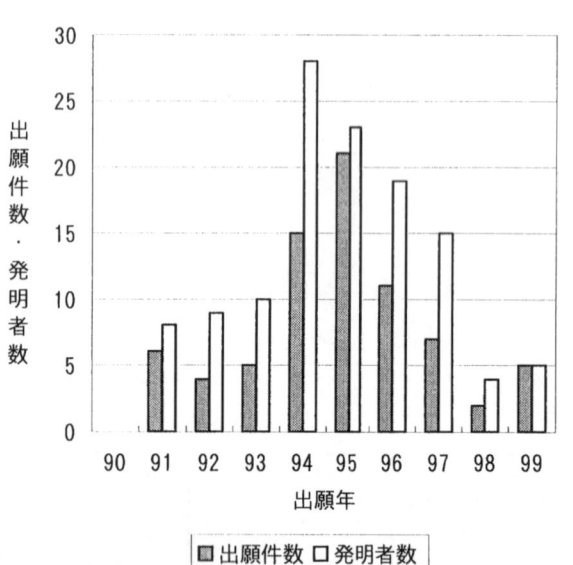

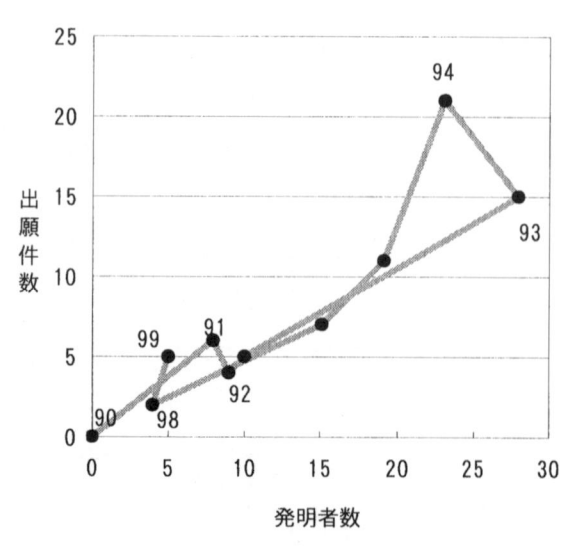

2.8 ダイセル化学工業

2.8.1 企業の概要

表 2.8.1-1 ダイセル化学工業の企業の概要

1)	商　　　　号	ダイセル化学工業株式会社
2)	設 立 年 月 日	大正8年9月
3)	資　本　金	362億7,500万円（2001年3月現在）
4)	従　業　員	2,374名　　（　〃　）
5)	事 業 内 容	セルロース製品、有機合成製品、合成樹脂製品、その他の製造・販売
6)	技術・資本提携関係	技術提携／オーイーエーインク（米）、ユニバーサル・プロパルション・カンパニーインク（米）、オーイーエ・エアロ・スペース・インク（米）、他 資本提携／テイコナ LLC（米）、国営恵安化工廠（中国）、中国烟草総公司、陝西省公司（中国）、三井物産株式会社（日）、他
7)	事　業　所	本社／堺（大阪）、工場／堺、神崎、姫路、新井、大竹
8)	関 連 会 社	国内／ダイセル・チップス、ポリプラスチックス、ダイセル・セイフティ・システムズ、ダイセルポリマー、他 海外／台湾宝理塑料、ポリプラスチックス・アジアパシフィック・エスティーエヌ・ビーエイチディー（マレーシア）
9)	業 績 推 移	平成13年3月期は前期に比し、売上高1.6%増、経常利益11.5%増
10)	主 要 製 品	酢酸セルロース、アセテート・トゥ、溶剤類、アミン類、過酢酸誘導体、包装用フィルム、発射薬、航空機緊急脱出装置、他
11)	主 な 取 引 先	一般化学工業、商社、卸し・小売業、航空機メーカー、等

　生分解性ポリエステルの販売部署は、企画開発本部セルグリーン事業開発室であり生産拠点は大竹工場（ポリカプロラクトン系）および網干工場（セルロースアセテート系）である。

2.8.2 生分解性ポリエステル技術に関連する製品・技術

表 2.8.2-1 ダイセル化学工業の製品・技術

技術要素	製品	製品名	発売時期	出典
合成反応 （ポリカプロラントン系およびセルロース系）	成形用グレード	セルグリーン P－H5	発売中	プラスチックス2001年10月号
		P－H7	発売中	〃
	耐熱性グレード	セルグリーン P－HB02	発売中	プラスチックス2001年10月号
		P－HB05	発売中	〃

　ダイセル化学工業はポリカプロラクトン系ポリマーをベースとした生分解性プラスチック「セルグリーン　P－H」を上市している。物性的にはいずれもポリエチレン、ポリプロピレンをターゲットとしているが、P－HBシリーズは耐熱性を向上させたものである。
　ダイセル化学工業にはポリカプロラクトン系ポリマーを他の樹脂とブレンドすることにより耐熱性、強度、耐衝撃性などを改善する内容の特許出願が多い。

2.8.3 技術開発課題対応保有特許の概要

　表2.8.3-1にダイセル化学工業の保有特許を示す。
　ダイセル化学工業の保有特許出願は72件で、このうちポリカプロラクトン系主体のポ

リエステルに関するものが60件を占めている。ここではポリカプロラクトン系ポリエステルに注目し、表2.8.3-1においてはポリカプロラクトン系ポリマーとその他のポリマーに分けて、技術要素毎に課題と概要等を掲載した。

合成・反応関係には環状エステルモノマーを開環重合するポリカプロラクトン系ポリエステルの製造法やこれを構成成分とする共重合体の製造法がある。

樹脂ブレンドの出願（11件）では、特に生分解促進を課題としてポリ乳酸系やポリブチレンサクシネート系ポリマーを始めとする脂肪族ポリエステル類とのブレンドが多い。

ポリカプロラクトン系ポリエステルを放射線処理して成形性を向上させ、フィルム、ペレット、発泡体、ネット、テープなどに用いるという特許が多く出願されている。

ポリカプロラクトン系ポリエステルの用途としては農業用フィルム・シート、緩効性粒状肥料、コンポスト袋や包装用材料を出願している。

その他のポリエステルに関連した特許（12件）の中には新規な共重合体の製造法が多くみられる。

外部との共願は、日本原子力研究所：11件、経済産業省産業技術総合研究所長、地球環境産業技術研究機構：7件、テイカ：1件、ユニック：1件、井上義夫：1件、川上産業：1件、島津製作所：1件、西日本ノバフォーム、長野ノバフォーム：1件である。

表2.8.3-1 ダイセル化学工業の技術開発課題対応保有特許(1/4)

技術要素	課題	概要（解決手段）	特許番号	筆頭IPC
合成反応（ポリカプロラクトン系）	ポリカプロラクトン系ポリエステルの製造	環状エステルモノマーを開環重合（特定の触媒系）	特開平11-60713	C08G63/85
	ポリカプロラクトン系ポリエステルの製造	特定の水分含有率と酸価	特開平10-158371	C08G63/08
	ポリカプロラクトン系ポリエステルの製造（グラフト重合）	高能率で重合	特開平11-255801	C08B15/00
	生分解制御	ラクトン、ラクチドの開環重合、ジイソシアナート結合	特開2000-143781	C08G63/08
	ポリオール樹脂素材	ラクトン変性糖蜜の製造	特開平8-73575	C08G63/08
	成形加工性	セルロース誘導体の存在下開環重合	特開平11-255870	C08G63/08
組成物・処理（樹脂ブレンド）	生分解促進	ポリカプロラクトン系ポリマーをポリブチレンサクシネート系ポリマーとブレンド	特開平9-67513	C08L75/06
	剛性	ポリ乳酸系ポリマーとブレンド	特開平10-120889	C08L67/04
	生分解促進	脂肪族ポリエステルとブレンド	特開平11-349795	C08L67/04
	機械物性（強度）	脂肪族ポリカーボネートとブレンド	特開2000-1607	C08L67/04
	生分解促進	脂肪族ポリエステルとブレンド	特開平11-140291	C08L67/04
	耐衝撃性	脂肪族ポリエステルおよび熱可塑性樹脂とブレンド	特開2000-226501	C08L67/04
	耐熱性	脂肪族ポリエステルとブレンド	特開2001-172487	C08L67/02
	生分解促進	澱粉とブレンド	特開平9-194692	C08L67/00
			特開平10-158485	C08L67/00
	強度	ポリ乳酸、エポキシ化ジエンブロック共重合とブレンド	特開2000-219803	C08L67/04

表 2.8.3-1 ダイセル化学工業の技術開発課題対応保有特許(2/4)

技術要素	課題	概要（解決手段）	特許番号	筆頭IPC
組成物・処理（樹脂ブレンド）(つづき)	透明性	ポリ乳酸にε-カプロラクトンを加えた組成物を成形	特開平10-120890	C08L67/04
	柔軟性	ポリカプロラクトン系ポリマーにジフェノール誘導体等を配合	特開2001-81299	C08L67/04
	着色	着色顔料を配合	特開2000-256606	C09D17/00
加工（成形）	成形体	ポリカプロラクトン系ポリマーと脂肪族ポリエステルとの組成物を使用	特開平9-194700	C08L67/02
加工（発泡）	気泡緩衝体（成形性）		特開2000-108230	B32B3/26
加工（延伸）	高透湿フィルム（強度）	ポリカプロラクトン系ポリマーに無機充填剤を添加、シートを延伸	特開平8-295748	C08J5/18
	崩壊性積層体（バリヤー性）	金属層を積層	特開2000-85054	B32B15/08,104
	積層体（強度）	ポリマーフィルムを紙等と積層	特開2000-103025	B32B27/36
加工（その他の加工）	フィルム（成形性）	ポリカプロラクトンを放射線照射処理して使用	特開平11-255871	C08G63/08
	ペレット（成形性）	ポリカプロラクトンを放射線照射処理して使用	特開平11-279271	C08G63/91
	発泡体（成形性）	ポリカプロラクトンを放射線照射処理して使用	特開平11-279311	C08J9/04
	ブリスターパック（成形性）	ポリカプロラクトンを放射線照射処理して使用	特開平11-278451	B65D1/09
	肉厚容器（成形性）	ポリカプロラクトンを放射線照射処理して使用	特開平11-279391	C08L67/04
	ネット（成形性）	ポリカプロラクトンを放射線照射処理して使用	特開平11-275987	A01G13/02
	テープ（成形性）	ポリカプロラクトンを放射線照射処理して使用	特開平11-279392	C08L67/04
	多層フィルムシート（成形性）	ポリカプロラクトンを放射線照射処理して使用	特開2000-15765	B32B27/36
農業用途	農業用シート	ポリカプロラクトン系ポリマーを使用	特開平7-123876	A01G13/02
	農業用フィルム	ポリカプロラクトン系ポリマーを使用（放射線照射）	特開平11-275986	A01G13/00,302
		ポリカプロラクトン系ポリマーを使用	特開2000-238194	B32B27/08
		ポリカプロラクトン系ポリマーを使用	特開2000-256471	C08J5/00
		ポリカプロラクトン系ポリマーを使用	特開2001-17008	A01G13/02
	緩効性粒状肥料	ポリカプロラクトン系ポリマーを使用	特開平11-116371	C05G3/00,103
		ポリカプロラクトン系ポリマーを使用	特開2000-143379	C05G3/00,103
		ポリカプロラクトン系ポリマーを使用	特開2000-351687	C05G3/001,03
	崩壊性ゴミ袋	ポリカプロラクトン系ポリマーを使用（放射線照射）	特開平11-279390	C08L67/04
		ポリカプロラクトン系ポリマーを使用	特開平11-157601	B65F1/00,102

表 2.8.3-1 ダイセル化学工業の技術開発課題対応保有特許(3/4)

技術要素	課題	概要（解決手段）	特許番号	筆頭IPC
農業用途（つづき）	コンポスト化用網状ゴミ袋	ポリカプロラクトン系ポリマーを使用	特開2001-72202	B65F1/00
	農作業用杭	ポリカプロラクトン系ポリマーを使用	特開平11-346520	A01C21/00
	植物保護資材	ポリカプロラクトン系ポリマーを使用	特開平11-346575	A01G13/02
包装用途	包装用フィルム（強度）	ポリカプロラクトン系ポリマーを使用	特開平9-194702	C08L67/02
	収縮フィルム（成形性）	ポリカプロラクトン系ポリマーを使用	特開平11-279272	C08G63/91
	独立気泡緩衝シート（成形性）	ポリカプロラクトン系ポリマーを使用	特開2000-79651	B32B3/26
	梱包用緩衝材	ポリカプロラクトン系ポリマーを使用	特開平10-316784	C08J9/04
	梱包用テープ	ポリカプロラクトン系ポリマーを使用	特開平11-279393	C08L67/04
	チャック付袋	ポリカプロラクトン系ポリマーを使用	特開2000-264343	B65D30/02
土木・建築用途	ダクタイル管用スペーサ	ポリカプロラクトン系ポリマーを使用	特開2001-4078	F16L21/00
水産関連用途	釣り糸	ポリカプロラクトン系ポリマーを使用（放射線処理）	特開平11-276044	A01K91/00
生活関連用途	カード	ポリカプロラクトン系ポリマーを使用	特開平9-297910	G11B5/68
		ポリカプロラクトン系ポリマーを使用	特開2001-55498	C08L67/04
	ファイル用具	ポリカプロラクトン系ポリマーを使用	特開平11-254874	B42F7/00
	使い捨て手袋	ポリカプロラクトン系ポリマーを使用	特開平11-335913	A41D19/00
繊維関連用途	繊維	ポリカプロラクトン系ポリマーを使用	特開平9-195122	D01F6/62,306
	繊維材料	ポリカプロラクトン系ポリマーを使用（放射線処理）	特開平11-286829	D01F6/62,305
その他用途	コンポスト化過程におけるアンモニア発生抑制方法	カプロラクトン系その他の生分解性ポリマーをコンポスト過程で添加	特開2000-239085	C05F17/00
合成反応（その他のポリエステル）	ポリアルキレンサクシネートアジペートの製造（実用物性）	脂肪族ジカルボン酸エステルとジオールとを重縮合	特許2684150	C08G63/16
	ポリエステル共重合体の製造（成形加工性）	脂肪族ジカルボン酸、ジオール、オキシカルボン酸の共重合	特許2997756	C08G63/60
		脂肪族テトラエステルとジオールの共重合	特許2840670	C08G63/16
	ポリエステルカーボネート共重合体の製造（成形加工性）	脂肪族カルボン酸、ジオール、炭酸ジエステルの共重合	特許2744925	C08G63/64
	ポリエステルカーボネート共重合体の製造（耐熱性）	脂肪族カルボン酸、ジオール、炭酸ジエステルの共重合	特許3044235	C08G63/64
	脂肪族ポリエステルエーテルの製造（強度）	特定の3種のエステル部を含有させる	特許3131603	C08G63/672
	脂肪族ポリエステルエラストマーの製造（成形加工性）	脂肪族ポリエステルのハードセグメント、ソフトセグメントで構成させる	特開平10-237166	C08G63/16

表2.8.3-1 ダイセル化学工業の技術開発課題対応保有特許(4/4)

技術要素	課題	概要（解決手段）	特許番号	筆頭IPC
合成反応 （その他のポリエステル） （つづき）	C4ジカルボン酸ジアルキルエステルの製造（高収率）	アクリル酸アルキルエステル、一酸化炭素、一価アルコールとを反応	特公平7-5517	C07C69/40
組成物・処理 （樹脂ブレンド）	強度	ポリオレフィン、脂肪族ポリエステルに多官能アクリル系モノマーをブレンド、放射線架橋	特開平10-147720	C08L101/00
組成物・処理 （添加物配合）	生分解性促進	セルロースエステルに生分解促進剤配合	特開平7-76632	C08L1/08
		セルロースエステルに生分解促進剤配合	特開平8-157644	C08L1/08
その他の用途	崩壊性濾過材	生分解性樹脂使用	特開平7-163821	B01D39/16

2.8.4 技術開発拠点

兵庫県：姫路地区、網干工場（酢酸セルロース）

大阪府：堺地区

広島県：大竹工場（ポリカプロラクトン）

2.8.5 研究開発者

　ダイセル化学工業の発明者数、出願件数はともに1992年以降漸増して98年にはピーク（19名、28件）に達し、99年は減少（11名、14件）した。

　ダイセル化学工業はポリカプロラクトン系ポリマーを主体に生分解性プラスチックの開発を進めた。98年、99年には農業用材料、包装用材料などの用途開発とともに、他の脂肪族ポリエステルとの樹脂ブレンドによる生分解性の向上などの出願が多い。

図2.8.5-1 ダイセル化学工業の研究開発者数推移

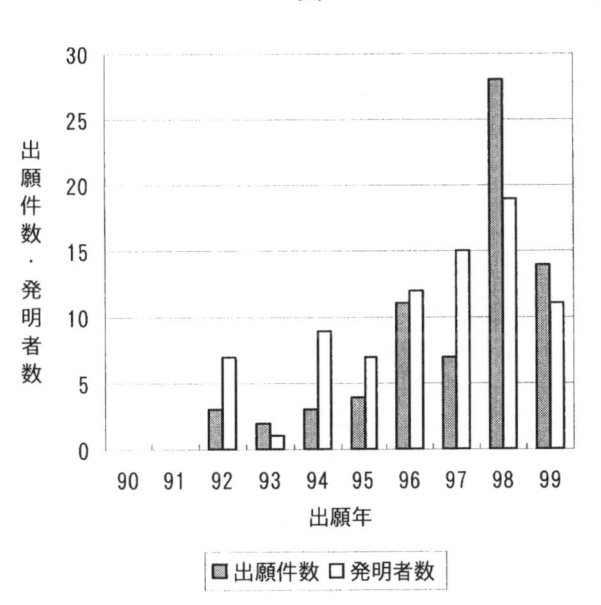

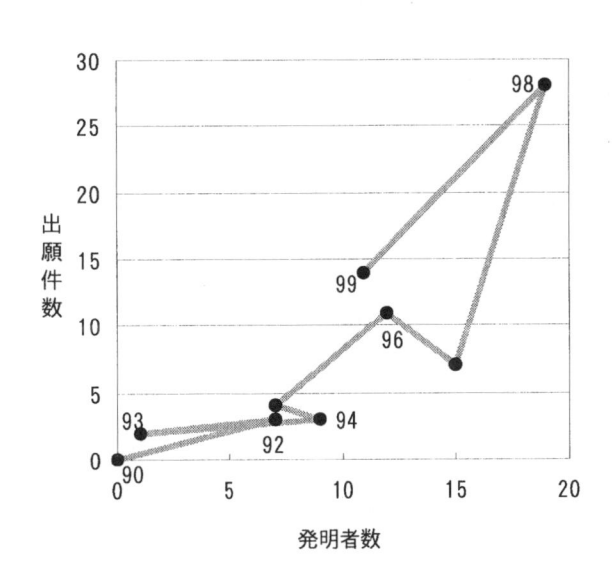

2.9 三菱樹脂

2.9.1 企業の概要

表 2.9.1-1 三菱樹脂の企業の概要

1)	商　　　　号	三菱樹脂株式会社
2)	設 立 年 月 日	昭和21年2月
3)	資　本　金	215億300万円（2001年3月現在）
4)	従　業　員	1,944名　　　（　〃　）
5)	事 業 内 容	高機能プラスチック分野、建設資材分野、産業用資材分野及びその他分野製品の製造・販売
6)	技術・資本提携関係	技術提携／上海宝菱塑料製品有限公司、Hishi Plastics U.S.A.,Inc.、他 資本提携／三菱商事、伊藤忠商事
7)	事　業　所	本社／東京、工場／長浜、平塚、美祢、郡山、浅井、羽生
8)	関 連 会 社	国内／菱樹化工、東洋化学産業、菱和ロジテム、他 海外／上海宝菱塑料制品有限公司、Hishi Plastics Asia. Sdn., Bhd（マレーシア）、他
9)	業 績 推 移	平成13年3月期は前期に比し、売上高3.6%増、経常利益24.4%増
10)	主 要 製 品	プラスチックフィルム、プラスチック積層鋼板、プラスチックパイン、継手、PETボトル、プラスチックプレート、射出成形品、その他
11)	主 な 取 引 先	商社、工事業、卸し・小売業、電気・電子機器メーカー、他

　生分解性ポリエステルの販売部署はエコロージュ事業推進プロジェクトであり、生産拠点は長浜工場（500t/年の試作対応設備）である。
　カーギル・ダウと提携し生分解性フィルム・シート「エコロージュ」を開発し、スポーツ用品の包装箱や半導体実装用キャリアテープへの商品化が進んでいる（日本工業新聞 2000年6月6日）。ユニチカと同様NTTドコモの請求書用にも採用されている（包装タイムス　2001年5月14日）。

2.9.2 生分解性ポリエステル技術に関連する製品・技術

表 2.9.2-1 三菱樹脂の製品・技術

技術要素	製品	製品名	発売時期	出典
包装用途 （フィルム）	二軸延伸フィルム	エコロージュ SFP	発売中	グリーンプラジャーナル 2001年 No.3(7月)p.56
		エコロージュ SB	発売中	〃
	無延伸フィルム	エコロージュ CB	発売中	〃
	インフレーションフィルム	エコロージュ IB	発売中	〃
	収縮フィルム	エコロージュ SPS	発売中	〃

　三菱樹脂はポリ乳酸系生分解性プラスチックを使用した各種の成形品を上市している。特に二軸延伸フィルムはポリ乳酸系フィルムの弱点とされる脆性を解決し、強度および熱寸法安定性を向上させたものである。
　三菱樹脂の出願はポリ乳酸系ポリマーを主体とするフィルム・シート関係であり、上記製品にはこれらの延伸、積層技術が使用されているものと推測される。

2.9.3 技術開発課題対応保有特許の概要

表2.9.3-1に三菱樹脂の保有特許を示す。

三菱樹脂の保有特許出願は60件で、その内容は、フィルム・シート：54件（うち、積層フィルム・シート12、収縮フィルム9、カード3）、延伸：19件、ブレンド：16件、積層：14件（シート5、フィルム7、その他2）、成型物：6件および添加剤配合：5件である。

フィルム、成型品関係の特許出願が多く、特に生分解性に関しては、フィルム・シートに力を入れている。

フィルムに関しては、生分解性ポリマーのフィルム物性の改良に関するものが多く、その解決手段として延伸の研究が他社に比べて盛んであり、配向度や物性で規定しているものが多く見られる。また、フィルムに関しては積層に関する特許が多くがあるが、ヒートシール性の改良など包装用としての開発が盛んである。殆どが包装用であり、中でも収縮性フィルムが多い。シートについては、殆ど積層であるが、その多くはカード用であり、中でも情報関係が多い。

使用原料はポリ乳酸が中心であり、成型品については、ポリ乳酸の透明性を活かすものが多く、ポリ乳酸の物性の改良として耐衝撃性に重点が置かれている。

外部との共願は、島津製作所：15件、日本製箔：1件、住友ゴム：1件、昭和電工：1件、三菱ガス化学：1件および日本触媒化学工業：1件である。

表2.9.3-1 三菱樹脂の技術開発課題対応保有特許(1/4)

技術要素	課題	概要	特許番号	筆頭IPC
包装用途 （フィルム）	手切れ性、易開封性の良い	ポリ乳酸系フィルムの物性限定	特開2001-191407	B29C55/12
	耐熱性、エンボス加工性の良いポリ乳酸系フィルム	ポリ乳酸系フィルムの成形条件	特開2001-192478	C08J5/18
	透明性、接着性の良いポリ乳酸系フィルム	特定の脂肪族ポリエステルを主成分とする。物性制限	特開2001-59030	C08J5/18
	柔軟性、透明性、ヒートシール性の改良	ポリ乳酸／他の脂肪族ポリエステルのブレンド。物性制限	特開平11-222528	C08J5/18
	生分解性高強度	生分解性材料物性制限	特開平11-349706	C08J5/18
	窓張り箱波打、皺のない生分解性透明フィルム	収縮率が特定範囲	特開2001-2126	B65D77/00
包装用途 （フィルム、添加物配合）	ポリ乳酸系フィルム分解性の制御	アナターゼ型酸化チタンの混合	特開平10-219088	C08L67/04
	柔軟性、透明性の良いポリ乳酸系フィルム	ポリ乳酸重合体と特定の脂肪族ポリエステルを混合、フィルムに成形	特許3182077	C08L67/04
包装用途 （フィルム、添加剤配合、延伸）	易滑性、高物性生分解性フィルム	二軸延伸。無機物添加	特開2001-59029	C08J5/18
包装用途 （フィルム・シート、添加剤配合）	帯電防止ポリ乳酸フィルム	ポリ乳酸系重合体に少なくも非イオン系帯電防止剤を含有	特開平9-221587	C08L67/04
包装用途 （フィルム、ブレンド）	透明性、耐衝撃性、フィッシュアイの少ないポリ乳酸系フィルム	ポリ乳酸系重合体／（脂肪族ジカルボン酸、脂肪族ジヒドロキシ化合物、カーボネート化合物からなる共重合体）のブレンド	特開2001-64414	C08J5/18

表 2.9.3-1 三菱樹脂の技術開発課題対応保有特許(2/4)

技術要素	課題	概要	特許番号	筆頭IPC
包装用途 (フィルム、ブレンド、延伸)	滑り性、ヒートシール性、寸法安定性の良いポリ乳酸フィルム	ブレンド(ポリ乳酸系ポリマー/Tg＜0℃の生分解性ポリエステル)延伸フィルム	特開平9-157408	C08J5/18
包装用途 (フィルム、延伸)	強度、寸法安定性の良いポリ乳酸フィルム	ポリ乳酸2軸延伸。特定条件で熱処理して面配向度及び結晶融解熱量と結晶化熱量の差を限定	特開平8-198955	C08G63/06
	強度、熱寸法安定性の良いポリ乳酸系フィルム	ポリ乳酸系フィルムの面配向度、結晶融解熱、結晶化熱量の差を限定	特開平7-207041	C08J5/18
	タッキング可能、熱融着、安定延伸の良い生分解性フィルム	ポリ乳酸の物性制限。2軸延伸	特開2001-122989	C08J5/18
	実用物性を維持、熱寸法安定性の良いポリ乳酸フィルム	ポリ乳酸の2軸延伸。製造条件規定	特開平7-205278	B29C55/14
	透明性の優れた生分解性ゴーグルレンズ用保護フィルム	ヘーズ3％以下のポリ乳酸系重合延伸フィルム物性制限	特開平8-52171	A61F9/02
	ガスバリア生分解性フィルム	配向度、物性限定のポリ乳酸系生分解性ポリマーに無機酸化物、無機窒化物の層を付与	特開平10-24518	B32B9/00
	十分な実用物性を持った生分解性包装袋	特定の配向度、物性を持ったポリ乳酸系重合体	特許3167595	B65D65/46
	電子レンジ使用の生分解性フィルムケース	ポリ乳酸重合体面内配向度、物性の範囲特定	特開2001-114352	B65D81/34
包装用途 (フィルム、積層)	ヒートシール性、耐熱収縮性の良い生分解性フィルム	積層フィルム。各層のポリ乳酸含量の限定	特開2001-219522	B32B27/36
	ヒートシール性、自己接着性生分解性記録シート	積層(A:脂肪族ポリエステル(50℃＜軟化点＞150℃)/B:Aの軟化点より20高い脂肪族ポリエステル)	特開平9-123375	B32B27/36
包装用途 (収縮フィルム、ブレンド、延伸)	透明性、耐衝撃性の優れた厚み均一のポリ乳酸フィルム	延伸ブレンド(ポリ乳酸系ポリマー/脂肪族ポリエステル)、物性制限	特開2001-151906	C08J5/18
	収縮仕上がりの良い生分解性ラベル	ブレンド(ポリ乳酸/Tg＜0℃、Tm＞70℃の生分解性脂肪族ポリエステル)延伸	特開2000-281818	C08J5/18
包装用途 (収縮フィルム、ブレンド)	透明性、耐衝撃性、の優れた厚み均一のポリ乳酸フィルム	延伸。ブレンド(ポリ乳酸系ポリマー/脂肪族ポリエステル)。物性制限。フィルム表面にポリ乳酸のスキン層を設ける	特開2001-151907	C08J5/18
	歪みの抑制された生分解性収縮チューブ	ブレンド(ポリ乳酸/Tg＜0℃の生分解性脂肪族ポリエステル)	特開2001-146523	C08J5/00
包装用途 (収縮フィルム、延伸)	強度、熱収縮の優れた厚み均一のポリ乳酸フィルム	ポリ乳酸系。面配向度、結晶融解熱量と結晶化熱量の差を限定	特開平7-256753	B29C61/06
	耐衝撃性、実質的に1軸方向収縮性ポリ乳酸フィルム	ポリ乳酸の特定条件下の2軸延伸フィルム	特開平9-187863	B29C61/06
	厚み均一なポリ乳酸ラベル	ポリ乳酸(L体とD体の比率に限定)物性、延伸条件限定	特開2000-280343	B29C61/06
包装用途 (収縮フィルム)	加熱殺菌時に瓶に融着しない収縮生分解性ラベル	ポリ乳酸物性制限	特開2000-280342	B29C61/06

表 2.9.3-1 三菱樹脂の技術開発課題対応保有特許(3/4)

技術要素	課題	概要	特許番号	筆頭IPC
包装用途 (積層フィルム、ブレンド、延伸)	ヒートシール性、透明性の良い生分解性フィルム	未延伸フィルムと延伸フィルムの積層。未延伸フィルムはブレンド(ポリ乳酸／生分解性脂肪族ポリエステル)。延伸フィルムはポリ乳酸主体	特許3084239	B32B27/36
包装用途 (シート)	成形加工性の良いポリ乳酸系シート	重量平均分子量6～70万のポリ乳酸重合体から得られるシート	特開平9-31216	C08J5/18
	成形性、耐湿性、低臭気性、透明性の良いポリ乳酸系フィルム	生分解性可塑剤使用の酢酸セルロースを主とする組成物	特開平9-241425	C08L1/12
	成形加工生の優れたポリ乳酸シート	ポリ乳酸(6万＜重量平均分子量＜70万)物性限定	特開平9-31216	C08J5/18
包装用途 (シート、添加剤配合)	ICカード用生分解性発泡シート	結晶性ポリ乳酸或いはTg＜0℃の生分解性脂肪族ポリエステルに発泡剤を入れ、押出成形する	特開2000-136259	C08J9/06
	回収不要忌避畦畔シート	生分解性脂肪族ポリエステル(特にポリ乳酸)に忌避剤を添加	特開平10-25336	C08G63/06
包装用途 (シート、ブレンド)	耐衝撃性、高温高湿でも形状保持	ブレンド(ポリ乳酸／Tg＜0℃の生分解性ポリエステル)	特許3138196	C08L67/04
包装用途 (シート、ブレンド、延伸)	生分解性書類ホルダー	ブレンド(ポリ乳酸／Tg＜0℃の生分解性脂肪族ポリエステル)シートを2軸延伸	特開2001-130183	B42F7/00
包装用途 (シート、延伸)	折り曲げ時に割れない生分解性プラスチックケース	2軸延伸ポリ乳酸シート分子量、配向度を限定	特開2001-192019	B65D5/42
包装用途 (積層シート)	バリア性、ヒートシール性の優れた生分解性積層フィルム	アルミを挟む2軸延伸ポリ乳酸系重合体を主成分とするフィルムで、両面の融点の差が10℃以上あること	特開2001-199007	B32B15/08
	生分解性ゴルフボール用包装箱	ポリ乳酸重合体を紙にラミネート	特開2001-192023	B65D5/62
	ポリ乳酸系記録シート透明性	積層(ポリ乳酸系重合体／記録層の親水性化合物)	特開平11-208107	B41M5/00
	裏写りしない印刷用	積層(非晶性のポリエステル系樹脂を主成分とするシート／特定のSP値を持つ樹脂)	特開2001-113660	B32B27/36
	透明な生分解性記録シート	積層(ポリ乳酸系重合体／親水性高分子)	特開平11-208106	B41M5/00
包装用途 (積層フィルム)	ヒートシール性向上	最外層の生分解性フィルムの融解温度はポリ乳酸重合体のそれよりも10℃以上低い多層積層フィルム	特開平8-323946	B32B27/36
	生分解性ラミネート材	面配向度及び結晶関係の物性に限定したポリ乳酸を紙とラミネート	特開平8-252895	B32B27/36
	ヒートシール性、透明性	内層フィルム(特定分子量の脂肪族ポリエステル、それに基本構造にウレタンを含んでも良い)外層フィルム(ポリ乳酸系重合体)を積層	特開平10-146936	B32B27/36
	帯電防止、力学的性質に優れた生分解性フィルム	積層(脂肪族ポリエステル／帯電防止剤入り脂肪族ポリエステル)	特開平9-216324	B32B27/36

表 2.9.3-1 三菱樹脂の技術開発課題対応保有特許(4/4)

技術要素	課題	概要	特許番号	筆頭IPC
包装用途 (積層フィルム、延伸)	透明性、波打のない生分解性袋	2軸延伸ポリ乳酸系重合体の層と特定の脂肪族ポリエステルの層	特開2001-122289	B65D30/02
包装用途 (積層フィルム、ブレンド)	ヒートシール性の優れた生分解性フィルム	ブレンド（特定の脂肪族ポリエステル／ポリ乳酸系重合体）とアルミニウムと積層	特開2001-122288	B65D30/02
包装用途 (積層シート、ブレンド)	カード耐熱性、高強度の優れた生分解性フィルム	コア層にブレンド（ポリ乳酸／Tg＜0℃の生分解性脂肪族ポリエステル）、表面層にポリ乳酸物性限定	特開2000-141955	B42D15/10,501
包装用途 (積層、ブレンド)	生分解性密封容器蓋材	積層（脂肪族ポリエステル（表面：開口部の密着性、香気遮断が目的）／芳香族ポリエステル（強度））。脂肪族ポリエステルはポリ乳酸が主体	特開平11-35058	B65D43/00
包装用途 (収縮シート積層)	熱融着性の優れた厚み均一のポリ乳酸フィルム	表裏層（結晶性ポリ乳酸）、中間層からなる3層フィルム。ポリ乳酸のDの割合が表裏層と中間層で変える	特開2001-171059	B32B27/36
包装用途 (カード・シート、ブレンド)	インキ密着性・定着性に優れた生分解性記録カード	ブレンド（ポリ乳酸ポリマー／脂肪族ポリエステル（Tg＜0℃）の混合体にポリビニル系重合体を混合）	特開2000-136299	C08L67/04
包装用途 (カード)	生分解性情報記録カード	ポリ乳酸系重合体使用。面配向度及び、結晶融解熱量と結晶化熱量の差を限定	特開平8-22618	G11B5/80
包装用途 (成型物)	寸法安定性に優れた生分解性成型物	L-体／D-体組成物を特定したポリ乳酸系二次成型物をガラス転移点と融点の範囲に保持	特開平9-12748	C08J7/00,301
	脆さ、透明性に優れた生分解性成型物	ポリ乳酸重合体。特定範囲で加工。面内配向度範囲特定	特開平7-308961	B29C51/08
	耐衝撃性、絞り加工性に優れた生分解性成型物	ポリ乳酸系重合体。面配向、物性限定	特開2001-150531	B29C51/08
	耐熱、耐衝撃性に優れた生分解性成型物	ポリ乳酸重合体。面配向、物性、成形条件限定	特開2001-162676	B29C51/06
包装用途 (成型物、ブレンド)	耐衝撃性、透明性に優れた生分解性成型物	ブレンド（ポリ乳酸／ポリ乳酸と他の脂肪族ポリエステル共重合体）。Tgを限定	特開平11-124495	C08L67/04
	透明性、柔軟性、易成形性に優れた生分解性成型物	2種以上のポリ乳酸主体の脂肪族ポリエステルの混合。共重合ポリ乳酸系ポリマーと1種以上の結晶性脂肪族ポリエステル重合体との混合	特開平11-124430	C08G63/02

2.9.4 技術開発拠点
滋賀県：長浜工場

2.9.5 研究開発者
　生分解性ポリエステルに関連する三菱樹脂の特許出願は 1994 年にスタートし、発明者数としては 96 年（12 名）が、出願件数としては 99 年（20 件）が最も多い。
　出願の 90％はフィルム、シートが占めており、その殆どすべてがポリ乳酸系ポリマーの加工に関わる。

図 2.9.5-1 三菱樹脂の研究開発者数推移

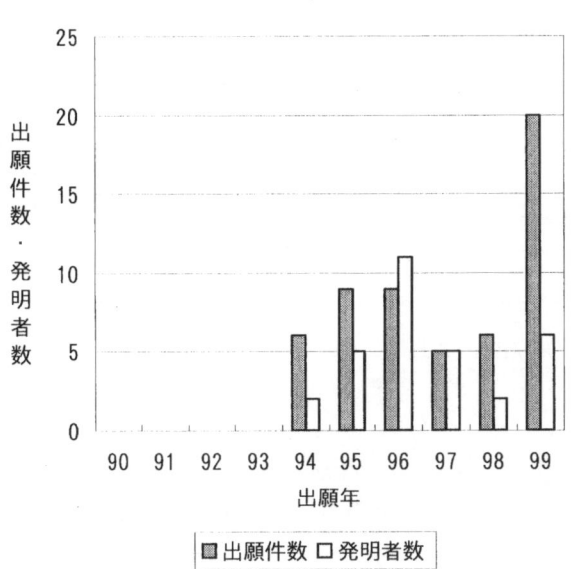

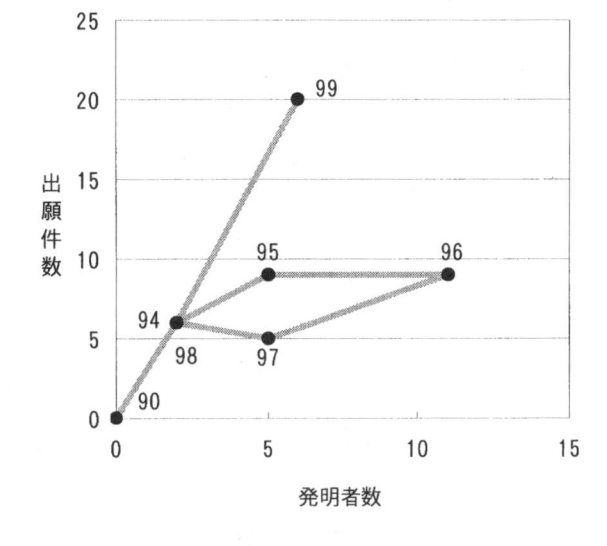

2.10 昭和電工

2.10.1 企業の概要

表 2.10.1-1 昭和電工の企業の概要

1)	商　　　　　号	昭和電工株式会社
2)	設 立 年 月 日	昭和 14 年 6 月
3)	資　　本　　金	1,054 億 5900 万円(2001 年 3 月現在)
4)	従　　業　　員	3,346 名(2001 年 3 月現在)
5)	事 業 内 容	石油化学、化学品、電子・情報、無機材料、アルミニウム、他
6)	技術・資本提携関係	技術提携／(台湾)トリプレックス・ケミカル社、(インドネシア)チャンドラ・アスリ社、(南アフリカ)ミドルバーグ・テクノクロム社、(中国)天津化工廠、(サウジアラビア)アラビアン・インダストリアル・ディベロップメント、(台湾)大連化学工業、(アメリカ)ケメット社、(フランス)ナイルテック社(アメリカ)ユニオン・カーバイド・コーポレーション
7)	事　業　所	本社／東京都港区、事業所／大分、新南陽、川崎、東長原(福島県河沼郡)、横浜、塩尻、大町、秩父、総合研究所／千葉市緑区
8)	関 連 会 社	国内／日本ポリオレフィン、平成ポリマー、昭和アルミニウム、昭和電工プラスチック、昭和電工エイチ・ディー、海外／PT.ショウワ・エステリンド・インドネシア、昭和電工カーボン・インコーポレーテッド、ショウワ・アルミナム・コーポレーション・オブ・アメリカ、台湾昭陽化学、他
9)	業 績 推 移	(単位：百万円) 　　　　　　平成 11 年 3 月　　平成 12 年 3 月 売上高　　　362,211　　　　365,854 経常利益　　　3,822　　　　　9,824 税引き利益　　　163　　　　　　932
10)	主 要 製 品	石油化学製品、有機・無機化学品、化成品、各種ガス、生化学、特殊化学品、機能性高分子、電極、金属材料、研削材、耐火材、電子材料、ハードディスク
11)	主 な 取 引 先	昭和アルミニウム、丸紅、昭光通商、新日鐵化学、日本ゼオン、住友商事、他

生分解性ポリエステルを系列会社である昭和高分子と共同開発している。

2.10.2 生分解性ポリエステル技術に関連する製品・技術
商品化されていない。

2.10.3 技術開発課題対応保有特許の概要
　表 2.10.3-1 に昭和電工の保有特許を示す。

　昭和電工の保有特許出願は 52 件で、このうちポリブチレンサクシネート系主体のポリエステルに関するものが 48 件を占めている。また 52 件中、42 件は昭和高分子との共願である。それ以外のポリマーの分解、ポリ乳酸系、その他のポリエステル系の出願がある。
　改質やフィラーとの複合化によって熱安定性を改善する方向がみられ、成形、発泡、延伸などの加工に関する出願も多い。
　徐放性材料や包装用材料、繊維材料も多く出願されている。
　なお、ここではポリブチレンサクシネート系ポリエステルに注目し表 2.10.3-1 におい

てはポリブチレンサクシネート系ポリマーとその他のポリマーに分けて技術要素毎に課題と概要等を掲載した。

　外部との共願は、昭和高分子：31件、昭和高分子、大日精化：2件、昭和高分子、ダン産業：1件、昭和高分子、興人：1件、昭和高分子、東レモノフィラメント：1件、昭和高分子、凸版印刷：1件、昭和高分子、藤森工業：1件、昭和高分子、古河電気工業：1件、昭和高分子、三菱樹脂、ニットーパック：1件、経済産業省産業技術総合研究所長：1件、日清紡：1件、三島製紙、ヤシマ産業：1件、武蔵野樹脂、平成ポリマー：1件である。

表2.10.3-1　昭和電工の技術開発課題対応保有特許(1/4)

技術要素	課題	概要（解決手段）	特許番号	筆頭IPC
合成反応 （ポリブチレンサクシネート系）	熱安定性	特定のグリコール成分と酸成分の反応から得られる脂肪族ポリエステルに多価イソシアネートを反応	WO96/19521	C08G63/91
	透明性	グリコール成分にアルキル基含有グリコールを併用	特開平9-31176	C08G63/16
組成物・処理 （複合－フィラー）	強度	充填剤を配合	特許3069196	C08L67/02
	熱安定性	充填剤を配合	特許2801828	C08L67/02
		有機質充填剤を配合	特許2743053	C08L67/02
	バリヤー性	粘土複合体を配合	特開2001-164097	C08L67/00
組成物・処理 （添加物配合）	生分解性抑制	カルボジイミド化合物配合	特開平11-80522	C08L67/02
	着色	着色剤、分散剤配合	特開平11-322949	C08J3/20
		着色剤、分散剤配合	特開2000-86965	C09D17/00
加工 （成形）	射出成形体 （熱安定性）	脂肪族ポリエステルを射出成形	特許2752876	B29C45/00
	中空成形体 （熱安定性）	脂肪族ポリエステルを中空成形	特許2662492	C08G63/16
	射出中空成形体 （熱安定性）	脂肪族ポリエステルを射出中空成形	特許2747196	B29C49/06
加工 （発泡）	発泡体（強度）	脂肪族ポリエステルを発泡	特許2655796	C08J9/04
		脂肪族ポリエステルを発泡	特開平11-147943	C08G63/12
	発泡体（寸法安定性）	脂肪族ポリエステルを発泡	特開2000-136256	C08J9/04
加工 （延伸）	二軸延伸中空成形体 （熱安定性）	脂肪族ポリエステルを二軸延伸中空成形	特許2747195	B29C49/08
	延伸成形体（弾性）	脂肪族ポリエステルを延伸	特開平7-290564	B29C55/00
	延伸中空成形体 （熱安定性）	脂肪族ポリエステルを延伸	特許2882756	C08L75/06
	紙製容器用器材（高密着性、耐水性）	脂肪族ポリエステルを紙に積層	特許3108201	B32B27/10

表 2.10.3-1 昭和電工の技術開発課題対応保有特許(2/4)

技術要素	課題	概要（解決手段）	特許番号	筆頭IPC
加工（延伸）（つづき）	ラミネート（高密着性）	脂肪族ポリエステルを紙に積層	特許2721945	B32B27/36
農業用途	徐放性樹脂組成物（酵素、微生物含有）	ポリブチレンサクシネート系脂肪族ポリエステル（イソシアナート改質を含む）を使用	特開平11-206370	C12N11/04
	生物活性物質含有成形品（徐放性）	ポリブチレンサクシネート系脂肪族ポリエステル（イソシアナート改質を含む）を使用	特開平8-92006	A01N25/10
	植生シート	ポリブチレンサクシネート系脂肪族ポリエステル（イソシアナート改質を含む）を使用	特許2644138	E02D17/20,102
	燻蒸消毒用被覆シート	ポリブチレンサクシネート系脂肪族ポリエステル（イソシアナート改質を含む）を使用	特開2001-25347	A01M13/00
包装用途	フィルム	ポリブチレンサクシネート系脂肪族ポリエステル（イソシアナート改質を含む）を使用	特許2759596	C08J5/18
		ポリブチレンサクシネート系脂肪族ポリエステル（イソシアナート改質を含む）を使用	特開2000-44704	C08J5/18
	シート	ポリブチレンサクシネート系脂肪族ポリエステル（イソシアナート改質を含む）を使用	特許2752880	C08J5/18
	熱収縮フィルム	ポリブチレンサクシネート系脂肪族ポリエステル（イソシアナート改質を含む）を使用	特許3130731	C08J5/18
		ポリブチレンサクシネート系脂肪族ポリエステル（イソシアナート改質を含む）を使用	特開平9-57849	B29C61/08
		ポリブチレンサクシネート系脂肪族ポリエステル（イソシアナート改質を含む）を使用	特開2000-43143	B29C61/08
	発泡フィルム、解繊体	ポリブチレンサクシネート系脂肪族ポリエステル（イソシアナート改質を含む）を使用	特許2678868	C08J9/06
	発泡性粒子、発泡体	ポリブチレンサクシネート系脂肪族ポリエステル（イソシアナート改質を含む）を使用	特許2609795	C08J9/16
	チャック付包装用袋	ポリブチレンサクシネート系脂肪族ポリエステル（イソシアナート改質を含む）を使用	特開平10-146936	B32B27/36
	テープ	ポリブチレンサクシネート系脂肪族ポリエステル（イソシアナート改質を含む）を使用	特許2752881	C08J5/18
	梱包用バンド	ポリブチレンサクシネート系脂肪族ポリエステル（イソシアナート改質を含む）を使用	特許2662494	B29C47/00

表 2.10.3-1 昭和電工の技術開発課題対応保有特許(3/4)

技術要素	課題	概要（解決手段）	特許番号	筆頭IPC
水産関連用途	釣り糸	ポリブチレンサクシネート系脂肪族ポリエステル（イソシアナート改質を含む）を使用（多段延伸して製造）	特開平9-74961	A01K91/00
生活関連用途	画像形成支持体	ポリブチレンサクシネート系脂肪族ポリエステル（イソシアナート改質を含む）を使用（多段延伸して製造）	特開平8-283541	C08L67/00
	使い捨ておむつ	ポリブチレンサクシネート系脂肪族ポリエステル（イソシアナート改質を含む）を使用（多段延伸して製造）	特許2652319	A61F13/54
繊維関連用途	モノフィラメント	ポリブチレンサクシネート系脂肪族ポリエステル（イソシアナート改質を含む）を使用（多段延伸して製造）	特許2851478	D01F6/84,306
	ステープル	ポリブチレンサクシネート系脂肪族ポリエステル（イソシアナート改質を含む）を使用（多段延伸して製造）	特許2709234	D01F6/62,306
	捲縮繊維	ポリブチレンサクシネート系脂肪族ポリエステル（イソシアナート改質を含む）を使用（多段延伸して製造）	特許2709235	D01F6/62,306
	マルチフィラメント	ポリブチレンサクシネート系脂肪族ポリエステル（イソシアナート改質を含む）を使用（多段延伸して製造）	特許2709236	D01F6/62,306
	複合繊維	ポリブチレンサクシネート系脂肪族ポリエステル（イソシアナート改質を含む）を使用（多段延伸して製造）	特許3153621	D01F8/04
	並び繊維	ポリブチレンサクシネート系脂肪族ポリエステル（イソシアナート改質を含む）を使用（多段延伸して製造）	特開平6-248510	D01F6/62,306
	不織布	ポリブチレンサクシネート系脂肪族ポリエステル（イソシアナート改質を含む）を使用（多段延伸して製造）	特許2589908	D04H1/42
	フラットヤーン	ポリブチレンサクシネート系脂肪族ポリエステル（イソシアナート改質を含む）を使用（多段延伸して製造）	特許2733184	D01F6/62,303
	油分吸着用組成物、油分吸着用積層体	ポリブチレンサクシネート系ポリマーを使用	特開平9-100395	C08L67/00

表 2.10.3-1 昭和電工の技術開発課題対応保有特許(4/4)

技術要素	課題	概要（解決手段）	特許番号	筆頭IPC
合成反応 （ポリマーの分解）	ポリブチレンサクシネート系ポリマーを分解	ポリマーにアミコラトプシス属放線菌を接触させ分解する	特開平9-252791	C12P7/52
組成物－添加物配合 （その他のポリエステル）	計量安定性、成形加工性の優れた組成物	乳酸系樹脂表面に高級脂肪族（エステル、塩）を付着	特開平11-106515	C08J3/12
加工 （積層その他のポリエステル）	多層積層体	基材層と低融点および高融点生分解樹脂を積層	特開2000-301668	B32B27/08
農業用途 （その他のポリエステル）	農業用シート （生分解性制御）	3-ヒドロキシブチレート（バリレート）共重合体を加工	特開平9-107808	A01G9/14
合成反応 （ポリマーの分解）	ポリカプロラクトン系樹脂の分解	マルブランケア属糸状菌を接触させて分解する	特開平10-117768	C12N1/00

2.10.4 技術開発拠点

　神奈川県：川崎樹脂研究所

　千葉県：総合研究所（千葉市）

2.10.5 研究開発者

　1992年が発明者数（28名）、出願件数（27件）共に抜きん出て多く、他の年の出願件数は6件以下である。発明者数が比較的多いのは共願件数によると推測される。

　ポリブチレンサクシネート系ポリマーに関連して、特に繊維材料を主に用途特許が多い。

図 2.10.5-1 昭和電工の研究開発者数推移

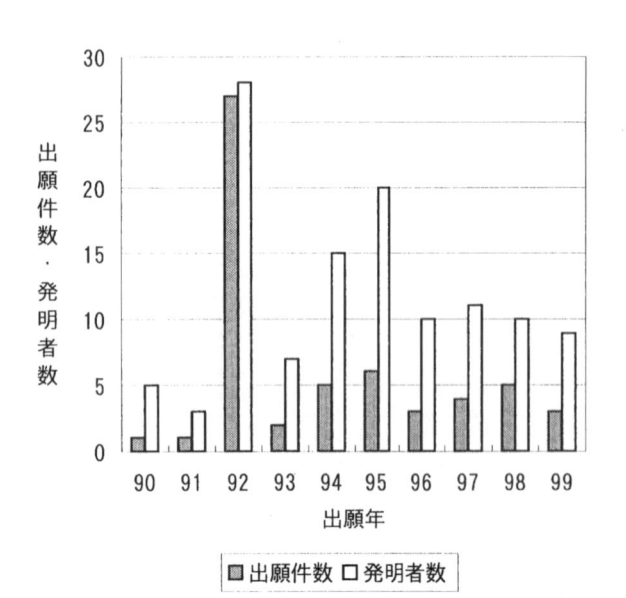

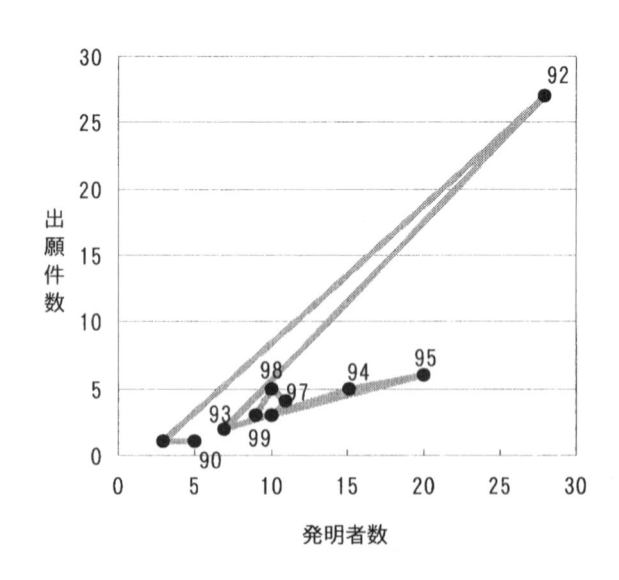

2.11 大日本インキ化学工業

2.11.1 企業の概要

表 2.11.1-1 大日本インキ化学工業の企業の概要

1)	商　　　　号	大日本インキ化学工業株式会社
2)	設 立 年 月 日	昭和12年2月
3)	資　　本　　金	824億2,300万円（2001年3月現在）
4)	従　　業　　員	5,461名　　　　　　（ 〃 ）
5)	事　業　内　容	グラフィック事業、ポリマー関連事業、高分子機能材事業、及び他事業
6)	技術・資本提携関係	技術提携／Carl. Freudenberg（独）、Reich hold Chemicals, Inc. 資本提携／Eastman Kodak（米）、Carl Freudenberg、東レ
7)	事　　業　　所	本社／東京、工場／東京、千葉、吹田、関西、鹿島、群馬
8)	関　連　会　社	国内／大日本インキ機材、北日本ディック、日本ビー・エム・シー、他 海外／Sun Chemical Group B.V.（オランダ）、Sun Chemical Corp（米）、他
9)	業　績　推　移	平成13年3月期は前期に比し、売上高5.2%減、経常利益20.2%増
10)	主　要　製　品	印刷インキ、印刷関連機材、不飽和ポリエステル樹脂、ポリスチレン、包装材料、合成樹脂コンパウンド、着色剤、他
11)	主 な 取 引 先	商社、印刷業、新聞社、プラスチック加工メーカー、卸し・小売業、他
12)	技 術 移 転 窓 口	知的財産部　東京都中央区日本橋3-7-20　TEL: 03-5203-7760

2.11.2 生分解性ポリエステル技術に関連する製品・技術

表 2.11.2-1 大日本インキ化学工業の製品・技術

技術要素	製品		製品名	発売時期	出典
合成反応	ポリ乳酸共重合系	生分解性プラスチック	CPLA	未定	コンバーテック　1996年7月号　p.24

　大日本インキ化学工業はポリ乳酸系ポリマーをベースとした生分解性プラスチック「CPLA」を開発している。
　大日本インキ化学工業の出願は殆どがポリ乳酸系ポリマーに関連するものであるが、中でも成形加工性、耐熱性などの向上を目的とした共重合関係が多く商品と関連している。

2.11.3 技術開発課題対応保有特許の概要

　表2.11.3-1に大日本インキ化学工業の保有特許を示す。
　大日本インキ化学工業の保有特許出願は53件で、このうちポリ乳酸系主体のポリエステルに関するものが56件を占めている。
　ここではポリ乳酸系ポリエステルに注目し、表2.11.3-1においてはポリ乳酸系ポリマーとその他のポリマーに分けて技術要素毎に課題と概要等を掲載した。
　透明性、成形性、耐熱性等を向上させるために乳酸を構成成分とし脂肪族ポリエステルとの共重合体関連の出願が多くみられる。また柔軟性の向上のために樹脂ブレンドが試みられている。加工関連では発泡体、発泡粒子、積層体などの製造法が多い。
　用途も緩効性肥料やカード用積層体を主として広く出願されている。
　外部との共願は、日本バイリーン：2件である。

表 2.11.3-1 大日本インキ化学工業の技術開発課題対応保有特許(1/2)

技術要素	課題	概要（解決手段）	特許番号	筆頭IPC
合成反応 （ポリ乳酸系）	残留モノマーの回収	乳酸系ポリマー重合後の反応物を特定の圧力、温度で処理	特開平10-7773	C08G63/08
	残存ラクチドを除去	乳酸系ポリマー重合後の反応物を特定の溶剤で洗浄	特開平8-245779	C08G63/90
合成反応 （ポリ乳酸系共重合）	透明性	乳酸系ポリマー重合後の反応物を特定の溶剤で洗浄	特開平8-151439	C08G63/60
		乳酸系ポリマー重合後の反応物を特定の溶剤で洗浄	特開平8-157577	C08G63/08
	成形加工性	乳酸系ポリマー重合後の反応物を特定の溶剤で洗浄	特開平8-301993	C08G63/06
		乳酸系ポリマー重合後の反応物を特定の溶剤で洗浄	特開平9-77863	C08G63/90
	熱安定性	乳酸系ポリマー重合後の反応物を特定の溶剤で洗浄	特開平9-95603	C08L67/02
	耐ブリードアウト性	乳酸系ポリマー重合後の反応物を特定の溶剤で洗浄	特開平11-29628	C08G63/60
		乳酸系ポリマー重合後の反応物を特定の溶剤で洗浄	特開2000-344877	C08G63/60
	機械的物性	ラクタイドとエポキシ化ポリエステル化合物と反応	特開平10-265555	C08G63/08
	耐熱性	ラクタイド、ポリエステル、多価カルボン酸を反応	特開平8-85722	C08G63/60
	成形加工性	ラクタイド、ポリエステル、多価アルコールを反応	特開平8-100057	C08G63/91
	耐熱性	ラクタイドとポリエチレングリコール、ポリプロピレングリコールの共重合体	特開平11-35655	C08G18/48
		ラクタイドとポリエーテルエステルの共重合体	特開平8-295727	C08G63/08
	剛性	ラクタイドとポリ（オキシエチレンポリプロピレン）ポリオールを共重合	特開平9-31179	C08G63/664
	透明性	ラクタイドとポリカーボネートとを開環付加重合	特開平7-82369	C08G64/42
	生分解性促進	ラクタイドとポリ（3-ヒドロキシアルカノエート）を共重合	特開平8-34837	C08G63/08
	品質の向上	ラクタイドと ε-カプロラクトンを共重合（連続製造）	特開平7-26001	C08G63/78
	透明性	ポリ乳酸、ポリアミド、ポリエステル、ポリラクトンユニットを有するポリ乳酸エステルアミド	特開平11-35680	C08G69/44
組成物・処理 （樹脂ブレンド）	柔軟性	乳酸系ポリマーと脂肪族ポリエステルをブレンド	特開平9-104809	C08L67/04
	柔軟性	乳酸系ポリマーに可塑剤を配合	特開平7-118513	C08L67/04
	成形加工性	乳酸系ポリマーに可塑剤を配合	特開平10-36651	C08L67/04
	着色	ポリ乳酸（コ）ポリマーに顔料と顔料分散剤とを配合	特開平11-21438	C08L67/04

表 2.11.3-1 大日本インキ化学工業の技術開発課題対応保有特許(2/2)

技術要素	課題	概要(解決手段)	特許番号	筆頭IPC
加工(延伸)	耐熱性シート	乳酸系ポリマーをアニーリングおよび/または延伸配合する	特開平8-73628	C08J5/18
加工(発泡)	発泡体(柔軟性)	乳酸系ポリマーを発泡成形	特開平8-198992	C08J9/04
	発泡粒子(柔軟性)	乳酸系ポリマーに揮発性化合物を吸収させる	特開平8-253617	C08J9/18
	発泡体・積層体(成形加工性)	乳酸系ポリマー使用	特開平9-263651	C08J9/04
加工(積層)	積層体(ヒートシール性)	乳酸系ポリマー使用	特開平9-239919	B32B27/06
		乳酸系ポリマー使用	特開平10-151715	B32B27/36
	ラミネート紙(柔軟性)	乳酸系ポリマーと紙をラミネート	特開平8-300570	B32B27/10
	導電性積層体	導電性付与剤を含有する乳酸系ポリマーを使用	特開2000-355089	B32B27/36
	積層体(生分解速度促進)	分解促進剤を含有する乳酸系ポリマーを使用	特開2000-117920	B32B27/36
加工(その他の加工)	自己水分散粒子	ポリエステルと疎水性コア物質を使用、エマルジョン化	特開2000-7789	C08J3/12
	農業用多層フィルム	乳酸系ポリマー使用	特開2001-136847	A01G13/02
	緩効性肥料	乳酸系ポリマー使用	特開平7-309689	C05G3/00,103
	緩効性カプセル肥料	乳酸系ポリマー使用	特開平10-259083	C05G3/00,103
		乳酸系ポリマー使用	特開平10-259082	C05G3/00,103
	発芽シート	乳酸系ポリマー使用	特開平7-79614	A01C1/04
	シュリンクフィルム	乳酸系ポリマー使用	特開平9-3177	C08G63/60
	冷食品用成形物	乳酸系ポリマー使用	特開平9-3176	C08G63/60
	容器	乳酸系ポリマー使用	特開平10-249925	B29C49/64
	カード用積層体	乳酸系ポリマー使用	特開2001-54941	B32B27/36
	情報記録カード	乳酸系ポリマー使用	特開平9-157424	C08J9/00
	複合分割繊維とシート	乳酸系ポリマー使用	特開平9-217232	D01F8/14
	不織布	乳酸系ポリマー使用	特開平9-158021	D04H1/42
	時期記録媒体	乳酸系ポリマー使用	特開2000-311330	G11B5/702
	防汚塗料用樹脂組成物	乳酸系ポリマー使用	特許3087324	C09D151/06
	減容化法	乳酸系ポリマー成形物を貯蔵。弾性率の転移温度(45〜90℃)で熱処理	特開平8-151440	C08G63/60
	原料回収方法	乳酸系ポリマーに特定のアルコールと熱分解触媒を加えて加アルコール分解	特開平9-241417	C08J11/24
合成反応(その他のポリエステル)	耐熱性	ポリアミドユニットとポリエステルユニットとを有するポリエステルアミド	特開平11-35678	C08G69/44
	透明、耐熱性	ポリアミドユニット、ポリエステルユニットとポリラクトンユニットを有するポリラクトンエステルアミド	特開平11-35679	C08G69/44
加工(その他の加工、その他のポリエステル)	多孔膜の製造	ポリエステルと無機カルシウム塩を溶解・分散、キャストフィルム化して膜を作成する	特開2001-64433	C08J9/28
その他用途(ポリカプロラクトン系)	磁気記録媒体	接着層にポリカプロラクトン系ポリマーを使用した熱転写用積層体を基材とする	特開2000-293837	G11B5/80

2.11.4 技術開発拠点
　千葉県：佐倉地区

2.11.5 研究開発者
　発明者数は1991年、92年から次第に増加して95年にピーク（15名）に達し、以後漸減して、99年は9名となっている。出願件数もほぼ同様の傾向を示し、95年がピーク（15件）である。
　ポリ乳酸系ポリマーに関連したものが殆どであり、95年前後は共重合、特定用途の出願が多い。

図2.11.5-1 大日本インキ化学工業の研究開発者数推移

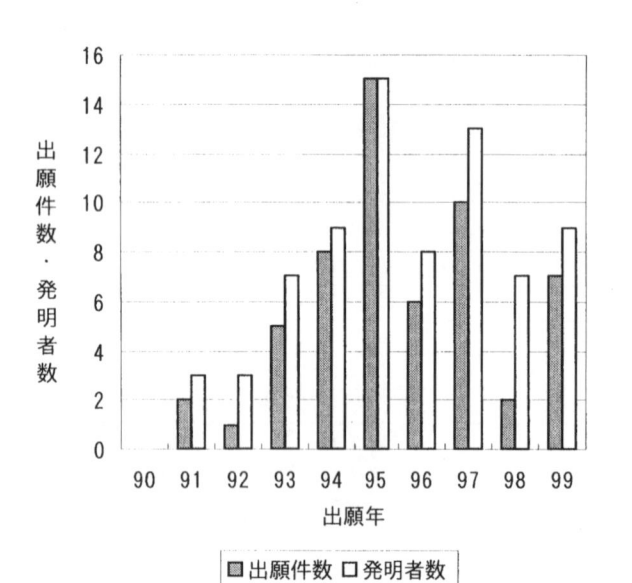

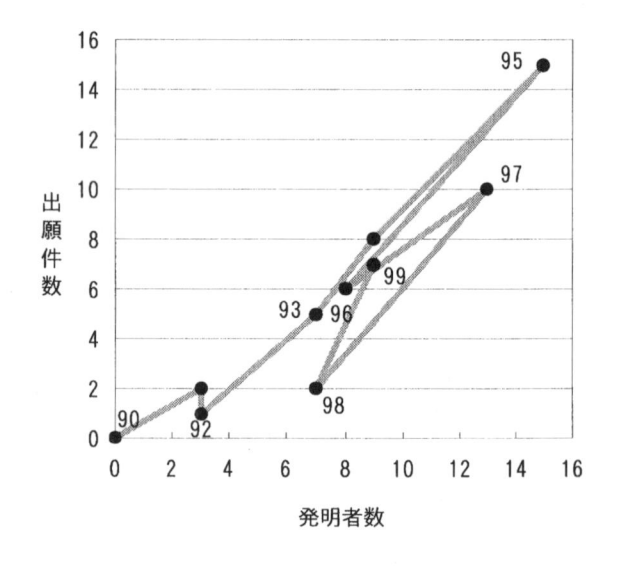

2.12 三菱瓦斯化学

2.12.1 企業の概要

表 2.12.1-1 三菱瓦斯化学企業の概要

1)	商　　　　　号	三菱瓦斯化学株式会社
2)	設 立 年 月 日	昭和 26 年 4 月
3)	資　　本　　金	419 億 7,000 万円（2001 年 3 月現在）
4)	従　業　員	2,853 名　　　（　〃　）
5)	事　業　内　容	化学品事業、機能製品事業及びその他事業
6)	技術・資本提携関係	技術提携／共同過酸化水素、THAL POLYCARBNATE CO., LTD（タイ）、METANOL DE ORIENTE, METOR, S.A.（ベネズエラ）、他 資本提携／丸紅、日本パーオキサイド、三菱化学、三菱商事、CILANESE HOLDINGS B.V.,、三井化学、他
7)	事　業　所	本社／東京、工場／東京、新潟、水島、四日市、大阪、山北、鹿島
8)	関　連　会　社	国内／日本サーキット工業、エレクトロテクノ、共同過酸化水素、他 海外／THAL POLYACETAL CO., LTD.（タイ）、他
9)	業　績　推　移	平成 13 年 3 月期は前期に比し、売上高 9.2％増、経常利益 19.5％増
10)	主　要　製　品	メタノール、アンモニア、過酸化水素、多価アルコール、水加ヒドラジン、エンプラ、プリント配線基板、脱酸素剤、高純度ガス発生装置、他
11)	主　な　取　引　先	商社、化学会社、電気・電子機器メーカー、卸し・小売業、他

2.12.2 生分解性ポリエステル技術に関連する製品・技術

表 2.12.2-1 三菱瓦斯化学の製品・技術

技術要素	製品	製品名	発売時期	出典
合成反応	生分解性プラスチック	ユーペック	発売中	ポリファイル 2001 年 3 月号
	生分解性プラスチック	ビオグリーン	発売中	プラスチックス 2001 年 10 月号

　「ユーペック」はポリエステルカーボネート系の生分解性プラスチックであってポリエチレンとポリプロピレンの中間的な物性を有し、フィルムの製造に好適といわれる。
　「ビオグリーン」はメタノールを炭素源とする連続培養により生産されたポリヒドロキシ酪酸系の生分解性プラスチックであり、コンポスト袋などに有用とされている。
　「ユーペック」の製造に関連してはポリエステルカーボネート系ポリマーの合成技術が、また「ビオグリーン」の製造に関連してはポリ－3－ヒドドキシ酪酸ポリマーと種々の脂肪族ポリエステルとの樹脂ブレンド技術が特許出願されている。

2.12.3 技術開発課題対応保有特許の概要

　表 2.12.3-1 に三菱瓦斯化学の保有特許を示す。
　三菱瓦斯化学の保有特許出願は 41 件で、このうちポリ－3－ヒドロキシ酪酸主体のポリエステルに関するものが 22 件、脂肪族ポリエステルカーボネート主体のポリエステルに関するものが 13 件を占めている。その他のポリエステルおよびラクチド合成に関する出願が若干ある。
　ここではこれらの各ポリエステルに注目し、ポリ-3-ヒドロキシ酪酸系ポリマー、脂肪

族ポリエステルカーボネート系ポリマー、その他のポリマー、ラクチド合成に分けて技術要素毎に課題と概要等を掲載した。

ポリ－3－ヒドロキシ酪酸を特定の微生物を培養して生成させる特許が出願されている。またポリ－3－ヒドロキシ酪酸ポリマーをポリ乳酸、ポリカプロラクトン、脂肪族ポリエステルカーボネートなどとブレンドして成形加工を始め種々の特性を改善する試みがなされている。

脂肪族ポリエステルカーボネートは脂肪族ポリエステルオリゴマーとジフェニルカーボネートとを反応させて製造される。またオキシメチレン構造を持つ重合体やポリ乳酸などをブレンドして耐熱性や成形加工を向上させる内容の特許出願がある。

外部との共願は、島津製作所：3件、島津製作所、スターラ：1件、経済産業省産業技術総合研究所長とジェイエスピーの組み合わせの共願：2件、ジェイエスピー：1件、ショーワ：1件、マルキュー：1件、中央化学：1件、三菱樹脂：1件である。

表 2.12.3-1 三菱瓦斯化学の技術開発課題対応保有特許(1/2)

技術要素	課題	概要（解決手段）	特許番号	筆頭IPC
合成反応 （ポリ-3-ヒドロキシ酪酸主体のポリエステル）	ポリ-3-ヒドロキシ酪酸の製造	特定のメタノール資化菌を特定条件下で連続培養	特開平7-75590	C12P7/62
		菌体懸濁液からポリマーを分離する	特開平11-266891	C12P7/62
		菌体懸濁液からポリマーを分離する	特開平7-177894	C12P7/62
組成物・処理 （樹脂ブレンド）	強度	ポリ-3-ヒドロキシ酪酸ポリマーと脂肪族ポリエステルカーボネートをブレンド	特開平8-27362	C08L67/00
	耐熱性	ポリ乳酸をブレンド	特開平10-53698	C08L67/04
	機械的性能	ポリ乳酸をブレンド	特開2000-239508	C08L67/04
	強度	乳酸系ポリマーをブレンド	特開平9-87499	C08L67/04
	成形加工性	ポリカプロラクトンをブレンド	特許2530556	C08L67/04
		ポリカプロラクトンをブレンド	特許2530557	C08L67/04
		ポリカプロラクトンをブレンド	特開平8-165414	C08L67/04
		脂肪族ポリエステルをブレンド	特開平8-157705	C08L67/04
	生分解性制御	脂肪族ポリエステルをブレンド	特開2000-129105	C08L67/02
	成形加工性	脂肪族ポリエステルをブレンド	特開2001-172489	C08L67/04
	生分解性促進	天然ゴムラテックスをブレンド	特開平8-12813	C08L7/00
組成物・処理 （複合化－繊維）	機械的特性	ポリ-3-ヒドロキシ酪酸をガラス繊維と複合	特開平11-323116	C08L67/04
組成物・処理 （フィラー）		天然有機材（木粉等）と複合	特開2000-129143	C08L101/00
	剛性、耐衝撃性	充填剤と複合	特開平8-73721	C08L67/04
組成物・処理 （添加剤配合）	成形加工性	ポリヒドロキシアルカノエート特定の可塑剤を配合	特開平11-60917	C08L67/00
包装用途	結束用タイ	ポリ-3-ヒドロキシ酪酸使用	特開2000-128224	B65D63/10
土木・建築用途	透水案内部材	ポリ-3-ヒドロキシ酪酸使用	特開2000-45214	E01C11/24
水産関連用途	疑似餌	ポリ-3-ヒドロキシ酪酸使用	特開2000-157103	A01K85/00
繊維関連用途	繊維	ポリカプロラクトンとのブレンド体を紡糸	特開平8-158158	D01F6/92,307
合成反応 （脂肪族ポリエステルカーボネート主体のポリエステル）	脂肪族ポリエステルカーボネートの製造	脂肪族ぽれエステルオリゴマーとジフェニルカーボネートとを反応	特開平8-302163	C08L67/02
			特開平8-301999	C08G63/64
			特開平8-193125	C08G63/64
			特開平10-45884	C08G63/64
		カーボネート化合物とを反応	特開2000-26583	C08G63/64

表 2.12.3-1 三菱瓦斯化学の技術開発課題対応保有特許(2/2)

技術要素	課題	概要(解決手段)	特許番号	筆頭IPC
組成物・処理 (樹脂ブレンド)	耐熱性、成形性	脂肪族ポリエステルカーボネートオキシメチレン構造を持つ重合体をブレンド	特開2000-17153	C08L67/02
		ポリ乳酸をブレンド	特開2000-109664	C08L67/04
		セルロースエステル構造を持つ重合体をブレンド	特開2000-129035	C08L1/32
組成物・処理 (添加剤配合)	成形加工性	脂肪族ポリエステルカーボネートとリン系化合物を配合	特開平8-134196	C08G63/64
組成物・処理 (樹脂ブレンド)	強度	脂肪族ポリエステルカーボネートとポリ-3-ヒドロキシ酪酸をブレンド	特開平8-27362	C08L67/00
加工 (成形)	機械的特性、耐衝撃性	脂肪族ポリエステルカーボネートとポリ乳酸との組成物を射出成形	特開2000-109663	C08L67/04
加工 (発泡)	発泡性	脂肪族ポリエステルカーボネートの溶融特性を改善、密度特定	特開平10-324763	C08J9/14
包装用途	フィルム	脂肪族ポリエステルカーボネート、ポリ乳酸ポリマー組成物を成形	特開2001-64414	C08J5/18
合成反応 (その他のポリエステル)	加水分解性ポリエステル重合体の製造	オキシ酸、脂肪族ジオール、脂肪族ジカルボン酸、環状エステル、多価シアナートを反応させる	特開2000-327761	C08G63/60
その他の用途	ラミネート紙および紙用コーティング剤	オキシ酸、脂肪族ジオール、脂肪族ジカルボン酸、環状エステル、多価シアナートを反応させる	特開2001-62977	B32B29/00
	紙用および板紙用ホットメルト接着剤	オキシ酸、脂肪族ジオール、脂肪族ジカルボン酸、環状エステル、多価シアナートを反応させる	特開2001-72749	C08G63/685
	塗料組成物	オキシ酸、脂肪族ジオール、脂肪族ジカルボン酸、環状エステル、多価シアナートを反応させる	特開2001-81399	C09D167/00
	静電画像用トナー	オキシ酸、脂肪族ジオール、脂肪族ジカルボン酸、環状エステル、多価シアナートを反応させる	特開2001-83739	G03G9/087
合成反応 (中間体の製造)	ラクチドの製造法	アセトアルデヒドとギ酸エステルからの乳酸エステルを処理してラクチドを製造する	特開平10-36366	C07D319/12
	ラクチドの製造法	乳酸エステルをモノブチルスズの存在下加熱して製造する	特開平11-209370	C07D319/12

2.12.4 技術開発拠点

新潟県:新潟研究所(新潟市)、新潟工場

茨城県:総合研究所(つくば市)

神奈川県:平塚研究所(平塚市)

2.12.5 研究開発者

発明者数は1993年から97年まではほぼ10名前後で推移したが、98年に25名となり、99年は激減(6名)した。出願件数は98年の13件が最も多く、他の年は10件以下である。

三菱瓦斯化学の主要な生分解性ポリエステル開発はポリヒドロキシ酪酸系と脂肪族ポ

リエステルカーボネート系とに大別される。いずれの開発も平行して進められているが、製造方法についてはポリヒドロキシ酪酸系は微生物培養法により、また脂肪族ポリエステルカーボネート系は合成反応法によるなど大いに異なっている。

図 2.12.5-1 三菱瓦斯化学の研究開発者数推移

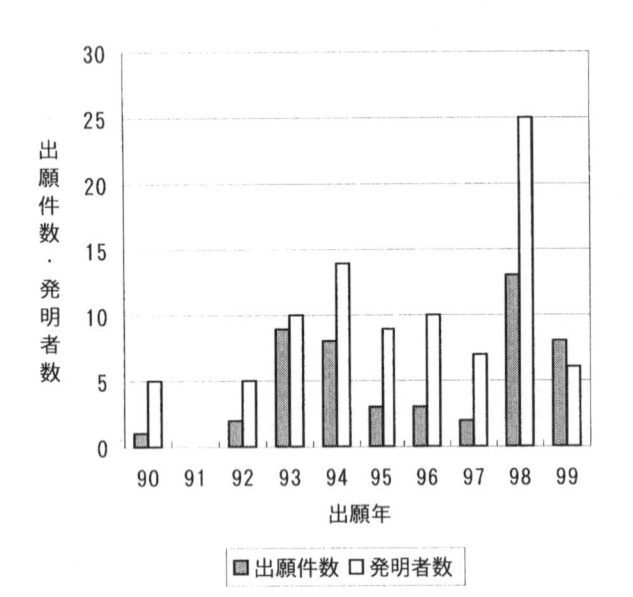

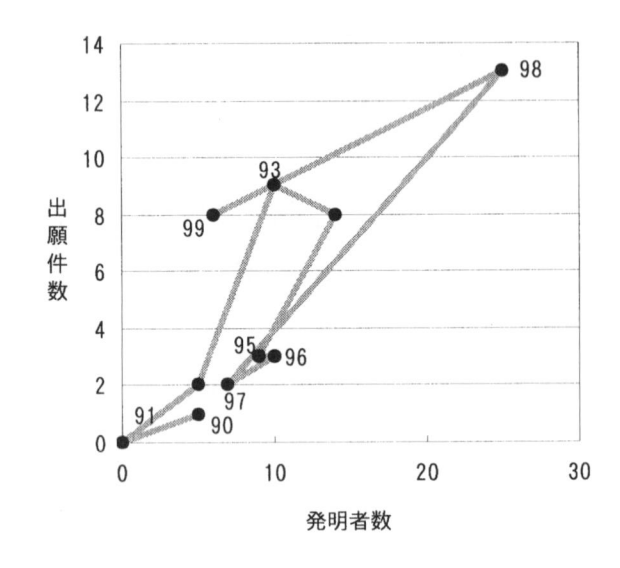

2.13 東レ

2.13.1 企業の概要

表 2.13.1-1 東レの企業の概要

1)	商　　　　　　号	東レ株式会社
2)	設　立　年　月　日	大正15年1月12日
3)	資　　　本　　　金	969億3,700万円（2001年3月現在）
4)	従　　業　　員	8,791名　　　（　〃　）
5)	事　業　内　容	繊維事業、プラスチック・ケミカル事業、情報・通信機材事業、住宅、エンジニアリング事業、医薬・医療事業、新事業、他
6)	技術・資本提携関係	技術提携／デュポン社（米）、ICI社（米）、他 資本提携／E.I.DuPont de Nemours and Co.（米）、Dow Corning Co.（米）、Boeing Co.（米）、Saehan Industories Inc.（韓国）、他
7)	事　　業　　所	本社／東京、工場／滋賀、愛媛、名古屋、岡崎、三島、岐阜、石川、他
8)	関　連　会　社	国内／一村産業、東レエンジニアリング、東レエンタープライズ、他 海外／Penflbre Sdn. Beohad（マレーシア）、東麗合成繊維有限公司（中国）、Toray Saehan Inc.（韓国）、Toray Plastics Europe S.A.（仏）、他
9)	業　績　推　移	平成13年3月期は前期に比し、売上高1.6%減、経常利益0.01%増
10)	主　要　製　品	ナイロン、ポリエステル繊維、アクリル繊維、ABS樹脂、ナイロン樹脂、PET樹脂、ポリエステルフィルム、ナイロン原料、カラーフィルター、医薬品、医療材、コンポジット成形品、等
11)	主　な　取　引　先	商社、卸し・小売業、織布業、病院、プラスチック成形メーカー、電気電子機器メーカー、他
12)	技　術　移　転　窓　口	知的財産部　千葉県浦安市美浜1-8-1　TEL: 047-350-6184

　生分解性ポリエステルのつり糸の販売部署は東レフィッシングで、生産拠点は東レモノフィラメントである。

2.13.2 生分解性ポリエステル技術に関連する製品・技術

表 2.13.2-1 東レの製品・技術

技術要素	製品	製品名	発売時期	出典
水産関連用途	生分解性釣り糸	フィールドメート	1996年	「生分解性ポリマーの現状と新展開」㈱ダイヤリサーチマーテック 2001年1月発行

　「フィールドメート」はポリブチレンサクシネート系ポリマー「ビオノーレ」（昭和高分子）を原料とする生分解性の釣り糸で生分解速度と耐久性の両立を図ったものである。
　この製品に関しては東レの生分解性ポリエステルモノフィラメント製造関連技術を内容とする出願が推測される。

2.13.3 技術開発課題対応保有特許の概要

　表 2.13.3-1 に東レの保有特許を示す。
　東レの保有特許出願は35件で、その内容は繊維：12件（単繊維5、複合繊維3、モノフィラメント4、）、織物：7件（ネット2を含む）、フィルム：10件（記録用フィルム：7、その他フィルム3）、不織布：2件および積層体：1件である。

繊維とフィルムに関する特許出願が多く、生分解性の改良、繊維断面の形状、複合繊維、混繊、物性製造条件の特定などを重点に製品開発の注力を行っている。

フィルムは二軸延伸、積層、ブレンド、ポリ乳酸のL-/D-の比率を変えた機械的性質の改良などに工夫がある。ポリ乳酸系ポリマーを使った感熱孔版印刷があるが、これに関連して特に孔開け性については特許出願が多い。その他のフィルムについては、ラップフィルム、収縮フィルム、バリアフィルムなど散発的に出願されている。

また、外部との共願は、東レの関連会社との共願以外にはみられない。

表 2.13.3-1 東レの技術開発課題対応保有特許(1/3)

技術要素	課題	概要	特許番号	筆頭IPC
組成物・処理 (積層体)	分離回収リサイクルの容易な積層体。	酸やアルカリで溶解可能な層(ポリ乳酸が好ましい)を設ける	特開2001-58372	B32B27/06
組成物・処理 (組成物)	加工性、安全性、安定性、環境汚染性に優れたインキなどの樹脂組成物	新規生分解性ポリエステル	特開平9-132709	C08L77/12
農業用途 (人工芝用パイル)	容易かつ短時間で提供できる培地、生分解性パイル	脂肪酸ポリエステル類とセルロースとの複合体からなるフィラメント、フィルムの使用	特開平8-280245	A01G1/00,303
包装用途 (熱収縮フィルム、添加剤配合)	熱収縮性で、容器密着性に優れ、アルカリ水溶液で剥離容易	ポリ乳酸/(無機粒子、有機粒子、架橋高分子粒子、重合時の内部性性粒子)の添加剤入り	特開2000-302889	C08J5/18
包装用途 (ラップフィルム、積層)	粘着性を付与した生分解性ラップフィルム	ポリ乳酸フィルムに粘着層を塗布	特開2000-185381	B32B27/36
包装用途 (バリアフィルム)	リサイクル性の良いバリアフィルム	PET或いはPENフィルムの表面にバリア層を積層、さらに金属又は金属塩を蒸着をする	特開2001-38867	B32B27/36
土木・建築用途 (ネット、土木用)	耐候劣化、衝撃に強い、動摩擦の小さいネット	ポリ乳酸繊維に有機珪素化合物、フッ素化物及び高分子ワックスの1種以上を繊維表面に付与	特開2000-234251	D04G1/00
土木・建築用途 (安全ネット)	ポリ乳酸を主成分とする機械特性、耐候性に優れたネット	ポリ乳酸を主成分とする添加剤2官能性リン化合物を含有。原着マルチフィラメント糸を合撚してからラッセル編み機で安全ネットを造る	特開2000-226757	D04C1/06
土木・建築用途 (不織布)	強度、柔軟性のあるポリ乳酸使用衛生用品	防水ポリ乳酸フィルム、高分子吸水体、ポリ乳酸を主成分とする高吸水性長繊維からなる不織布から構成	特開2000-234254	D04H3/00
繊維関連用途 (繊維)	褪せない原着生分解性ポリエステル繊維	中空ポリ乳酸繊維。物性限定。カーボンブラック添加	特開2000-234217	D01F6/92,308
	風合の良い中入れ生分解性綿	脂肪族ポリエステルの中空繊維。物性制限。	特開2000-234252	D04H1/02
	ドライ感、霜降調の生分解繊維	融点が100℃以上のポリ乳酸などの脂肪族ポリエステルで、長さ方向に太さを変える。物性制限	特開2000-226727	D01F6/62,305

表 2.13.3-1 東レの技術開発課題対応保有特許(2/3)

技術要素	課題	概要	特許番号	筆頭IPC
繊維関連用途 (複合繊維)	ソフトでヌメリのない生分解性衣料繊維	フラットもしくは捲縮の長短複合ポリ乳酸系繊維。芯鞘或いは海島構造	特開2000-303283	D02G3/04
	高比重、高強度生分解性繊維	鞘芯共にポリ乳酸で金属粒子を芯に入れる	特開2000-226736	D01F8/14
	高比重、高強度生分解性繊維	芯部がポリ乳酸で、鞘がPETで芯に金属塩粒子を含む。又、芯部にボイドを持つ	特開2000-226737	D01F8/14
繊維関連用途 (複合繊維、ブレンド)	ソフトな風合、発色性	海島構造。海は熱可塑性樹脂、脂肪族ポリエステルは島	特開2000-226734	D01F8/14
繊維関連用途 (異形断面繊維)	光沢性、高発色性、生分解性繊維	設計	特開2000-220030	D01F6/62,303
繊維関連用途 (繊維、織物)	風合、発色性、分解性の生分解性異繊度混繊糸、及び織物	2種以上のフィラメントからなる異繊度混繊糸の製造。1種のフィラメントが融点130℃以上の脂肪族ポリエステルを主体とする混繊糸及び織物	特開2000-212844	D02G1/18
繊維関連用途 (極細繊維)	ソフト感、発色性に優れた生分解性極細繊維	融点が130℃以上の脂肪族ポリエステル(ポリ乳酸)を紡糸。物性、太さを限定	特開2000-220032	D01F6/62,305
繊維関連用途 (マルチフィラメント)	安定した効率よく生産できる製法	脂肪族ポリエステルの製造条件規定	特開2000-248426	D01F6/62,305
繊維関連用途 (モノフィラメント)	親水性、機械的性質に優れた生分解性モノフィラメント	脂肪族ポリエステル。物性制限。	特開2000-45124	D01F6/62,306
	へたり性改良	溶融粘度を異にする2種からなる嵩高複合繊維。粘度の低い方の糸は脂肪族ポリエステルで他の繊維と部分的に融着させる	特開2000-226746	D02G3/02
繊維関連用途 (モノフィラメント、添加剤配合)	水中での発光低下抑制、残光の長時間持続する釣り糸	添加剤配合	特開2001-89928	D01F1/10
繊維関連用途 (織物)	ソフトな風合い、易染色性	ポリ乳酸を主成分とする脂肪族ポリエステル繊維。2種以上(1種は中空繊維)の異形断面繊維で混繊	特開2000-226747	D02G3/04
	風合いの良い撚物布帛	ポリ乳酸からなるフラット、卷縮糸の使用	特開2000-234235	D03D15/00
	機械強度、耐光性に優れた生分解性シートベルト用ウエッビング	ポリ乳酸使用。強度限定	特開2000-234234	D03D15/00
	機械強度、耐光性に優れた生分解性シートベルト用ウエッビング	芯鞘複合繊維の芯部が融点が130℃以上のポリ乳酸などの脂肪族ポリエステルで、鞘部が通常合成繊維からなる	特開2000-234233	D03D1/00
その他用途 (記録フィルム)	高感度感熱孔版印刷フィルム	乳酸のL体の比率を高める	特開平10-119453	B41N1/24,102
	穿孔性の良い感熱孔版印刷フィルム及びマスター	二軸延伸フィルムの乳酸のD成分を多くして、孔開けを容易にする	特開平11-147379	B41N1/24,102
	感熱孔版印刷フィルムの表面の荒れをなくす	L-ポリ乳酸を水膜上にキャスト、二軸延伸して、表性の良いフィルムを造る。良い表面性のために、サーマルヘッドの寿命を長くする	特開2000-108542	B41N1/24,102

表 2.13.3-1 東レの技術開発課題対応保有特許(3/3)

技術要素	課題	概要	特許番号	筆頭IPC
その他用途 (記録フィルム) (つづき)	穿孔性に優れた感熱孔版印刷フィルム及びマスター	ポリ乳酸の二軸延伸。物性制限	特開2000-108541	B41N1/24,102
	高感度の安定した感熱孔版印刷フィルム	L-ポリ乳酸にPHAを配合したフィルムの二軸延伸フィルム	特開2000-218956	B41N1/24,102
	穿孔性に優れた感熱孔版印刷フィルム及びマスター	ポリ乳酸主体のホモポリマー、コポリマー又はその混合物。二軸延伸フィルム。フィルム中のラクチド量を規定以下にする	特開2000-318335	B41N1/24
その他用途 (記録フィルム、積層)	感度、印刷性、搬送性の良い感熱孔版印刷フィルム及びマスター	ポリ乳酸層と他のポリマー混入のポリ乳酸層の積層フィルム。フィルム中のラクチド量を規定以下にする。積層フィルムの厚さ物性を限定	特開2001-130161	B41N1/24,102
その他用途 (記録フィルム、ブレンド)	穿孔性の良い感熱孔版印刷フィルム及びマスター	ポリ乳酸を主体とするポリマーとポリエーテルイミドからなる。物性制限	特開2001-96940	B41N1/24,102

2.13.4 技術開発拠点

静岡県：三島工場

愛知県：岡崎事業場

滋賀県：大津事業場

2.13.5 研究開発者

　東レの発明者数は1991年から98年までは6名以下で推移したが、99年に一挙に28名となった。それにともない年間5件以下であった出願件数も27件に激増した。

　生分解性ポリエステルとしてはポリ乳酸系ポリマーを主体とする脂肪族ポリエステルを対象としている。99年の出願はモノフィラメント、マルチフィラメント、複合繊維、不織布などの繊維材料と記録用フィルムに集中している。

図 2.13.5-1 東レの研究開発者数推移

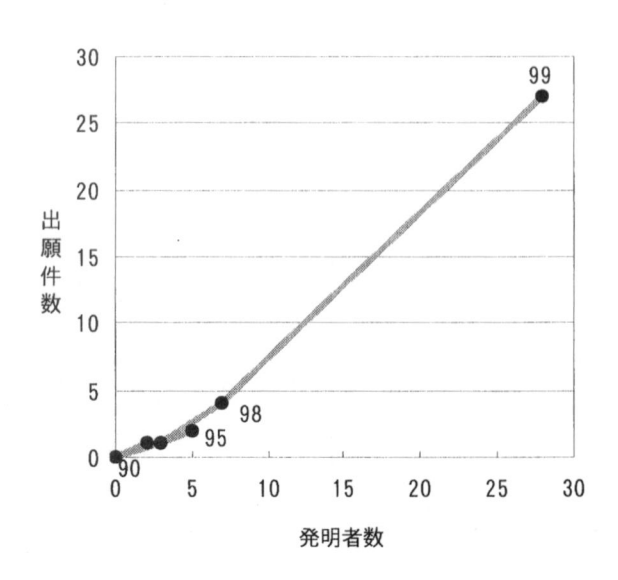

2.14 日本触媒

2.14.1 企業の概要

表 2.14.1-1 日本触媒の企業の概要

1)	商　　　　号	株式会社日本触媒
2)	設 立 年 月 日	昭和16年8月
3)	資　　本　　金	165億2,900万円（2001年3月現在）
4)	従　業　員	2,004名　　　（〃）
5)	事 業 内 容	基礎化学品、精密化学品、合成樹脂、環境触媒関連、運送・サービス業等の事業
6)	技術・資本提携関係	技術提携／アトフィナ（仏）、宇部日東化成、レーム GmbH（独）、BASFAG（独）、アメリカン・アクリル・エヌエイ LLC（米）、他
7)	事　業　所	本社／大阪、工場／川崎、姫路、吹田
8)	関　連　会　社	国内／日宝化学、日本ポリエステル、大光海運、中国化工、他 海外／シンガポール・エムエムエイ・モノマーPte Ltd（シンガポール）、インターナショナル・キャタリスト・テクノロジーInc.（米）、アメリカンアクリル・エヌエイ LLC（米）、他
9)	業　績　推　移	平成13年3月期は前期に比し、売上高1.3%増、経常利益12.8%増
10)	主　要　製　品	アクリル酸、メタクリル酸、酸化エチレン、エチレングリコール、無水フタル酸、高吸水性樹脂、医薬中間原料、不飽和ポリエステル樹脂、自動車触媒、他
11)	主 な 取 引 先	商社、化学工業、医療メーカー、プラスチック加工メーカー、自動車メーカー、他

2.14.2 生分解性ポリエステル技術に関連する製品・技術

表 2.14.2-1 日本触媒の製品・技術

技術要素	製品	製品名	発売時期	出典
合成反応	フィルム用グレード	ルナーレ　SE	発売中	ポリファイル 2000年3月号

　「ルナーレ　SE」は日本触媒が開発したポリエチレンサクシネート系生分解性プラスチックである。フィルムとしての物性は強度、伸度ともにポリエチレン、ポリプロピレンと同程度といわれる。

　上記製品には日本触媒が出願した無水コハク酸からのポリエチレンサクシネート系ポリマーの製造技術やポリエチレンサクシネート系ポリマーに鎖延長剤を反応させて耐熱性や成形加工性を向上させる技術が応用されていると推測される。

2.14.3 技術開発課題対応保有特許の概要

　表 2.14.3-1 に日本触媒の保有特許を示す。

　日本触媒の保有特許出願は 27 件で、このうちポリエチレンサクシネート主体のポリエステルに関するものが 21 件を占めている。また他のポリエステルに関する出願が若干ある。

　ここではポリエチレンサクシネート系ポリエステルに注目し、表 2.14.3-1 においてはポリエチレンサクシネート系ポリマーとその他のポリマーに分けて、技術要素毎に課題と概要等を掲載した。

無水コハク酸を主とする環状酸無水物と、酸化エチレンを主とする環状エーテルとを開環共重合させてポリエチレンサクシネートが製造される（8件）。またポリエチレンサクシネートに鎖延長剤を反応させて耐熱性や成形加工性を向上させる内容の出願がある。
　またポリエチレンサクシネートに結晶核剤のような添加物を配合して成形加工性の向上が図られている。
　外部との共願は、三菱樹脂：1件である。

表2.14.3-1 日本触媒の技術開発課題対応保有特許(1/2)

技術要素	課題	概要（解決手段）	特許番号	筆頭IPC
合成反応 （ポリエチレンサクシネート主体のポリエステル）	ポリエチレンサクシネートポリマーを製造	無水コハク酸を主とする環状酸無水物と、酸化エチレンを主とする環状エーテルとを開環共重合	特許2571672	C08G63/42
		無水コハク酸を主とする環状酸無水物と、酸化エチレンを主とする環状エーテルとを開環共重合（圧力）	特許3100314	C08G63/78
		無水コハク酸を主とする環状酸無水物と、酸化エチレンを主とする環状エーテルとを開環共重合（圧力）	特許2968466	C08G63/78
		無水コハク酸を主とする環状酸無水物と、酸化エチレンを主とする環状エーテルとを開環共重合（圧力）	特許3202912	C08G63/78
		無水コハク酸を主とする環状酸無水物と、酸化エチレンを主とする環状エーテルとを開環共重合（触媒）	特許3013918	C08G63/85
		無水コハク酸を主とする環状酸無水物と、酸化エチレンを主とする環状エーテルとを開環共重合（揮発分量制限）	特許3048313	C08G63/78
		無水コハク酸を主とする環状酸無水物と、酸化エチレンを主とする環状エーテルとを開環共重合（高粘度反応装置）	特開平7-324125	C08G63/78
		無水コハク酸を主とする環状酸無水物と、酸化エチレンを主とする環状エーテルとを開環共重合（高粘度反応装置）	特開平9-71641	C08G63/78
合成反応 （改質）	耐熱性	ポリエチレンサクシネートに鎖延長剤を反応させる	特開平7-90072	C08G63/91
		ポリエチレンサクシネートに鎖延長剤を反応させる	特開平7-324124	C08G63/692
		ポリエチレンサクシネートに鎖延長剤を反応させる	特許3018333	C08G63/85
	成形加工性	ポリエチレンサクシネートに鎖延長剤を反応させる	特開平7-53696	C08G63/66
		ポリエチレンサクシネートに鎖延長剤を反応させる	特開平7-53691	C08G63/42
合成反応 （中間体の製造）	コハク酸の製造	無水コハク酸をコハク酸の融点以上で水和する	特開平9-95464	C07C55/10
組成物・処理 （複合）	強度	ポリエチレンサクシネートに竹繊維または繊維束を複合	特開2000-160034	C08L101/00
組成物・処理 （添加物配合）	成形加工性	ポリエチレンサクシネートに結晶核剤を配合	特許2688330	C08L67/02
		ポリエチレンサクシネートに結晶核剤を配合	特開平9-143349	C08L67/02
		ポリエチレンサクシネートに結晶核剤と界面活性剤とを配合	特開2000-239498	C08L67/00

表 2.14.3-1 日本触媒の技術開発課題対応保有特許(2/2)

技術要素	課題	概要(解決手段)	特許番号	筆頭IPC
包装用途	材料(着色が少ない)	ポリエチレンサクシネート(L, a, b値を特定)を使用	特開平9-67431	C08G63/16
	フィルム(強度)	ポリエチレンサクシネート使用	特許3117909	C08J5/18
	フィルム(成形性)	ポリエチレンサクシネート結晶核剤組成物を使用	特許3155198	C08J5/18
合成反応(その他のポリエステル)	ラクトン共重合体の製造	ε-カプロラクトン、α-オレフィン、メタアクリレート等の共重合	特許3091208	C08G63/08
合成反応(中間体製造)	グリコール酸塩の製造	モノエチレングリコールを酸化脱水素する	特許3129547	C07C51/235
組成物・処理(樹脂ブレンド)	耐熱性	脂肪族、芳香族ポリエステルをブレンド	特開2001-172488	C08L67/02
組成物・処理(複合)	機械的強度	芳香族ポリエステルに澱粉を複合	特開2001-192577	C08L101/16
包装用途	フィルム(冷水崩壊性)	ポリジオキソラン(コ)ポリマーを使用	特開平10-81817	C08L71/02
	フィルム(溶融押出性)	酢酸セルロースと生分解性可塑剤を主要組成分とする	特開平9-241425	C08L1/12

2.14.4 技術開発拠点
　大阪府:機能開発研究所(吹田市)

2.14.5 研究開発者
　日本触媒はポリエチレンサクシネート系ポリマー主体の生分解性ポリエステルを開発している。
　同社の発明者数は92年以降2〜7名で推移しており、出願件数、発明者数ともに95年が最多(10件、7名)である。
　93年から95年にかけての出願はポリエチレンサクシネート系ポリマーの製造法、改質法、組成物、フィルム用途などに亘っている。

図 2.14.5-1 日本触媒の研究開発者数推移

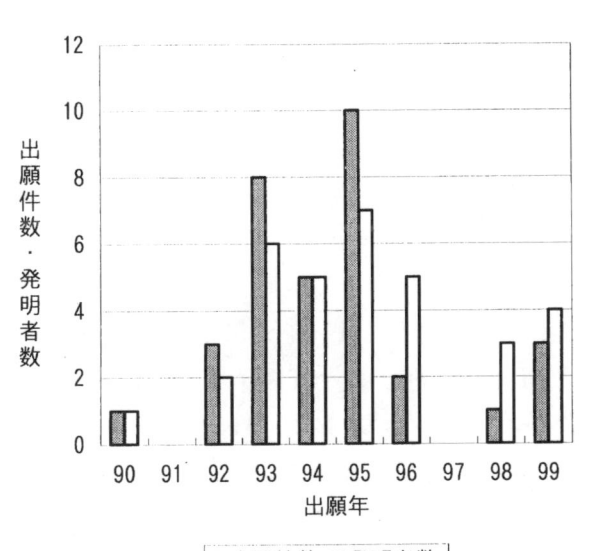

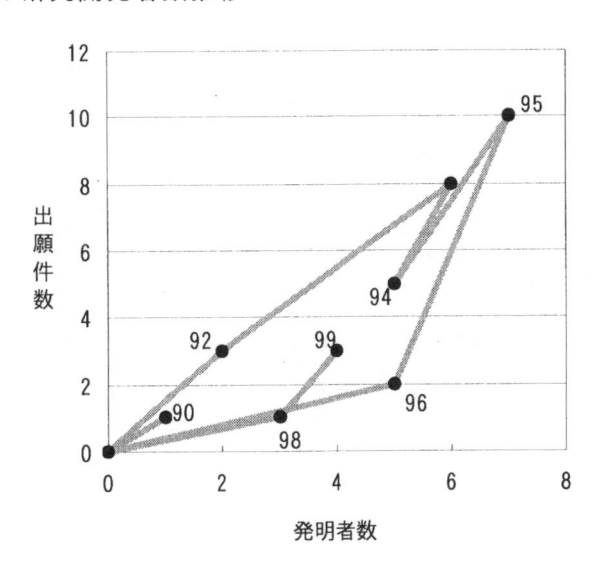

2.15 大日本印刷

2.15.1 企業の概要

表 2.15.1-1 大日本印刷の企業の概要

1)	商　　　　　　号	大日本印刷株式会社
2)	設　立　年　月　日	明治 27 年 1 月
3)	資　　本　　金	1,144 億 6,400 万円（2001 年 3 月現在）
4)	従　　業　　員	10,698 名　　　（　〃　）
5)	事　業　内　容	印刷事業及び清涼飲料製造事業
6)	技術・資本提携関係	技術提携／クリクロック社（米）、ウォルドルフ社（米）、ハウストルッグ・プラスチック社（デンマーク）、ケーエムケー・リツェンス社（モーリシャス）、他
7)	事　　業　　所	本社／東京、工場／市谷、五反田、赤羽、蕨、久喜、奈良、他
8)	関　連　会　社	国内／北海道大日本印刷、東北大日本印刷、東海大日本印刷、九州大日本印刷、ザ・インクテック、大日本カップ、他 海外／テンワ・プレス・リミテッド（シンガポール）、ダイニッポン・プリンティング・カンパニー・リミテッド（香港）、他
9)	業　績　推　移	平成 13 年 3 月期は前期に比し、売上高 4.4％増、経常利益 12.5％減
10)	主　要　製　品	教科書、一般書籍、広告宣伝物、有価証券類、カード類、容器包装資材、情報電子部材、コーラ・ジュース類、他
11)	主　な　取　引　先	出版社、一般会社、卸し・小売業、飲料業、他

生分解性ポリエステルの販売部署はビジネスフォーム事業部である。

2.15.2 生分解性ポリエステル技術に関連する製品・技術

表 2.15.2-1 大日本印刷の製品・技術

技術要素	製品	製品名	発売時期	出典
生活関連用途	厚手カード	エコフィットカード B タイプ	発売中	「生分解性ポリマーの現状と新展開」㈱ダイヤリサーチマーテック 2001年1月発行

「エコフィットカード B タイプ」は脂肪族ポリエステル系ポリマーを原料とした生分解性のカードであり、積層構造をなし、ID カード、印鑑登録カード等に使用される。
　大日本印刷の特許出願にも積層加工に関連するものが多くみられ、上記カードの製造にはこの技術が使用されているものと推測される。

2.15.3 技術開発課題対応保有特許の概要

表 2.15.3-1 に大日本印刷の保有特許を示す。
　大日本印刷の保有特許出願は 19 件で、その内容は、積層体：14 件（化粧板 6、カード 4、記録媒体・転写シート 2、ラミネート 2）、化粧板：7 件、カード：7 件、記録媒体、転写シート：3 件、スクリーン部材、農業用：2 件およびブレンド：1 件である。積層に関する特許出願が多く、化粧板（7 件）、カード（7 件）がある。原料はポリ乳酸、PHAが主体である。また、外部との共願はない。

表 2.15.3-1 大日本印刷の技術開発課題対応保有特許

技術要素	課題	概要	特許番号	筆頭IPC
農業用途 （植生）	廃棄処理簡単な育苗ポット	中間に紙、表面と内面に生分解性プラスチックを用いカップを成形する	特開平9-98671	A01G9/10
農業用途 （接ぎ木支持具）	生分解性支持具	生分解性ポリマーの使用	特開平7-163237	A01G1/06
包装用途 （化粧シート、積層）	公害のない発泡シート	積層の発泡層にポリ乳酸を使用	特開2000-158576	B32B5/18
	リサイクルと廃棄に便利性	ポリ乳酸系樹脂積を表面に層接着し廃棄の時、剥がして埋め立て処分できる	特開平11-227147	B32B33/00
	耐候性、成形加工性のあるリサイクルと廃棄に便利性な積層化粧版	ポリ乳酸使用	特開平11-207873	B32B21/08
	耐候性、成形加工性の良い積層化粧版	ポリ乳酸延伸フィルム/板を使用	特開平11-129426	B32B33/00
	耐候性、成形加工性の良い積層化粧版	ポリ乳酸延伸シート/板を使用	特開平11-157012	B32B27/00
包装用途 （化粧シート、積層、ブレンド）	耐候性、成形加工性の廃棄に便利性な積層化粧版	ポリ乳酸系樹脂をハードセグメントとしソフトセグメントとなる重合体をブレンド	特開平11-207916	B32B33/00
包装用途 （化粧板）	耐候性、成形加工性の良い生分解性単層構造化粧版	素材にポリ-L-乳酸系ハードセグメントとカプロラクトンのソフトセグメントとの組合せを利用	特開平11-217920	E04F13/18
生活関連用途 （カード、積層）	公害の少ないカード	エンボス加工	特開平11-334264	B42D15/10,501
	生分解性カード	生分解性ポリエステル樹脂使用	特開平11-334263	B42D15/10,501
生活関連用途 （情報記録カード、積層）	積層の分離可能のカード	分解性層に分解性ポリマーを使用	特開平7-40687	B42D15/10,501
	生分解性カード	分解性材料の使用	特開平5-42786	B42D15/10,501
生活関連用途 （転写シート、積層）	生分解性シート	支持体シートにポリ乳酸系樹脂を使用	特開平11-216996	B44C1/165
	廃棄時に接着層の分解により剥離容易	剥離層に生分解性ポリマーの使用	特開平7-32794	B44C1/165
生活関連用途 （記録媒体、積層）	公害のない記録媒体	基板に生分解性ポリマーを使用	特開2000-11448	G11B7/24,526
生活関連用途 （積層体、ラミネート）	共押出性の改良、ブロッキング防止を施したラミネート	紙の両面にPHAコート	特開平10-6445	B32B27/10
	共押出性の改良、ブロッキング防止を施したラミネート	紙面にPHA系をラミネートし、その外側に他の脂肪族ポリエステル系をラミネート	特開平10-6444	B32B27/10
生活関連用途 （スクリーン部材）	柔軟性のある透過型スクリーン	分子量を限定したポリ乳酸にソフトセグメントを導入	特開2000-180969	G03B21/62

2.15.4 技術開発拠点

　生分解性ポリエステルの開発を行っていると思われる事業所・研究所などを発明者住所をもとに紹介する。

　東京都：（特許の発明者住所は本社）

2.15.5 研究開発者

　大日本印刷の発明者数は 1998 年、93 年、91 年がそれぞれ、6 名、5 名、4 名でその他の年は 2 名またはそれ以下である。

91年の出願は情報記録カードに、また98年の出願は化粧シートと情報記録カードに集中しており、いずれも積層加工されたものが多い。

図2.15.5-1 大日本印刷の研究開発者数推移

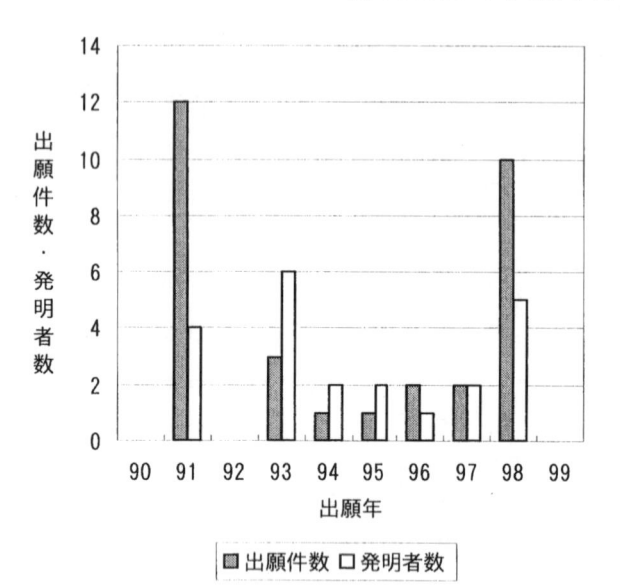

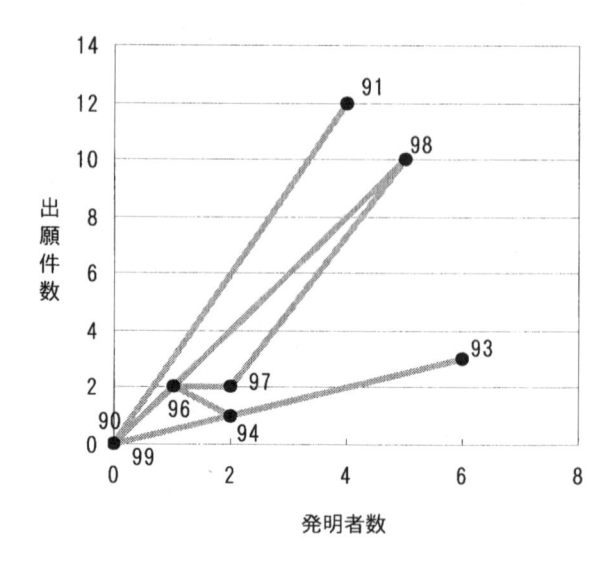

2.16 クラレ

2.16.1 企業の概要

表2.16.1-1 クラレの企業の概要

1)	商　　　　　号	株式会社クラレ
2)	設 立 年 月 日	大正15年6月
3)	資　　本　　金	889億6,500万円（2001年3月現在）
4)	従　業　員	4,104名　　　　（ 〃 ）
5)	事　業　内　容	繊維、化学品、人工皮革及びメディカルその他に関連する事業
6)	技術・資本提携関係	技術提携／Eval Company of America(米)、上海石化（中国） 資本提携／三井東圧化学、日本合成化学工業
7)	事　業　所	本社／倉敷（大阪）、工場／倉敷、西条、岡山、玉島、中条、鹿島
8)	関　連　会　社	国内／クラレトレーディング、クラレケミカル、クラレエンジニアリング、クラレインテリア、クラレ不動産、他 海外／Kuraray Holdings U.S.A., Inc., Kuraray America, Inc., Kuraray Europe GmbH(独)、Eval Europe N.V.(ベルギー)、他
9)	業　績　推　移	平成13年3月期は、前期に比し、売上高0.4%減、経常利益2.4%減
10)	主　要　製　品	ポリエステル繊維、ビニロン、レーヨン、ポバール、メタクリル樹脂、人工皮革、不織布、メディカル製品、レーザーディスク他
11)	主　な　取　引　先	商社、織布業、化学工業、病院、卸し・小売業、電気・電子機器メーカー、他
12)	技　術　移　転　窓　口	知的財産部　大阪府大阪市北区梅田1-12-39　TEL: 06-6348-2722

　生分解性ポリエステルの販売部署は衣料事業本部で、生産拠点は西条工場および玉島工場である。

　カーギル・ダウと提携して繊維の開発を行っている（化学工業日報　2001年5月16日）。

2.16.2 生分解性ポリエステル技術に関連する製品・技術

表2.16.2-1 クラレの製品・技術

技術要素	製品	製品名	発売時期	出典
繊維関連用途	繊維素材	プラスターチ	2000年1月	グリーンプラジャーナル 2001年 No.3(10月) p.50

　「プラスターチ」はポリ乳酸系ポリマーを使用した生分解性の繊維素材であり、引っ張り強度、ヤング率などが改善されている。

　クラレの出願は大半が生分解性繊維、織物、不織布に関連するものであり、中でもポリ乳酸系ポリマーを使用した例が多くそれが商品化に関連していると思われる。

2.16.3 技術開発課題対応保有特許の概要

　表2.16.3-1にクラレの保有特許を示す。

　クラレの保有特許出願は28件で、その内容は、繊維：9件（うち添加剤2、ブレンド2）、ブレンド：7件（うち、組成物4、フィルム、積層で3）、不織布：6件、織物：3件、添加剤配合：1件、積層体：2件、フィルム：1件、容器：1件およびポリエステルの合成：1件である。

最も特許出願が多いものは、繊維関係 18 件であり、その内訳は、繊維そのもので9件、不織布で6件、織物で3件である。繊維の中でも添加剤配合やブレンドが多い。また、複合繊維では芯鞘構造で海島構造、その表面に2種の樹脂が交互に出る構造等の繊維の内部構造の研究が進められている。ブレンドは組成物の開発が中心であるが、繊維、フィルム、積層まで幅広い応用が考えられている。

　外部との共願は日本バイリーンとの2件（不織布）である。

表 2.16.3-1 クラレの技術開発課題対応保有特許(1/2)

技術要素	課題	概要	特許番号	筆頭IPC
合成反応 （ポリエステルの合成）	耐熱高強度、成形加工性、機械的性質のよい脂肪族ポリエステル	新規重合（シクロヘキサン系ポリエステルの重合）	特開2000-290356	C08G63/199
組成物・処理 （ブレンド）	PVAの分解を押え、成形性、強度の良い組成物	PVA／脂肪族ポリエステル／アルカリ金属塩	特開2001-72822	C08L29/04
	機械的質、透明性、ガスバリア性組成物	エチレン-ビニルアルコール／PHB配合	特開平6-322198	C08L23/26
	機械的特性、透明性組成物	PVA／PHBを分子レベルで配合	特開平6-287393	C08L29/04
	成形性、機械的強度、耐水性、耐熱性、耐溶剤性のよい生分解性不織布	PVAを易崩壊性付与剤として含有させる	特開平6-240092	C08L29/04
繊維関連用途 （繊維）	膠着防止、崩れ防止された繊維	特定成分油剤を付与（ポリオルガノシロキサン）	特開平6-257072	D06M15/647
		ポリ乳酸繊維	特開2001-226821	D01F6/62,305
	生分解性の促進した布帛	低配向度、低結晶繊維（バインダー）を生分解繊維に混合	特開平6-248511	D01F6/62,306
繊維関連用途 （繊維、添加剤配合）	力学特性、繊維斑のない染色性のある繊維	脂肪族ポリエステル／無機微粒子	特開2001-164424	D01F6/92,301
	膠着防止に優れた生分解性繊維	添加物配合（脂肪族ポリエステル／無機微粒子又は1～2価のイオン性共重合体）	特開平6-257014	D01F6/92,301
繊維関連用途 （繊維、ブレンド）	機械的特性の良い柔軟な繊維	ブレンド（PVA／脂肪族ポリエステル）	特開平7-316378	C08L29/04
繊維関連用途 （極細繊維、ブレンド）	風合い、光沢、ワイピング性のある生分解性繊維、クロス	ブレンド（ポリ乳酸／ポリ乳酸共重合体／ドロキシカルボン酸共重合体）海島構造	特開2001-192932	D01F6/62,305
繊維関連用途 （複合繊維）	生分解性	鞘成分（PHA）、芯成分（PET）	特許3109768	D01F8/14
	繊維の長手方向に剥離、割繊なく、熱水で剥離、割繊し易い複合ステープル繊維	断面でポリ乳酸ポリマー高分子重合体が交互に配置し、ポリ乳酸で被覆する	特開2000-282333	D01F8/14
繊維関連用途 （不織布）	熱融着のよい繊維	生分解性繊維と水溶性繊維を混合ウエッブ、加熱加圧融着	特開平11-279917	D04H1/54
	抗菌性	抗菌剤、殺菌剤付与PVAバインダーで結合	特許3097980	D04H1/54
	ニールドパンチフェルト	熱融着性水溶性繊維（PVAなど）、或いはポリ乳酸繊維を混紡	特開平11-286860	D04H1/48
	生分解性ストレッチファブリック	ポリ乳酸繊維とスパンデックスの織編物	特開平11-293551	D04B1/18
	油分を適度に吸収するコーヒー抽出用シート	ポリ乳酸使用	特開2000-336570	D04H3/16
	柔軟性、光沢のある皮革用シート	生分解性ポリマーで発泡スポンジとする	特開2001-214380	D06N3/14,101

表 2.16.3-1 クラレの技術開発課題対応保有特許(2/2)

技術要素	課題	概要	特許番号	筆頭IPC
繊維関連用途（織物）	発色性に優れた繊維製品	混紡ポリエステル系微粒子混入セルロース繊維と脂肪族ポリエステル繊維の混紡	特開2000-303284	D02G3/04
繊維関連用途（織物、インクジェット）	インクジェット用基布（難燃性）	無機物混入ポリ乳酸繊維使用難燃剤吸収	特開2000-328471	D06P5/00,111
繊維関連用途（織物、紐）	生分解性靴紐	生分解性素材を使用	特開2000-325106	A43C1/00
包装用途（フィルム、ブレンド）	ガスバリア性、力学的強度ある素材、フィルム	ブレンド（エチレンビニルアルコール共重合体／脂肪族ポリエステル又は脂肪族アミド）	特許3203233	C08L29/04
包装用途（積層体、ブレンド）	成形性、機械的強度のある組成物、積層体	ブレンド（PVA／イソシアネート添加のポリエステル）	特開平6-263954	C08L29/04
	ガスバリア性、力学的性質	ブレンド（脂肪族ポリエステルアミド／エチレンービニルアルコールコポリマー）	特許2883431	B32B27/28,102
水産関連用途（容器）	水中で無くなる釣り餌容器	ポリカプロラクトン使用	特開平10-84827	A01K97/02
その他	水生動物付着防止	熱可塑性樹脂組成物／防汚剤	特開2000-143414	A01N43/801,02

2.16.4 技術開発拠点

生分解性ポリエステルの開発を行っていると思われる事業所・研究所などを発明者住所をもとに紹介する。

　岡山県：倉敷地区、西条工場、玉島工場

2.16.5 研究開発者

　クラレの発明者数は1990年から97年までの間、93年（13名）を除いては5名以下であったが、98年には7名となり、99年には22名と急増した。出願件数も99年は10件である。
　99年の出願には繊維材料（複合繊維、織物、不織布など）とその用途に関連するものが多い。

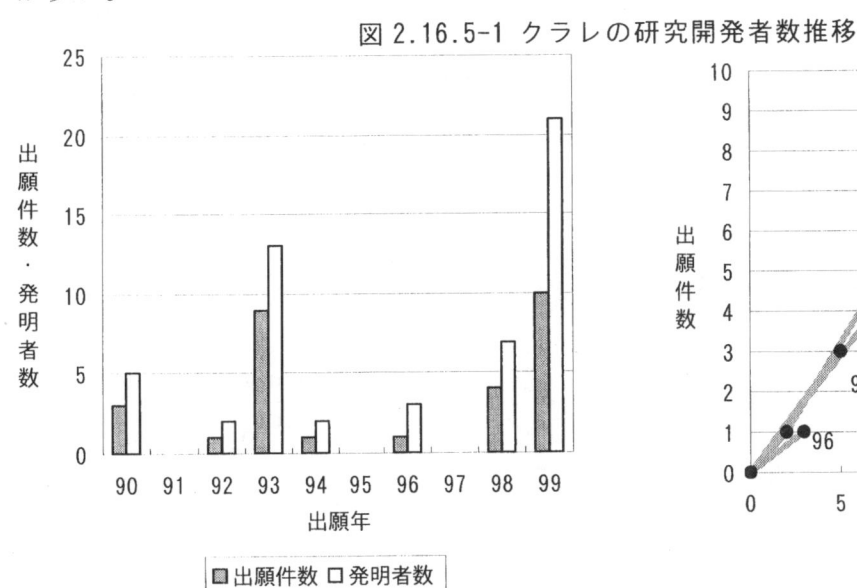

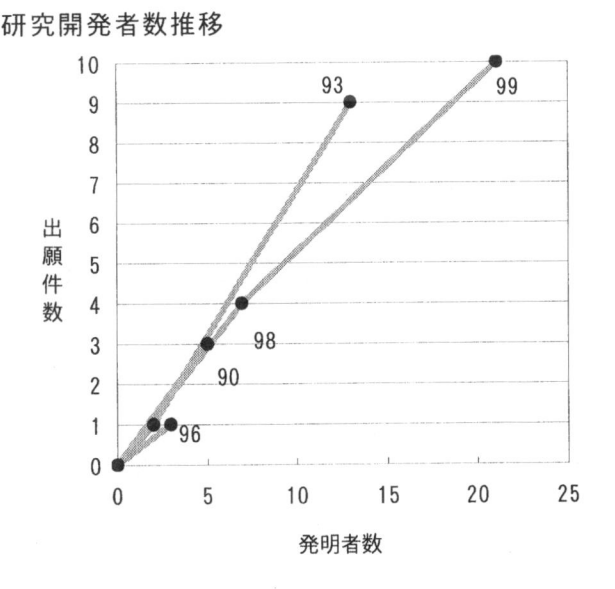

図 2.16.5-1 クラレの研究開発者数推移

173

2.17 グンゼ

2.17.1 企業の概要

表2.17.1-1 グンゼの企業の概要

1)	商　　　　号	グンゼ株式会社
2)	設　立　年　月　日	明治29年8月
3)	資　　本　　金	260億7,100万円（2001年3月現在）
4)	従　　業　　員	2,863名　　　　（　〃　）
5)	事　業　内　容	繊維事業、機能資材事業、機械類事業、不動産事業、他
6)	事　業　所	本社／綾部（大阪）、工場／宮津、梁瀬、久世、綾部、宇都宮、守山、江南、他
7)	関　連　会　社	国内／東北グンゼ、出雲グンゼ、福知山グンゼ、倉吉グンゼ、グンゼ販売、グンゼ物流、郡是高分子工業、他 海外／大連坤姿時装有限公司（中国）、Thai Gunze Co.Ltd.（タイ）、Gunze(Vietnam)Co., Ltd.、Gunze Plastics & Engineering Corporation of Europe N.V.（ベルギー）、他
8)	業　績　推　移	平成13年3月期は前期に比し、売上高3.8%減、経常利益21.0%増
9)	主　要　製　品	インナーウェア、靴下、アウターウェア、テキスタイル素材、繊維資材、プラスチックフィルム、印刷関係機械、食品関係機械、金型、マンション、樹木、メディカル材料、等
10)	主　な　取　引　先	卸し・小売業（デパート、スーパー）、商社、食品メーカー、プラスチック加工メーカー、病院、他
11)	技　術　移　転　窓　口	知的財産部　京都府綾部市青野町膳所1番地

　生分解性ポリエステルの販売部署は、研究開発部機能シート事業開発室で、生産は守山工場である。

2.17.2 生分解性ポリエステル技術に関連する製品・技術

表2.17.2-1 グンゼの製品・技術

技術要素	製品	製品名	発売時期	出典
生活関連材料および包装材料	生分解性プラスチック	ビオファン	発売中	ポリファイル 2001年3月号

　「ビオファン」はグンゼが開発したポリヒドロキシブチレートのフィルムおよびシートで共重合体ポリマーを主成分とする。カード分野、フィルム、フラットヤーン分野等に広く使用される。
　グンゼのカード関連出願はポリヒドロキシ酪酸とポリヒドロキシ吉草酸との共重合体ポリマーとポリ乳酸との共重合体をコア層とするものが多く、上記製品にもこの技術が応用されているものと推測される。

2.17.3 技術開発課題対応保有特許の概要

　表2.17.3-1にグンゼの保有特許を示す。
　グンゼの保有特許出願は25件で、その内容は、ブレンド：15件（カード6、フィルム4、組成物・成型物3、農業2、ネット2、フラットヤーン1）、積層：7件、フィルム・シート：7件（うち農業用2）、カード：6件、繊維・網：6件（うち、漁業用網3、

フラットヤーン1件）、コンポスト袋1件および圧電材：1件である。

ブレンド、フィルム・シートおよびその積層の特許出願が多く、特にフィルム・シートに注力されている。

用途としては、カードに6件の関連特許があるが、全てブレンド、積層であり、物性の向上、光沢の改良を目的としている。フィルム単層の特許も農業用を含め7件と多く、その殆どがブレンドであり、繊維関係は殆ど漁業用である。

原料としては 3-ヒドロキシブチレートと 3-ヒドロキシバリレートの共重合体、ポリ乳酸共重合体、ポリカプロラクトンが使われている。

また、外部との共願はない。

表 2.17.3-1 グンゼの技術開発課題対応保有特許(1/2)

技術要素	課題	概要	特許番号	筆頭IPC
組成物・処理（ブレンド、組成物）	高融点もつ生分解性組成物	生分解性の熱可塑性ポリマーとカプロラクトンを混合分散	特許2583813	C08L67/04
農業用途（コンポスト袋、ブレンド）	シール性、強度、柔軟性のある生分解性フィルム	ブレンド（PHA/ポリカプロラクトン）	特開平8-188706	C08L67/04
農業用途（農業フィルム、ブレンド）	生分解性マルチフィルム	ブレンド（脂肪族ポリエステル（分子量限定）/PHB・PHV共重合体）	特開平11-80524	C08L67/04
農業用途（不織布、農業）	再利用可能な樹木栽培容器	微細な孔を設けて根の傷みを少なくする不織布からなる。	特開2000-50741	A01G9/10
包装用途（フィルム、積層）	耐ブロッキング、非脆性、柔軟性、成形性生分解性フィルム。	PHAとポリカプロラクトンの含有量を変えた樹脂層	特開平8-73722	C08L67/04
包装用途（フィルム、ブレンド）	引っ張り強度、弾性率の良い生分解性フィルム	延伸。分子量限定。ブレンド（3-ヒドロキシブチレート（PHB）と3-ヒドロキシバリレート（PHV）共重合体/ポリ乳酸）	特開平10-147653	C08J5/18
	耐熱性、強度に優れた生分解性フィルム	延伸。分子量、延伸条件限定。ブレンド（3-ヒドロキシブチレート（PHB）と3-ヒドロキシバリレート（PHV）共重合体/ポリカプロラクトン	特開平10-110047	C08J5/18
	高強度、結晶性、生分解性フィルム	二軸延伸。ブレンド（産生生分解性ポリマー/熱可塑性ポリマー）	特開2000-289104	B29C55/12
包装用途（シート、ブレンド）	成形性、強度、硬度に優れる	ブレンド（ポリ乳酸/ポリカプロラクトン）	特開平8-188705	C08L67/04
包装用途（成型物、ブレンド）	押出成形加工性、機械特性、耐熱性、に優れた生分解性成形物	ブレンド（3-ヒドロキシブチレートと3-ヒドロキシバリレート共重合体/の脂肪族ポリエステル）	特開平8-176420	C08L67/04
包装用途（改質、ブレンド、延伸）	ポリカプロラクトンの融点向上	ポリカプロラクトンに熱可塑性ポリマー混合物を延伸	特公平8-2966	C08J3/00
水産関連用途（繊維、添加剤配合）	水中での分解を早める生分解性釣り糸	ポリグリコール酸又はグリコリドと他の分解性高分子モノマーとの共重合体に親水性加工剤を添加	特許2779972	A01K91/00

表 2.17.3-1 グンゼの技術開発課題対応保有特許(2/2)

技術要素	課題	概要	特許番号	筆頭IPC
水産関連用途（繊維）	生分解性釣り糸	ポリラクチドの紡糸	特許2736390	A01K91/00
水産関連用途（漁網）	生分解性漁網	ポリグリコール、ポリ乳酸、グリコリドと他の分解性高分子との共重合体	特許2855228	A01K75/00
水産関連用途（海苔網）	胞子の着きを良くする	繊維の表面に凸凹をつける	特開平10-165022	A01G33/02,102
水産関連用途（養殖用網、ブレンド）	二枚貝養殖に適した養殖用網	ブレンド（ポリカプロラクトン／PHB）	特開平8-228640	A01K75/00
生活関連用途（カード、積層、ブレンド）	生分解性カード	コア層（3-ヒドロキシブチレートと3-ヒドロキシバリレートの共重合体／ポリ乳酸共重合体）スキン層（ポリ乳酸グリコール成分／脂肪族ジカルボン酸重合体）	特開2001-162977	B42D15/10,501
	生分解性カード	コア層（乳酸含有ポリマー／高分子量脂肪族ポリエステル／カップリング剤）スキン層（高分子量脂肪族ポリエステル／カップリング剤）	特開平11-105224	B32B27/36
	光沢、熱転写可能な生分解性カード	コア層（3-ヒドロキシブチレートと3-ヒドロキシバリレートとの共重合体／ポリ乳酸共重合体）スキン層（ポリ乳酸グリコール成分／脂肪族ジカルボン酸重合体）	特開平10-157041	B32B27/36
	表面性、表面保護性に優れた生分解性カード	コア層（微生物産生ポリマー／ポリ乳酸）スキン層（ポリ乳酸／ポリカプロラクトン）	特許3149356	B42D15/00,341
	積層、強度、剛性に優れた生分解性カード基材	3-ヒドロキシブチレートと3-ヒドロキシバリレート共重合体／ポリ乳酸／ポリカプロラクトン	特許3051336	C08L67/04
	積層、耐折り曲げに優れた生分解性カード	3-ヒドロキシブチレート（PHB）と3-ヒドロキシバリレート（PHV）共重合体／ポリ乳酸／（PHB/V）とポリカプロラクトン（PCL）若しくはポリ乳酸とPCL	特開平9-123358	B32B27/00
繊維関連用途（フラットヤーン、ブレンド）	強伸度向上、寸法安定性、耐熱性、成形性の良い生分解性フラットヤーン	ε-カプロラクトン共重合体及び脂肪族ポリエステルとの混合物	特開平10-204720	D01F6/62,305
繊維関連用途（ブレンド）	高強度、寸法安定性、成形性の良い生分解性ネット	ε-カプロラクトン共重合体及び脂肪族ポリエステルとの混合物	特開平10-88445	D03D15/00
その他用途（圧電材）	糸の捻れ	設計	特開2000-144545	D02J1/20

2.17.4 技術開発拠点
滋賀県：滋賀研究所（守山市）

2.17.5 研究開発者
グンゼは1990年、91年（発明者数は5名、4名）に生分解性の漁網や釣り糸を出願している。1992～94年の発明者数は2名以下であったが、1994～98年は5～9名に増加した。出願件数は96年の7件がピークであり、1995～96年にはカード、フィルムなどが出願されている。

図 2.17.5-1 グンゼの研究開発者数推移

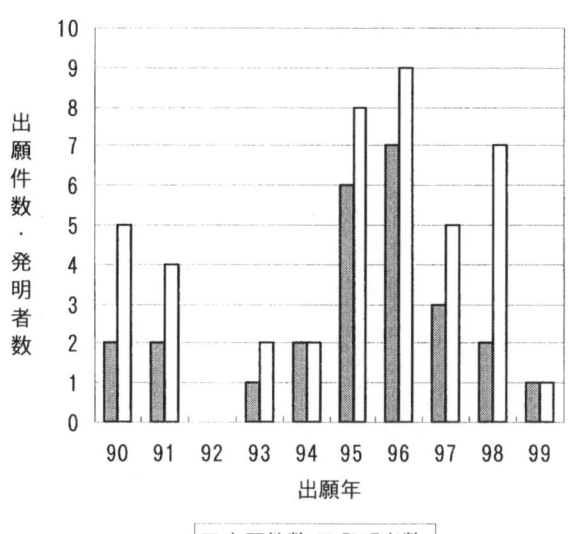

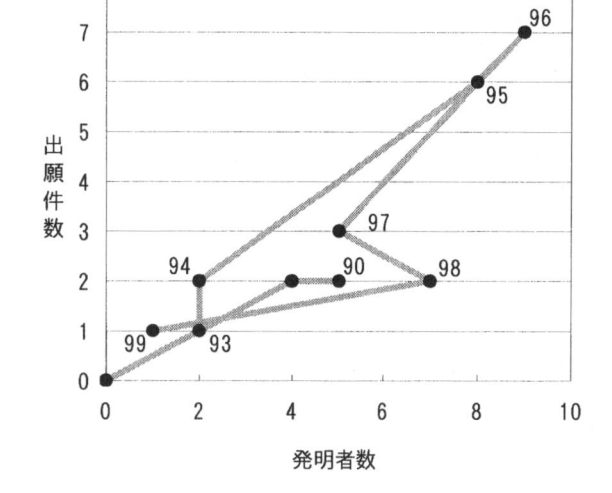

2.18 大倉工業

2.18.1 企業の概要

表 2.18.1-1 大倉工業の企業の概要

1)	商　　　　　号	大倉工業株式会社
2)	設　立　年　月　日	昭和22年7月
3)	資　　本　　金	86億1,900万円（2001年3月現在）
4)	従　　業　　員	1,742名　　　　（〃）
5)	事　業　内　容	合成樹脂事業、建材事業、ホテル事業、その他事業
6)	事　　業　　所	本社／丸亀、工場／丸亀、仲南、詫間、埼玉、静岡、滋賀
7)	関　連　会　社	国内／大栄製袋、カントウ、中村化成、トーフー、大成、他 海外／OKURA U.S.A., INC.（米）、他
8)	業　　績　　推　　移	平成13年3月期は前期に比し、売上高0.5%減、経常利益23.2%増
9)	主　　要　　製　　品	プラスチックフィルム、パーティクルボード、化粧板、通気シート、ホテル事業、偏光フィルム、他
10)	主　な　取　引　先	卸し・小売業、建設業、電気・電子機器業、一般消費者、等

　生分解性ポリエステルの販売部署は合成樹脂営業本部で、生産拠点は加工技術センターである。

2.18.2 生分解性ポリエステル技術に関連する製品・技術

表 2.18.2-1 大倉工業の製品・技術

技術要素	製品	製品名	発売時期	出典
包装用途および農業用途	生分解性フィルムシート	エコローム	1998年	グリーンプラジャーナル 2001年 No.2(10月) p.52

　「エコローム」はポリ乳酸系ポリマー「レイシア」（三井化学）とポリブチレンサクシネート系ポリマー「ビオノーレ」（昭和高分子）を使用したフィルムシートで、コンポスト袋、農業用マルチフィルム、農園芸用資材に使用されている。
　大倉工業の特許出願には生分解促進を目的とした生分解性ポリマーの組み合わせ、特殊素材の利用などがあり、上記製品の製造に応用されていると考えられる。

2.18.3 技術開発課題対応保有特許の概要

　表 2.18.3-1に大倉工業の保有特許を示す。
　大倉工業の保有特許出願は21件で、その内容は、複合化（フィラー、繊維）：3件、容器：2件、農業用、コンポストフィルム、：6件、収縮フィルム：3件、フィルム・シート：2件、成形：1件、植生（農業）：3件およびブレンド：1件である。
　フィルム成形と配合に関する特許出願が多く、主として農業用フィルム及び収縮フィルムを中心に開発が行われている。
　複合化では、椰子の中果皮やフライアッシュなど廃物利用の特殊な素材の配合がみられる。
　ヒートシール性に関する特許出願1件が工業技術院（現、経済産業省産業技術総合研究所）との共願になっている。

表 2.18.3-1 大倉工業の技術開発課題対応保有特許

技術要素	課題	概要	特許番号	筆頭IPC
組成物・処理 （複合化、フィラー）	分解促進	生分解性樹脂（ポリブチレンサクシネートなど）／石炭灰。配合比限定	特開2000-86913	C08L101/00
	安価、成形性、物性の良い組成物	生分解性樹脂／精麦粕	特開2001-11327	C08L101/16
組成物・処理 （複合化、繊維・フィラー）	生分解性制御、コストダウン	脂肪族ポリエステル／植物繊維／アルカリ土類金属	特開平10-273582	C08L67/00
組成物・処理 （ブレンド）	成形速度向上	結晶化温度の違う（琥珀酸のポリエステル樹脂を脂肪族ジイソシアネート化合物で高分子量化した2種）ポリマーをブレンド	特開2000-143972	C08L75/06
加工 （フィルムの成形）	安定したフィルム成形	下向きのインフレダイスを使用	特開平8-11206	B29C55/28
農業用途 （農業用フィルム）	生分解性促進	脂肪族ポリエステル／椰子の中果皮繊維	特開平10-72545	C08L67/00
	生分解性促進	脂肪族ポリエステル／石炭灰	特開2000-83494	A01G13/00,302
	可とう性、展張作業性に優れる生分解性フィルム	ω-2官能脂肪族カルボン酸とα,ω-2官能脂肪族アルコール縮合物／生分解性可塑剤（クエン酸アルキルエステル）	特開2000-191805	C08J5/18
	土中、空中での分解速度にバランスがとれている生分解性作業性の良いフィルム	ポリ乳酸とウレタン結合を持つ脂肪族ポリエステルからなる2層フィルム	特開2000-295929	A01G13/00,302
農業用途 （コンポスト袋）	分解促進。繊維混合。	生分解生プラスチック／椰子の中果皮	特開平10-72544	C08L67/00
	分解促進。ブレンド	脂肪族ポリエステル（1,4-ブタンジオールと脂肪族ジカルボン酸、ポリイソシアネート重合体）／ポリ乳酸	特開2001-49115	C08L75/04
農業用途 （植生、農業）	強度、分解性を制御した育苗ポット	生分解性樹脂／石炭灰の配合	特開2000-83485	A01G9/10
	分解性育苗ポット	デザイン	特開2000-232825	A01G9/10
	分解性育苗ポット	2層：最内層に肥料混入生分解性ポリマー、最外層に生分解性が内層より遅いポリマー	特開2001-190158	A01G9/10
農業用途 （容器）	土中で分解促進された容器	外層と内層の結晶化温度の異なる脂肪族ポリエステル組成物を使用	特開2001-45877	A01G9/10
	分解促進された容器	厚み方向に結晶化度の勾配を持たせるシートを使用	特開2000-342079	A01G9/10
包装用途 （収縮フィルム）	透明、低温収縮に優れた収縮フィルム	脂肪族ポリエステル／ポリ乳酸ブレンドフィルムの延伸	特開2001-11214	C08J5/18
	透明光沢、低温収縮フィルム	ポリ乳酸／脂肪族ポリエステル積層の延伸	特開2001-47583	B32B27/36
	透明光沢、易滑性、ヒートシール性	ポリ乳酸（A）／AとBをブレンドした組成物／脂肪族ポリエステル（B）の多層延伸フィルム	特開2001-88261	B32B27/36
包装用途 （フィルム・シート）	良ヒートシール性生分解性フィルム・シート	セルロース繊維及びキトサンからなる基材フィルムの片面に生分解性樹脂被膜を形成	特公平7-10585	B32B23/08
包装用途 （シート）	生分解性真空成形シート	生分解性プレポリマーをイソシアネートにより高分子化した組成物に炭素繊維、無機フィラーを充填	特開2001-18286	B29C51/10

2.18.4 技術開発拠点
香川県:丸亀地区、加工技術センター

2.18.5 研究開発者
　大倉工業の発明者数、出願件数はともに1999年が最多(6名、10件)であり、91年を除いては3名以下で推移している。

　出願には農業用フィルム、コンポスト袋、育苗ポットなどの農業用材料や収縮フィルムが多い。

図2.18.5-1 大倉工業の研究開発者数推移

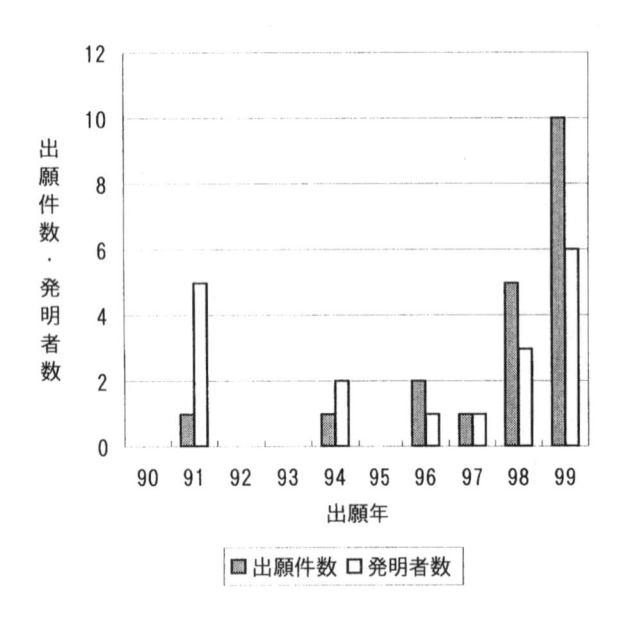

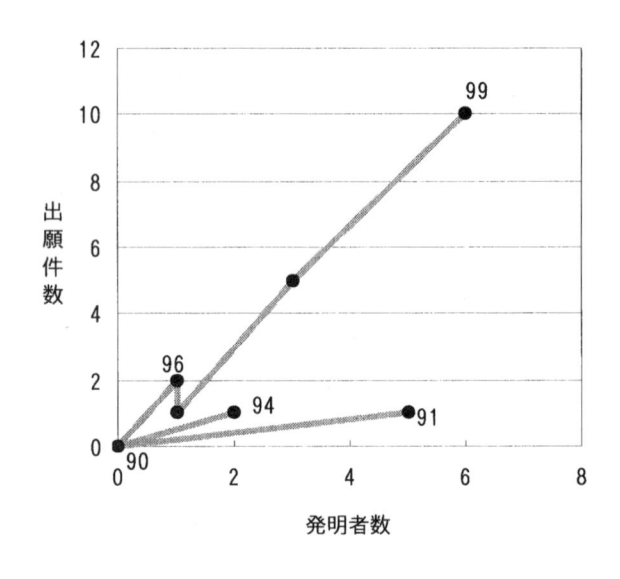

2.19 ジェイエスピー

2.19.1 企業の概要

表 2.19.1-1 ジェイエスピーの企業の概要

1)	商　　　　　号	株式会社ＪＳＰ
2)	設　立　年　月　日	昭和37年1月
3)	資　　本　　金	78億9,700万円（2001年3月現在）
4)	従　　業　　員	566名　　　　　（〃）
5)	事　業　内　容	食品包材事業、産業資材事業、自動車資材事業、建築資材事業、他事業
6)	技術・資本提携関係	技術提携／シールドエアコーポレーション、ジェイエスピーインターナショナル SARL（仏）、KOSPA（韓国）、他 資本提携／冠仲投資有限公司（台湾）、三菱瓦斯化学、他
7)	事　業　所	本社／東京、工場／北海道、鹿沼、平塚、四日市、関西、九州
8)	関　連　会　社	国内／日本ザンパック、ケイピー、セイホクパッケージ、他 海外／ジェイエスピーアメリカ INC.（米）、ジェイエスピーインターナショナル SARL（仏）、ジェイエスピーフォームプロダクツ PTE. LTD（シンガポール）、他
9)	業　績　推　移	平成13年3月期は前期に比し、売上高5.4%増、経常利益5.7%減
10)	主　要　製　品	スチレンペーパー、発泡ポリスチレンボード、発泡ポリオレフィンシート、バンパーコア材、発泡ポリプロピレン成形品、プラスチック再生機・処理機、他
11)	主　な　取　引　先	主な取引先：建設業、卸し・小売業、自動車メーカー、プラスチック加工メーカー、他

　生分解性ポリエステルの販売部署は本社第一営業部、第二営業部および開発部で生産拠点は鹿沼工場である。

2.19.2 生分解性ポリエステル技術に関連する製品・技術

表 2.19.2-1 ジェイエスピーの製品・技術

技術要素	製品	製品名	発売時期	出典
包装用途	発泡シート	バイオミラマット	発売中	「生分解性ポリマーの現状と新展開」㈱ダイヤリサーチマーテック 2001年1月発行
	気泡緩衝シート	バイオキャプロン	発売中	〃
	発泡ネット	バイオミラネット	発売中	〃
	異形押出発泡体	バイオミラスティック	発売中	〃
	型内成形発泡体	グリーンブロック	発売中	グリーンプラジャーナル 2001年 No.3(7月) p.54

　ジェイエスピーの各種発泡製品はポリブチレンサクシネート系ポリマー「ビオノーレ」（昭和高分子）を使用しており、包装、梱包用である。
　ジェイエスピーの出願は発泡関連が大半であり、上記製品にはこの技術が使用されているものと推測される。

2.19.3 技術開発課題対応保有特許の概要

　表 2.19.3-1 にジェイエスピーの保有特許を示す。
　ジェイエスピーの保有特許出願は16件で、その内容は発泡：10件、発泡製品：3件、ブレンド：5件およびフィルム：1件である。

発泡とブレンドに関する特許出願が多い。発泡は添加剤と共に泡の構造や物性面に関するものが含まれており、この原料としては脂肪族ポリエステルが使われている。

用途に関する特許は紐、ネット、シートと散発的なものであるブレンドについてはポリβ—ヒドロキシ酪酸とポリカプロラクトン系とのブレンドが多く、成形性、物性の向上を目的としている。また、ポリオレフィンとのブレンドは生分解性速度のコントロールを目的としている。

発泡性粒子に関して、工業技術院（現、経済産業省産業技術総合研究所）との共願が2件ある。

表2.19.3-1 ジェイエスピーの技術開発課題対応保有特許

技術要素	課題	概要	特許番号	筆頭IPC
組成物・処理（ブレンド）	完全微生物分解性成形体と製法	ポリカプロラクトン／ポリ-β-ヒドロキシ酪酸／触媒／相溶化剤	特公平6-62839	C08L67/04
	成形性、物性の良い生分解性組成物	ポリβ-ヒドロキシ酪酸／ポリカプロラクトン。物性限定	特許2530556	C08L67/04
	成形性、物性の良い生分解性組成物	β-ポリヒドロキシ酪酸／ポリカプロラクトン。物性限定	特許2530557	C08L67/04
	崩壊速度制御	微生物崩壊性樹脂／変性ポリオレフィン	特公平7-103299	C08L67/00
	機械的物性、二次加工性の良い成型物	脂肪族ポリエステル／熱可塑性樹脂	特公平6-23260	C08J5/00
包装用途（発泡、添加剤）	生分解性発泡粒子と製法、その成形体（架橋）	脂肪族ポリエステル系発泡粒子／架橋剤（有機酸化物と不飽和結合を持つ物質）	特開平10-324766	C08J9/22
	生分解性発泡体とその製法	微生物分解性熱可塑性樹脂／発泡剤（低沸点有機化合物／無機充填剤	特公平5-88896	C08J9/14
	生分解性発泡体とその製法	微生物分解性樹脂／微生物非分解性樹脂（それぞれの粘度限定）の混練後に発泡剤混入	特公平7-17780	C08J9/14
	生分解性ポリカーボネート系樹脂発泡成形体	物性限定。発泡剤配合	特開平10-324763	C08J9/14
包装用途（発泡）	生分解性発泡粒子と成形収縮少ない生分解性架橋成形体の製法	ゲル分率が特定の値の脂肪族ポリエステル発泡粒子を用いる	特開2001-106821	C08J9/228
	生分解性発泡粒子と製法、耐クリープ性の良い発泡架橋成形体	脂肪族ポリエステルの物性、嵩密度限定。独立気泡	特開2000-109595	C08J9/22
	生分解性発泡粒子と製法、外観良好な成形体（架橋）	クロロフォルム不溶分に規定	特開2001-49021	C08J9/16
包装用途（シート、発泡）	生分解性発泡シート	脂肪族ポリエステル（物性限定）／脂肪族炭化水素系発泡剤	特開平10-152572	C08J9/14
包装用途（ネット、発泡）	緩衝性、通気性の良い生分解性発泡ネット	脂肪族ポリエステル発泡樹脂（物性限定）	特開平11-35072	B65D81/03
包装用途（紐、発泡）	クッション性良好な生分解性発泡紐	脂肪族ポリエステルの発泡一軸延伸物	特開平11-92583	C08J9/14
包装用途（フィルム）	生分解性開孔フィルム、水切りネット	脂肪族ポリエステル樹脂の樹脂の粘度限定	特開平10-17696	C08J9/04

2.19.4 技術開発拠点

栃木県：鹿沼工場

2.19.5 研究開発者

ジェイエスピーの発明者数は1997年（12名）を除いては年間4～5名の年（91、92、

96、98、99年)が多い。出願件数も97年(5件)が最高である。
　出願には発泡粒子、発泡体、発泡シートなど発泡製品類が多い。

図 2.19.5-1 ジェイエスピーの研究開発者数推移

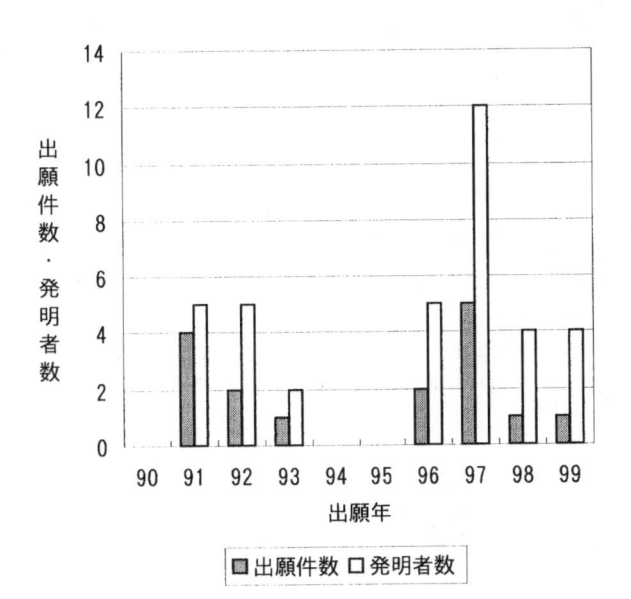

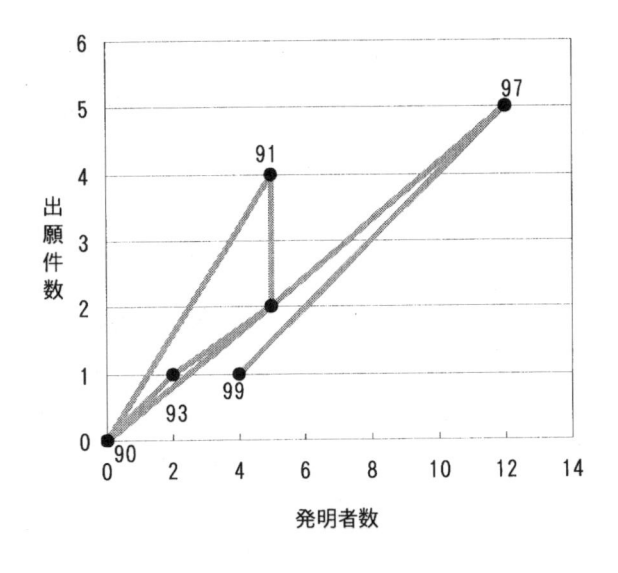

2.20 カネボウ合繊

2.20.1 企業の概要

表 2.20.1-1 カネボウ合繊の企業の概要

1)	商 号	カネボウ合繊株式会社
2)	設 立 年 月 日	平成8年10月
3)	資 本 金	60億5,500万円（2002年1月現在）
4)	従 業 員	1,121名　　（　〃　）
5)	事 業 内 容	ナイロン・ポリエステルの糸・織編物、アクリルの糸・綿・織編物、並びに樹脂チップの製造・販売
6)	事 業 所	本社／大阪、工場／防府、北陸、彦根
7)	関 連 会 社	国内／カネボウ繊維、ベルテキスタイル、ベルテックス、ケーシーアイ・ワープニット、鯖江合繊、他 海外／上海華鐘ストッキング有限公司、紹興華鐘合繊有限公司、蘇州華鐘ニット有限公司（以上中国）、カネボウマレーシア・スピニングミルズ SDN.BHD（マレーシア）、他
8)	業 績 推 移	平成12年度売上高579億円
9)	主 要 製 品	ナイロン糸、ポリエステル糸、アクリル糸、アクリル綿、ナイロン・ポリエステル・アクリル織編物、ナイロンポリエステル樹脂チップ、他
10)	主 な 取 引 先	商社、卸し・小売業、織布業、プラスチック加工業、他

　生分解性ポリエステルの販売部署はラクトロングループである。
　カネボウ合繊はカーギル・ダウと提携し、生分解性繊維製品「ラクトロン」を開発してきたが、衣料品やタオル類など最終製品の販売を始めた（日経産業新聞2002年2月7日）。

2.20.2 生分解性ポリエステル技術に関連する製品・技術

表 2.20.2-1 カネボウ合繊の製品・技術

技術要素	製品	製品名	発売時期	出典
繊維関連用途	繊維製品	ラクトロン	発売中	グリーンプラジャーナル2000年創刊準備号(7月) p.45

　「ラクトロン」はポリ乳酸系ポリマーを原料とした生分解性繊維製品で、モノフィラメント、マルチフィラメント、ステープル、織物、編物、不織布などに広く展開されている。

2.20.3 技術開発課題対応保有特許の概要

　表2.20.3-1にカネボウ合繊の保有特許を示す。
　カネボウ合繊の保有特許出願は13件で、その内容は発泡：9件、合成（改質）：6件、添加剤配合：4件、ブレンド：1件（発泡）および不織布：2件である。
　発泡に関する出願が多い。ポリ乳酸を中心にイソシアネートで変性し、発泡剤を添加して発泡する。また、導電剤を加えて、さらに機能を深める研究が行われている。中でも発泡組成物に関する出願が多い。他に不織布関係の特許が2件ある。
　全ての特許出願は共願であり、地球環境産業技術研究機構および鐘紡：11件（添加物配合・発泡）、カネボウ：2件（不織布）である。

表 2.20.3-1 カネボウ合繊の技術開発課題対応保有特許

技術要素	課題	概要	特許番号	筆頭IPC
合成反応（合成（改質、発泡））	生産性に優れた発泡性樹脂組成物	ポリ乳酸にイソシアネート化合物を反応。含有水分による発泡	特開2000-17037	C08G18/42
	生産性に優れた発泡性樹脂組成物	ポリ乳酸／非晶性樹脂（ポリカーボネート、ポリスチレン、共重合ポリエチレンテレフタレートの一種）にポリイソシアネートを配合	特開2000-17038	C08G18/42
	生産性に優れた発泡性樹脂組成物	ポリ乳酸（溶融粘度限定）にポリイソシアネートを配合。組成物の粘度がMI<3	特開2000-17039	C08G18/42
	生産性に優れた発泡性樹脂組成物	ポリ乳酸／ポリイソシアネート／金属酸化物又は金属硫酸塩	特開2000-178346	C08G63/06
	生産性に優れた安価な発泡性樹脂組成物	ポリ乳酸（分子量、分子量分布限定）／ポリイソシアネート	特開2001-98044	C08G18/42
	安定した溶融粘度を持つ発泡組成物	ポリ乳酸／多価アルコール又は多価カルボン酸／イソシアネートの配合	特開2000-169546	C08G18/42
組成物・処理（添加物配合、発泡）	柔軟性、耐衝撃性、高生産性の良い発泡粒子の製造	ポリ乳酸／増粘剤／発泡剤／発泡助剤で規定サイズの発泡粒子を造る	特開2001-164027	C08J9/18
	生分解性で安価な発泡粒子及び成形物の製造	ポリ乳酸／低沸点有機化合物／タルク（発泡核剤）からなる発泡粒子表面に高級脂肪酸又はその塩、エステル、アミドを配合	特開2001-98104	C08J9/18
	制電・導電性生分解性発泡成形体	ポリ乳酸／ポリイソシアネート／導電性カーボン。MI<5	特開2000-86802	C08J9/18
	制電・導電性生分解性発泡成形体	ポリ乳酸／ポリイソシアネート／ポリアルキレングリコール誘導体及びアルキルアリールスルホン酸金属塩を配合	特開2000-230029	C08G18/42
組成物・処理（樹脂ブレンド、発泡）	発泡粒子、成型物の製造	ポリ乳酸（L-／D-が一定比率範囲内にある）発泡粒子／生分解性樹脂（Tg<40℃）。配合後成形する	特開2001-98105	C08J9/236
繊維関連用途（不織布）	高性能吸音材と製法	通常繊維／熱融着繊維（ポリ乳酸、ポリカプロラクトン）。成型物表面の融着を高め、膜状にする	特開2000-199161	D04H1/54
	無公害の育苗マット	ポリ乳酸ステープル／ポリカプロラクトンステープルの積層融着	特開平11-206257	A01G31/00,606

2.20.4 技術開発拠点

山口県：防府地区

2.20.5 研究開発者

　カネボウ合繊の出願は1998年と99年にみられ、発明者数は98年が5名、99年が7名であり、出願件数は98年が8件、99年が5件であった。

　生分解性ポリエステルとしてはポリ乳酸系ポリマーを主体とする脂肪族ポリエステルが大半を占め、発泡体、不織布などへの利用に集中している。

図 2.20.5-1 カネボウ合繊の研究開発者数推移

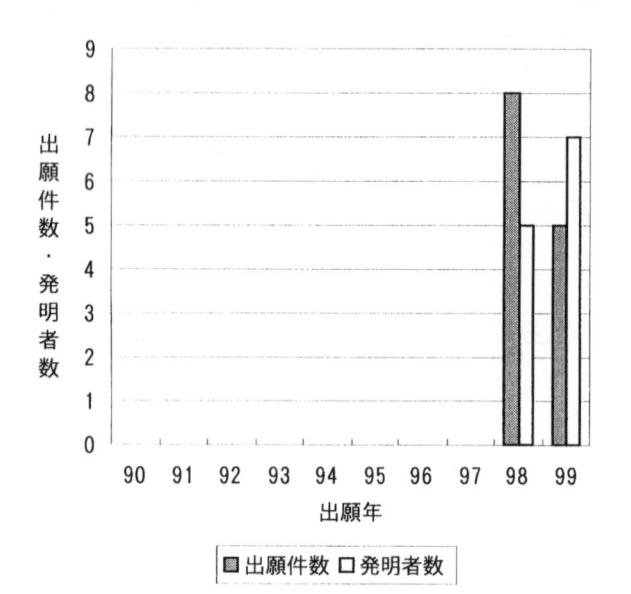

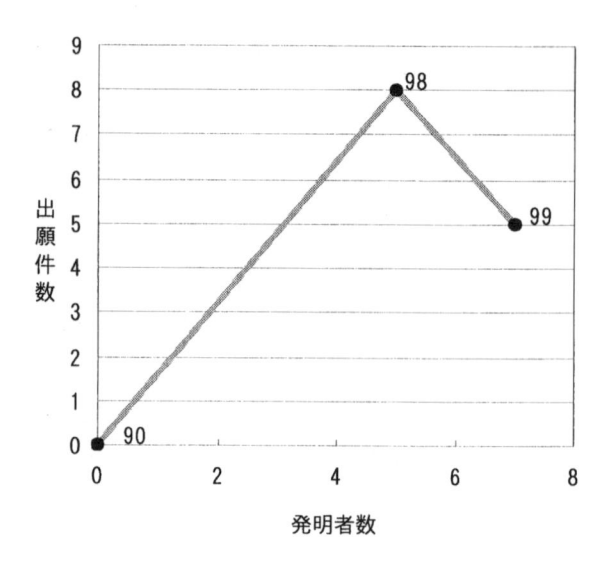

2.21 大学

　表2.21.1-1 と表2.21.2-1 に生分解性ポリエステルについて大学関係の特許番号一覧と連絡先を示す。特許は権利が存続のものと権利化の可能性のあるものを掲載してある。

2.21.1 大学関係の保有特許

表2.21.1-1 大学関係保有特許リスト

大学名	発明者	公報番号			
京都工芸繊維大学	木村良晴	特開平5-148418	特許3142658	特開平8-311176	特開平10-87796
		特開平10-87975	特開平10-176038	特開平10-176039	特開平10-287734
		特開平10-287735	特開平11-255873	特開平11-255874	特開2000-212425
		特開2000-265333	特開2000-297143		
京都大学	小林四郎	特許3004312	特開2000-224996		
九州工業大学	白井義人	特開2000-189183	特開2000-245491	特開2000-319419	
群馬大学	三友宏志	特開平10-287733	特開平11-255871	特開平11-279390	特開平11-286829
		特開平11-275986	特開平11-279271	特開平11-279311	特開平11-279272
		特開平11-278451	特開平11-279391	特開平11-275987	特開平11-279392
広島大学	白浜博幸	特許2794353			
東京工業大学	井上義夫	特開平6-287393	特開平11-335449	特開平11-335475	特開2001-49100
		特開2001-81299			
	土肥義治	特公平7-68443	特許3114148	特許3100001	特開平6-145311
		特開平7-48438	特開平8-289797	特開平9-20857	特開平10-176070
		特開平10-276781	特許3062459	特開平11-243956	特開平11-323115
		特開2001-8689	特開2001-46074		
名古屋大学	山根恒夫	特開2001-226470			

2.21.2 大学の連絡先

表2.21.2-1 大学の連絡先

大学	個人名	住所	TEL	所属
京都工芸繊維大学	木村良晴	〒606-8505　京都市左京区松ケ崎御所街道町	075(724)7713	繊維学部高分子学科
京都大学	小林四郎	〒606-8501　京都市左京区吉田本町	075(753)5000　0948(29)7500	大学院材料化学専攻
九州工業大学	白井義人	〒820-8502　飯塚市大字川津680-4	0277(30)1111	大学院生命体工学研究科生体機能専攻
群馬大学	三友宏志	〒376-8515　桐生市天神町1-5-1		生物化学工学科
広島大学	白浜博幸	〒739-0046　東広島市鏡山3-10-31	0284(21)7111	地域共同センター
東京工業大学	井上義夫	〒226-0026　横浜市緑区長津田町4259	045(922)1111	大学院理工学研究科分子生命科学専攻
	土肥義治	〒226-8502　横浜市緑区長津田町4259	045(922)1111	大学院総合理工学研究科物質科学創造専攻
名古屋大学	山根恒夫	〒464-8601　名古屋市千種区不老町	052(789)4004	大学院農学研究科生物機構・機能科学専攻

3. 主要企業の技術開発拠点

3.1 合成反応
3.2 組成物・処理
3.3 加工
3.4 特定用途

> 特許流通
> 支援チャート

3．主要企業の技術開発拠点

関東、関西へ集中して存在するが、中部地方、中国地方、四国地方および九州地方にも技術開発拠点が存在する。汎用ポリマーの公害問題から始まった生分解性ポリマーの技術開発は独自の技術を有する企業によりそれぞれの地域で進められている。

　主要企業20社について技術開発拠点を説明する。表3.1-1、表3.2-1、表3.3-1および表3.4-1には生分解ポリエステルを構成する4技術（合成反応、組成物・処理、加工、特定用途）について企業別の出願件数、開発拠点別の発明者数が示されており、図3.1-1、図3.2-1、図3.3-1および図3.4-1には構成する4技術のそれぞれの開発拠点の分布が日本地図上に示されている。なお、各図中の数値は表中の出願人№.に対応している。

　技術開発拠点は北海道および東北地方にはない。九州地方は製造メーカーの開発拠点、四国地方は加工メーカー開発拠点があり、関東、中部、関西および中国は製造メーカーおよび加工メーカーの開発拠点があり、独自の技術・ニーズを有する企業が活発な技術開発を行っている。

3.1 合成反応

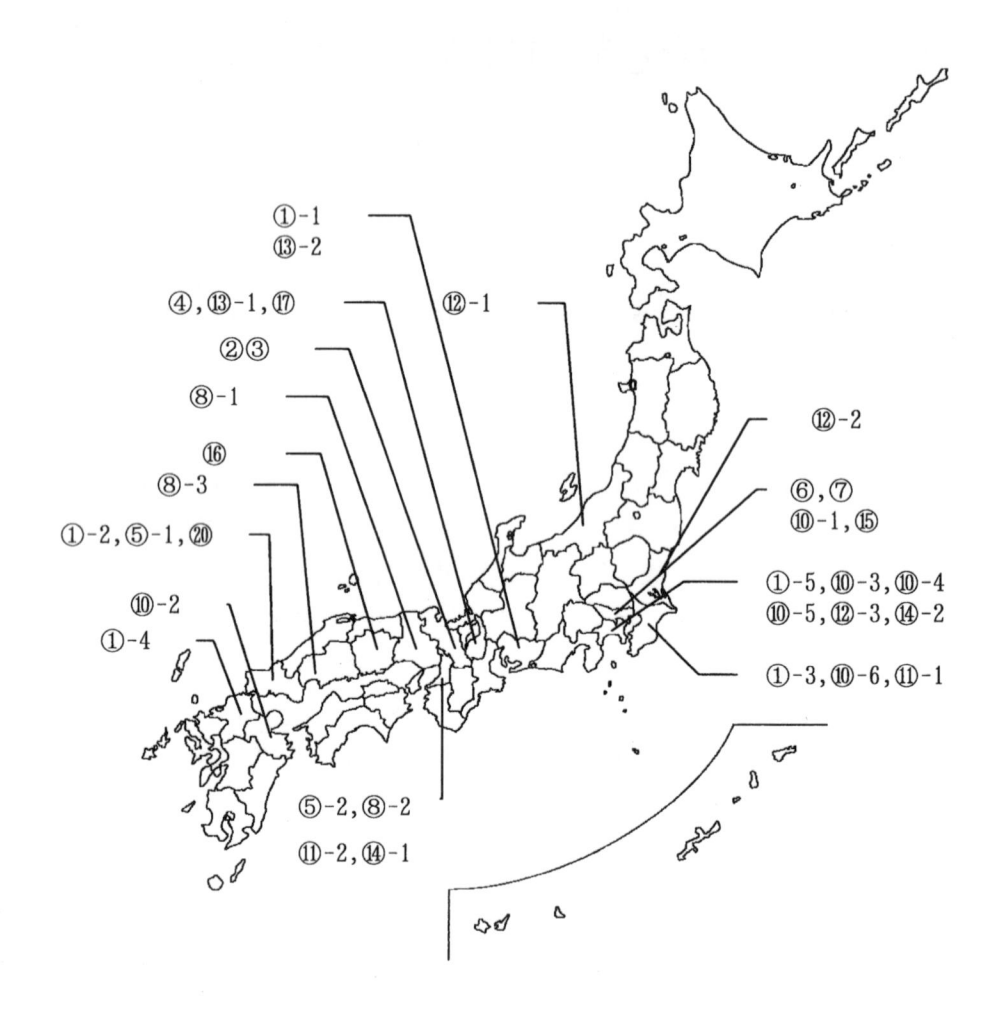

図 3.1-1 合成反応の技術開発拠点図

①-1
⑬-2

④,⑬-1,⑰

②③

⑧-1

⑯

⑧-3

①-2,⑤-1,⑳

⑩-2

①-4

⑫-1

⑫-2

⑥,⑦
⑩-1,⑮

①-5,⑩-3,⑩-4
⑩-5,⑫-3,⑭-2

①-3,⑩-6,⑪-1

⑤-2,⑧-2
⑪-2,⑭-1

表 3.1-1 合成反応の技術開発拠点

No.	出願人	出願件数	事業所名	発明者住所	発明者数
①-1	三井化学	89	名古屋工場	愛知県(名古屋市)	4
①-2			岩国大竹工場	山口県(玖珂郡)	7
①-3			袖ヶ浦センター	千葉(袖ヶ浦市)	8
①-4			大牟田工場	福岡県(大牟田)	51
①-5			神奈川地区	神奈川県(横浜市)	31
②	島津製作所	70	三条工場	京都市	26
③	ユニチカ	15	中央研究所	京都府(宇治市)	11
④	東洋紡績	24	総合研究所	滋賀県(大津市)	15
⑤-1	カネボウ	21	山口地区	山口県(防府市)	5
⑤-2			大阪地区	大阪府(大阪市)	11
⑥	昭和高分子	37	本社	東京都(千代田区)	9
⑦	凸版印刷	13	本社	東京都(台東区)	2
⑧-1	ダイセル化学工業	14	兵庫地区	兵庫県(姫路市)	6
⑧-2			大阪地区	大阪府(堺市)	1
⑧-3			広島地区	広島県(大竹市)	1
⑨	三菱樹脂	0			
⑩-1	昭和電工	11	生化学研究所	東京都(大田区)	3
⑩-2			大分研究所	大分県(大分市)	1
⑩-3			総合技術研究所	神奈川県(川崎市)	2
⑩-4			川崎樹脂研究所	神奈川県(川崎市)	12
⑩-5			化学品研究所	神奈川県(川崎市)	3
⑩-6			総合研究所	千葉県(千葉市)	3
⑪-1	大日本インキ化学工業	25	千葉地区	千葉県(千葉市・佐倉市)	14
⑪-2			大阪地区	大阪(堺市)	3
⑫-1	三菱瓦斯化学	22	新潟研究所	新潟県(新潟市)	10
⑫-2			総合研究所	茨城県(つくば市)	12
⑫-3			平塚研究所	神奈川県(平塚市)	6
⑬-1	東レ	4	滋賀事業場	滋賀県(大津市)	7
⑬-2			名古屋事業場	愛知県(名古屋市)	2
⑭-1	日本触媒	24	吹田工場	大阪(吹田市)	9
⑭-2			川崎研究所	神奈川県(川崎市)	2
⑮	大日本印刷	2	本社	東京都(新宿区)	2
⑯	クラレ	1	本社	岡山県(倉敷市)	1
⑰	グンゼ	2	滋賀研究所	滋賀県(守山市)	2
⑱	大倉工業	0			
⑲	ジェイエスピー	0			
⑳	カネボウ合繊	4	山口地区	山口県(防府市)	3

3.2 組成物・処理

図 3.2-1 組成物・処理の技術開発拠点図

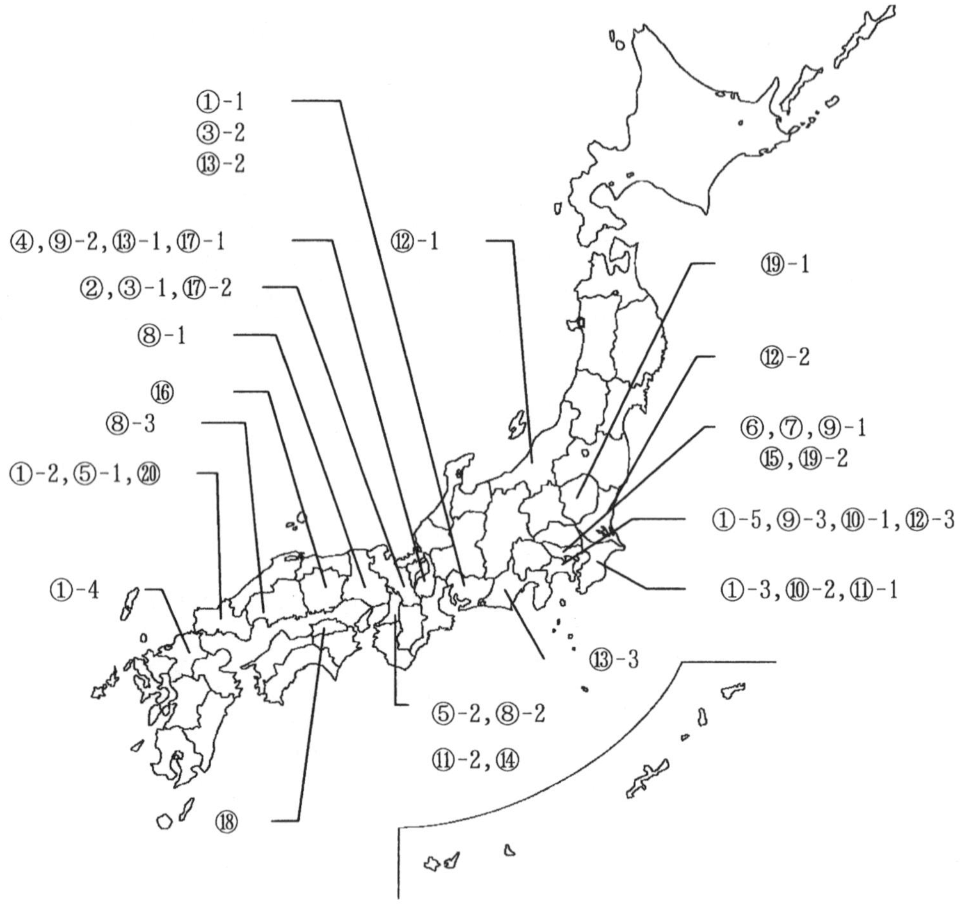

表 3.2-1 組成物・処理の技術開発拠点

No.	出願人	出願件数	事業所名	発明者住所	発明者数
①-1	三井化学	104	名古屋工場	愛知県(名古屋市)	17
①-2			岩国大竹工場	山口県(玖珂郡)	5
①-3			袖ヶ浦センター	千葉(袖ヶ浦市)	7
①-4			大牟田工場	福岡県(大牟田)	12
①-5			神奈川地区	神奈川県(横浜市)	36
②	島津製作所	83	三条工場	京都府(京都市)	28
③-1	ユニチカ	55	中央研究所	京都府(宇治市)	47
③-2			岡崎工場	愛知県(岡崎市)	4
④	東洋紡績	24	総合研究所	滋賀県(大津市)	23
⑤-1	カネボウ	50	山口地区	山口県(防府市)	11
⑤-2			大阪地区	大阪府(大阪市)	13
⑥	昭和高分子	14	本社	東京都(千代田区)	14
⑦	凸版印刷	27	本社	東京都(台東区)	22
⑧-1	ダイセル化学工業	44	兵庫地区	兵庫県(姫路市)	8
⑧-2			大阪地区	大阪府(堺市)	1
⑧-3			広島地区	広島県(大竹市)	3
⑨-1	三菱樹脂	18	本社	東京都(千代田区)	1
⑨-2			長浜工場	滋賀県(長浜市)	3
⑨-3			総合技術研究所	神奈川県(川崎市)	1
⑩-1	昭和電工	16	川崎樹脂研究所	神奈川県(川崎市)	21
⑩-2			総合研究所	千葉県(千葉市)	2
⑪-1	大日本インキ化学工業	22	千葉地区	千葉県(千葉市・佐倉市)	23
⑪-2			大阪地区	大阪(堺市)	3
⑫-1	三菱瓦斯化学	29	新潟研究所	新潟県(新潟市)	4
⑫-2			総合研究所	茨城県(つくば市)	8
⑫-3			平塚研究所	神奈川県(平塚市)	7
⑬-1	東レ	11	滋賀事業場	滋賀県(大津市)	13
⑬-2			名古屋事業場	愛知県(名古屋市)	5
⑬-3			三島工場	静岡県(三島市)	5
⑭	日本触媒	8	吹田工場	大阪(吹田市)	9
⑮	大日本印刷	7	本社	東京都(新宿区)	5
⑯	クラレ	22	クラレ(本社地区)	岡山県(倉敷市)	26
⑰-1	グンゼ	15	滋賀研究所	滋賀県(守山市)	6
⑰-2			京都研究所	京都府(綾部市)	7
⑱	大倉工業	14	大倉工業(本社地区)	香川県(丸亀市)	6
⑲-1	ジェイエスピー	12	ジェイエスピー(栃木県)	栃木県(鹿沼市)	7
⑲-2			本社	東京都(千代田区)	6
⑳	カネボウ合繊	12	山口地区	山口県(防府市)	5

3.3 加工

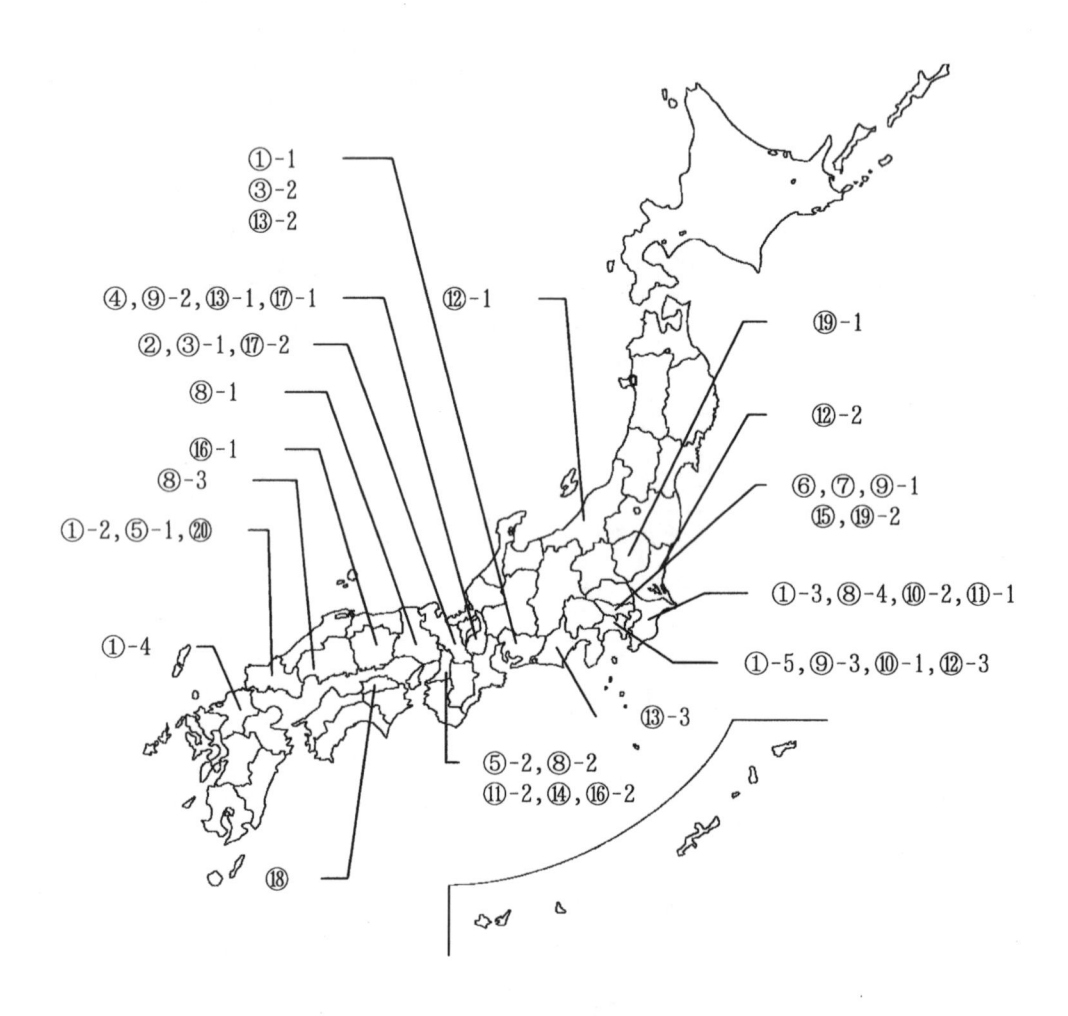

図 3.3-1 加工の技術開発拠点図

表 3.3-1 加工の技術開発拠点一覧

No.	出願人	出願件数	事業所名	発明者住所	発明者数
①-1	三井化学	78	名古屋工場	愛知県(名古屋市)	16
①-2			岩国大竹工場	山口県(玖珂郡)	3
①-3			袖ヶ浦センター	千葉(袖ヶ浦市)	8
①-4			大牟田工場	福岡県(大牟田)	9
①-5			神奈川地区	神奈川県(横浜市)	32
②	島津製作所	41	三条工場	京都府(京都市)	23
③-1	ユニチカ	63	中央研究所	京都府(宇治市)	44
③-2			岡崎工場	愛知県(岡崎市)	3
④	東洋紡績	28	総合研究所	滋賀県(大津市)	18
⑤-1	カネボウ	25	山口地区	山口県(防府市)	13
⑤-2			大阪地区	大阪府(大阪市)	5
⑥	昭和高分子	37	本社	東京都(千代田区)	13
⑦	凸版印刷	38	本社	東京都(台東区)	42
⑧-1	ダイセル化学工業	25	兵庫地区	兵庫県(姫路市)	5
⑧-2			大阪地区	大阪府(堺市)	1
⑧-3			広島地区	広島県(大竹市)	1
⑧-4			千葉地区	千葉県	3
⑨-1	三菱樹脂	34	本社	東京都(千代田区)	1
⑨-2			長浜工場	滋賀県(長浜市)	5
⑨-3			平塚工場	神奈川県(平塚市)	1
⑩-1	昭和電工	36	川崎樹脂研究所	神奈川県(川崎市)	28
⑩-2			総合研究所	千葉県(千葉市)	5
⑪-1	大日本インキ化学工業	18	千葉地区	千葉県(千葉市・佐倉市)	18
⑪-2			大阪地区	大阪(堺市)	0
⑫-1	三菱瓦斯化学	12	新潟研究所	新潟(新潟市)	3
⑫-2			総合研究所	茨城県(つくば市)	6
⑫-3			平塚研究所	神奈川県(平塚市)	6
⑬-1	東レ	14	滋賀事業場	滋賀県(大津市)	9
⑬-2			名古屋事業場	愛知県(名古屋市)	4
⑬-3			三島工場	静岡県(三島市)	3
⑭	日本触媒	3	吹田工場	大阪(吹田市)	4
⑮	大日本印刷	23	本社	東京都(新宿区)	13
⑯-1	クラレ	3	倉敷事業所	岡山県(倉敷市)	1
⑯-2			大阪事業所	大阪府(大阪市)	6
⑰-1	グンゼ	13	滋賀研究所	滋賀県(守山市)	9
⑰-2			京都研究所	京都府(綾部市)	7
⑱	大倉工業	11	大倉工業(本社地区)	香川県(丸亀市)	15
⑲-1	ジェイエスピー	15	ジェイエスピー(栃木県)	栃木県(鹿沼市)	10
⑲-2			本社	東京都(千代田区)	6
⑳	カネボウ合繊	12	山口地区	山口県(防府市)	6

3.4 特定用途

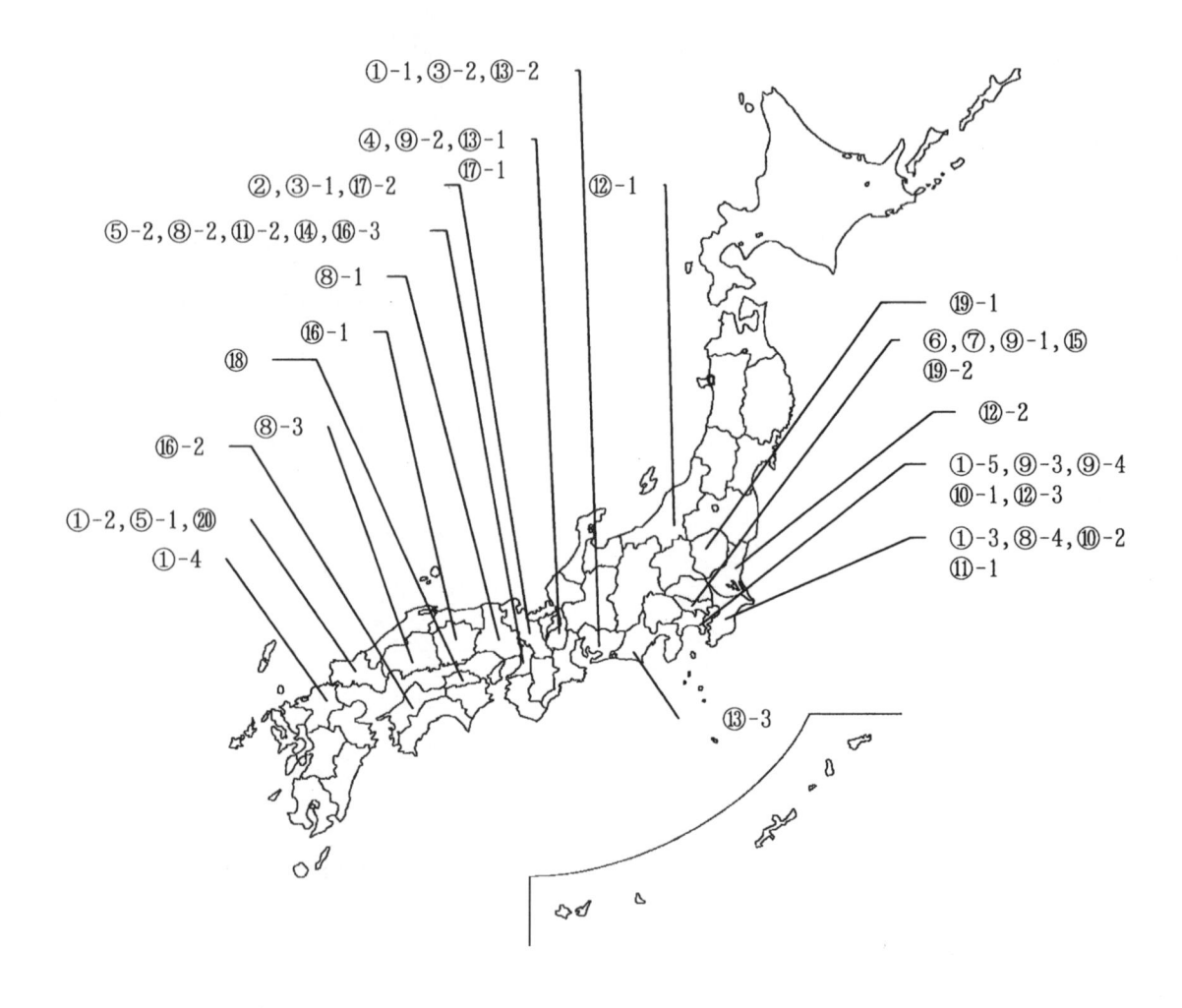

図 3.4-1 特定用途の技術開発拠点図

①-1,③-2,⑬-2
④,⑨-2,⑬-1
⑰-1
②,③-1,⑰-2
⑫-1
⑤-2,⑧-2,⑪-2,⑭,⑯-3
⑧-1
⑯-1
⑱
⑲-1
⑯-2
⑧-3
⑥,⑦,⑨-1,⑮
⑲-2
⑫-2
①-2,⑤-1,⑳
①-5,⑨-3,⑨-4
⑩-1,⑫-3
①-4
①-3,⑧-4,⑩-2
⑪-1
⑬-3

表 3.4-1 特定用途の技術開発拠点

No.	出願人	出願件数	事業所名	発明者住所	発明者数
①-1	三井化学	135	名古屋工場	愛知県(名古屋市)	20
①-2			岩国大竹工場	山口県(玖珂郡)	8
①-3			袖ヶ浦センター	千葉(袖ヶ浦市)	14
①-4			大牟田工場	福岡県(大牟田)	18
①-5			神奈川地区	神奈川県(横浜市)	52
②	島津製作所	76	三条工場	京都府(京都市)	24
③-1	ユニチカ	123	中央研究所	京都府(宇治市)	58
③-2			岡崎工場	愛知県(岡崎市)	8
④	東洋紡績	80	総合研究所	滋賀県(大津市)	37
⑤-1	カネボウ	55	山口地区	山口県(防府市)	9
⑤-2			大阪地区	大阪府(大阪市)	10
⑥	昭和高分子	48	本社	東京都(千代田区)	19
⑦	凸版印刷	62	本社	東京都(台東区)	57
⑧-1	ダイセル化学工業	43	兵庫地区	兵庫県(姫路市)	10
⑧-2			大阪地区	大阪府(堺市)	1
⑧-3			広島地区	広島県(大竹市)	3
⑧-4			千葉地区	千葉県	3
⑨-1	三菱樹脂	56	本社	東京都(千代田区)	2
⑨-2			長浜工場	滋賀県(長浜市)	6
⑨-3			平塚工場	神奈川県(平塚市)	1
⑨-4			総合研究所川崎分室	神奈川県(川崎市)	5
⑩-1	昭和電工	40	川崎樹脂研究所	神奈川県(川崎市)	27
⑩-2			総合研究所	千葉県(千葉市)	2
⑪-1	大日本インキ化学工業	26	千葉地区	千葉(千葉市・佐倉市)	24
⑪-2			大阪地区	大阪(堺市)	3
⑫-1	三菱瓦斯化学	9	新潟研究所	新潟県(新潟市)	5
⑫-2			総合研究所	茨城県(つくば市)	1
⑫-3			平塚研究所	神奈川県(平塚市)	6
⑬-1	東レ		滋賀事業場	滋賀県(大津市)	19
⑬-2		36	名古屋事業場	愛知県(名古屋市)	6
⑬-3			三島工場	静岡県(三島市)	11
⑭	日本触媒	6	吹田工場	大阪(吹田市)	9
⑮	大日本印刷	28	本社	東京都(新宿区)	13
⑯-1	クラレ	23	クラレ(本社地区)	岡山県(倉敷市)	26
⑯-2			クラレ(愛媛地区)	愛媛(西条市)	2
⑯-3			クラレ(大阪地区)	大阪府(大阪市)	4
⑰-1	グンゼ	24	滋賀研究所	滋賀県(守山市)	10
⑰-2			京都研究所	京都府(綾部市)	7
⑱	大倉工業	18	大倉工業(本社地区)	香川県(丸亀市)	8
⑲-1	ジェイエスピー	10	ジェイエスピー(栃木県)	栃木県(鹿沼市)	10
⑲-2			本社	東京都(千代田区)	0
⑳	カネボウ合繊	5	山口地区	山口県(防府市)	8

資料

1. 工業所有権総合情報館と特許流通促進事業
2. 特許流通アドバイザー一覧
3. 特許電子図書館情報検索指導アドバイザー一覧
4. 知的所有権センター一覧
5. 平成13年度25技術テーマの特許流通の概要
6. 特許番号一覧
7. 開放可能な特許一覧

資料1．工業所有権総合情報館と特許流通促進事業

　特許庁工業所有権総合情報館は、明治20年に特許局官制が施行され、農商務省特許局庶務部内に図書館を置き、図書等の保管・閲覧を開始したことにより、組織上のスタートを切りました。
　その後、我が国が明治32年に「工業所有権の保護等に関するパリ同盟条約」に加入することにより、同条約に基づく公報等の閲覧を行う中央資料館として、国際的な地位を獲得しました。
　平成9年からは、工業所有権相談業務と情報流通業務を新たに加え、総合的な情報提供機関として、その役割を果たしております。さらに平成13年4月以降は、独立行政法人工業所有権総合情報館として生まれ変わり、より一層の利用者ニーズに機敏に対応する業務運営を目指し、特許公報等の情報提供及び工業所有権に関する相談等による出願人支援、審査審判協力のための図書等の提供、開放特許活用等の特許流通促進事業を推進しております。

1　事業の概要
(1) 内外国公報類の収集・閲覧
　下記の公報閲覧室でどなたでも内外国公報等の調査を行うことができる環境と体制を整備しています。

閲覧室	所在地	TEL
札幌閲覧室	北海道札幌市北区北7条西2-8　北ビル7F	011-747-3061
仙台閲覧室	宮城県仙台市青葉区本町3-4-18　太陽生命仙台本町ビル7F	022-711-1339
第一公報閲覧室	東京都千代田区霞が関3-4-3　特許庁2F	03-3580-7947
第二公報閲覧室	東京都千代田区霞が関1-3-1　経済産業省別館1F	03-3581-1101（内線3819）
名古屋閲覧室	愛知県名古屋市中区栄2-10-19　名古屋商工会議所ビルB2F	052-223-5764
大阪閲覧室	大阪府大阪市天王寺区伶人町2-7　関西特許情報センター1F	06-4305-0211
広島閲覧室	広島県広島市中区上八丁堀6-30　広島合同庁舎3号館	082-222-4595
高松閲覧室	香川県高松市林町2217-15　香川産業頭脳化センタービル2F	087-869-0661
福岡閲覧室	福岡県福岡市博多区博多駅東2-6-23　住友博多駅前第2ビル2F	092-414-7101
那覇閲覧室	沖縄県那覇市前島3-1-15　大同生命那覇ビル5F	098-867-9610

(2) 審査審判用図書等の収集・閲覧
　審査に利用する図書等を収集・整理し、特許庁の審査に提供すると同時に、「図書閲覧室（特許庁2F）」において、調査を希望する方々へ提供しています。【TEL：03-3592-2920】

(3) 工業所有権に関する相談
　相談窓口（特許庁　2F）を開設し、工業所有権に関する一般的な相談に応じています。

手紙、電話、e-mail等による相談も受け付けています。
　【TEL：03-3581-1101(内線2121〜2123)】【FAX：03-3502-8916】
　【e-mail：PA8102@ncipi.jpo.go.jp】

(4) 特許流通の促進
　特許権の活用を促進するための特許流通市場の整備に向け、各種事業を行っています。
（詳細は2項参照）【TEL：03-3580-6949】

2　特許流通促進事業
　先行き不透明な経済情勢の中、企業が生き残り、発展して行くためには、新しいビジネスの創造が重要であり、その際、知的資産の活用、とりわけ技術情報の宝庫である特許の活用がキーポイントとなりつつあります。
　また、企業が技術開発を行う場合、まず自社で開発を行うことが考えられますが、商品のライフサイクルの短縮化、技術開発のスピードアップ化が求められている今日、外部からの技術を積極的に導入することも必要になってきています。
　このような状況下、特許庁では、特許の流通を通じた技術移転・新規事業の創出を促進するため、特許流通促進事業を展開していますが、2001年4月から、これらの事業は、特許庁から独立をした「独立行政法人　工業所有権総合情報館」が引き継いでいます。

(1) 特許流通の促進
① 特許流通アドバイザー
　全国の知的所有権センター・TLO等からの要請に応じて、知的所有権や技術移転についての豊富な知識・経験を有する専門家を特許流通アドバイザーとして派遣しています。
　知的所有権センターでは、地域の活用可能な特許の調査、当該特許の提供支援及び大学・研究機関が保有する特許と地域企業との橋渡しを行っています。（資料2参照）

② 特許流通促進説明会
　地域特性に合った特許情報の有効活用の普及・啓発を図るため、技術移転の実例を紹介しながら特許流通のプロセスや特許電子図書館を利用した特許情報検索方法等を内容とした説明会を開催しています。

(2) 開放特許情報等の提供
① 特許流通データベース
　活用可能な開放特許を産業界、特に中小・ベンチャー企業に円滑に流通させ実用化を推進していくため、企業や研究機関・大学等が保有する提供意思のある特許をデータベース化し、インターネットを通じて公開しています。（http://www.ncipi.go.jp）

② 開放特許活用例集
　特許流通データベースに登録されている開放特許の中から製品化ポテンシャルが高い案

件を選定し、これら有用な開放特許を有効に使ってもらうためのビジネスアイデア集を作成しています。

③ 特許流通支援チャート
　企業が新規事業創出時の技術導入・技術移転を図る上で指標となりうる国内特許の動向を技術テーマごとに、分析したものです。出願上位企業の特許取得状況、技術開発課題に対応した特許保有状況、技術開発拠点等を紹介しています。

④ 特許電子図書館情報検索指導アドバイザー
　知的財産権及びその情報に関する専門的知識を有するアドバイザーを全国の知的所有権センターに派遣し、特許情報の検索に必要な基礎知識から特許情報の活用の仕方まで、無料でアドバイス・相談を行っています。(資料3参照)

(3) 知的財産権取引業の育成
① 知的財産権取引業者データベース
　特許を始めとする知的財産権の取引や技術移転の促進には、欧米の技術移転先進国に見られるように、民間の仲介事業者の存在が不可欠です。こうした民間ビジネスが質・量ともに不足し、社会的認知度も低いことから、事業者の情報を収集してデータベース化し、インターネットを通じて公開しています。

② 国際セミナー・研修会等
　著名海外取引業者と我が国取引業者との情報交換、議論の場（国際セミナー）を開催しています。また、産学官の技術移転を促進して、企業の新商品開発や技術力向上を促進するために不可欠な、技術移転に携わる人材の育成を目的とした研修事業を開催しています。

資料2．特許流通アドバイザー一覧 （平成14年3月1日現在）

○経済産業局特許室および知的所有権センターへの派遣

派遣先	氏名	所在地	TEL
北海道経済産業局特許室	杉谷 克彦	〒060-0807 札幌市北区北7条西2丁目8番地1北ビル7階	011-708-5783
北海道知的所有権センター (北海道立工業試験場)	宮本 剛汎	〒060-0819 札幌市北区北19条西11丁目 北海道立工業試験場内	011-747-2211
東北経済産業局特許室	三澤 輝起	〒980-0014 仙台市青葉区本町3-4-18 太陽生命仙台本町ビル7階	022-223-9761
青森県知的所有権センター ((社)発明協会青森県支部)	内藤 規雄	〒030-0112 青森市大字八ツ役字芦谷202-4 青森県産業技術開発センター内	017-762-3912
岩手県知的所有権センター (岩手県工業技術センター)	阿部 新喜司	〒020-0852 盛岡市飯岡新田3-35-2 岩手県工業技術センター内	019-635-8182
宮城県知的所有権センター (宮城県産業技術総合センター)	小野 賢悟	〒981-3206 仙台市泉区明通二丁目2番地 宮城県産業技術総合センター内	022-377-8725
秋田県知的所有権センター (秋田県工業技術センター)	石川 順三	〒010-1623 秋田市新屋町字砂奴寄4-11 秋田県工業技術センター内	018-862-3417
山形県知的所有権センター (山形県工業技術センター)	冨樫 富雄	〒990-2473 山形市松栄1-3-8 山形県産業創造支援センター内	023-647-8130
福島県知的所有権センター ((社)発明協会福島県支部)	相澤 正彬	〒963-0215 郡山市待池台1-12 福島県ハイテクプラザ内	024-959-3351
関東経済産業局特許室	村上 義英	〒330-9715 さいたま市上落合2-11 さいたま新都心合同庁舎1号館	048-600-0501
茨城県知的所有権センター ((財)茨城県中小企業振興公社)	齋藤 幸一	〒312-0005 ひたちなか市新光町38 ひたちなかテクノセンタービル内	029-264-2077
栃木県知的所有権センター ((社)発明協会栃木県支部)	坂本 武	〒322-0011 鹿沼市白桑田516-1 栃木県工業技術センター内	0289-60-1811
群馬県知的所有権センター ((社)発明協会群馬県支部)	三田 隆志	〒371-0845 前橋市鳥羽町190 群馬県工業試験場内	027-280-4416
	金井 澄雄	〒371-0845 前橋市鳥羽町190 群馬県工業試験場内	027-280-4416
埼玉県知的所有権センター (埼玉県工業技術センター)	野口 満	〒333-0848 川口市芝下1-1-56 埼玉県工業技術センター内	048-269-3108
	清水 修	〒333-0848 川口市芝下1-1-56 埼玉県工業技術センター内	048-269-3108
千葉県知的所有権センター ((社)発明協会千葉県支部)	稲谷 稔宏	〒260-0854 千葉市中央区長洲1-9-1 千葉県庁南庁舎内	043-223-6536
	阿草 一男	〒260-0854 千葉市中央区長洲1-9-1 千葉県庁南庁舎内	043-223-6536
東京都知的所有権センター (東京都城南地域中小企業振興センター)	鷹見 紀彦	〒144-0035 大田区南蒲田1-20-20 城南地域中小企業振興センター内	03-3737-1435
神奈川県知的所有権センター支部 ((財)神奈川高度技術支援財団)	小森 幹雄	〒213-0012 川崎市高津区坂戸3-2-1 かながわサイエンスパーク内	044-819-2100
新潟県知的所有権センター ((財)信濃川テクノポリス開発機構)	小林 靖幸	〒940-2127 長岡市新産4-1-9 長岡地域技術開発振興センター内	0258-46-9711
山梨県知的所有権センター (山梨県工業技術センター)	廣川 幸生	〒400-0055 甲府市大津町2094 山梨県工業技術センター内	055-220-2409
長野県知的所有権センター ((社)発明協会長野県支部)	徳永 正明	〒380-0928 長野市若里1-18-1 長野県工業試験場内	026-229-7688
静岡県知的所有権センター ((社)発明協会静岡県支部)	神長 邦雄	〒421-1221 静岡市牧ヶ谷2078 静岡工業技術センター内	054-276-1516
	山田 修寧	〒421-1221 静岡市牧ヶ谷2078 静岡工業技術センター内	054-276-1516
中部経済産業局特許室	原口 邦弘	〒460-0008 名古屋市中区栄2-10-19 名古屋商工会議所ビルB2F	052-223-6549
富山県知的所有権センター (富山県工業技術センター)	小坂 郁雄	〒933-0981 高岡市二上町150 富山県工業技術センター内	0766-29-2081
石川県知的所有権センター (財)石川県産業創出支援機構	一丸 義次	〒920-0223 金沢市戸水町イ65番地 石川県地場産業振興センター新館1階	076-267-8117
岐阜県知的所有権センター (岐阜県科学技術振興センター)	松永 孝義	〒509-0108 各務原市須衛町4-179-1 テクノプラザ5F	0583-79-2250
	木下 裕雄	〒509-0108 各務原市須衛町4-179-1 テクノプラザ5F	0583-79-2250
愛知県知的所有権センター (愛知県工業技術センター)	森 孝和	〒448-0003 刈谷市一ツ木町西新割 愛知県工業技術センター内	0566-24-1841
	三浦 元久	〒448-0003 刈谷市一ツ木町西新割 愛知県工業技術センター内	0566-24-1841

派遣先	氏名	所在地	TEL
三重県知的所有権センター (三重県工業技術総合研究所)	馬渡 建一	〒514-0819 津市高茶屋5-5-45 三重県科学振興センター工業研究部内	059-234-4150
近畿経済産業局特許室	下田 英宣	〒543-0061 大阪市天王寺区伶人町2-7 関西特許情報センター1階	06-6776-8491
福井県知的所有権センター (福井県工業技術センター)	上坂 旭	〒910-0102 福井市川合鷲塚町61字北稲田10 福井県工業技術センター内	0776-55-2100
滋賀県知的所有権センター (滋賀県工業技術センター)	新屋 正男	〒520-3004 栗東市上砥山232 滋賀県工業技術総合センター別館内	077-558-4040
京都府知的所有権センター ((社)発明協会京都支部)	衣川 清彦	〒600-8813 京都市下京区中堂寺南町17番地 京都リサーチパーク京都高度技術研究所ビル4階	075-326-0066
大阪府知的所有権センター (大阪府立特許情報センター)	大空 一博	〒543-0061 大阪市天王寺区伶人町2-7 関西特許情報センター内	06-6772-0704
	梶原 淳治	〒577-0809 東大阪市永和1-11-10	06-6722-1151
兵庫県知的所有権センター ((財)新産業創造研究機構)	園田 憲一	〒650-0047 神戸市中央区港島南町1-5-2 神戸キメックセンタービル6F	078-306-6808
	島田 一男	〒650-0047 神戸市中央区港島南町1-5-2 神戸キメックセンタービル6F	078-306-6808
和歌山県知的所有権センター ((社)発明協会和歌山県支部)	北澤 宏造	〒640-8214 和歌山県寄合町25 和歌山市発明館4階	073-432-0087
中国経済産業局特許室	木村 郁男	〒730-8531 広島市中区上八丁堀6-30 広島合同庁舎3号館1階	082-502-6828
鳥取県知的所有権センター ((社)発明協会鳥取県支部)	五十嵐 善司	〒689-1112 鳥取市若葉台南7-5-1 新産業創造センター1階	0857-52-6728
島根県知的所有権センター ((社)発明協会島根県支部)	佐野 馨	〒690-0816 島根県松江市北陵町1 テクノアークしまね内	0852-60-5146
岡山県知的所有権センター ((社)発明協会岡山県支部)	横田 悦造	〒701-1221 岡山市芳賀5301 テクノサポート岡山内	086-286-9102
広島県知的所有権センター ((社)発明協会広島県支部)	壹岐 正弘	〒730-0052 広島市中区千田町3-13-11 広島発明会館2階	082-544-2066
山口県知的所有権センター ((社)発明協会山口県支部)	滝川 尚久	〒753-0077 山口市熊野町1-10 NPYビル10階 (財)山口県産業技術開発機構内	083-922-9927
四国経済産業局特許室	鶴野 弘章	〒761-0301 香川県高松市林町2217-15 香川産業頭脳化センタービル2階	087-869-3790
徳島県知的所有権センター ((社)発明協会徳島県支部)	武岡 明夫	〒770-8021 徳島市雑賀町西開11-2 徳島県立工業技術センター内	088-669-0117
香川県知的所有権センター ((社)発明協会香川県支部)	谷田 吉成	〒761-0301 香川県高松市林町2217-15 香川産業頭脳化センタービル2階	087-869-9004
	福家 康矩	〒761-0301 香川県高松市林町2217-15 香川産業頭脳化センタービル2階	087-869-9004
愛媛県知的所有権センター ((社)発明協会愛媛県支部)	川野 辰己	〒791-1101 松山市久米窪田町337-1 テクノプラザ愛媛	089-960-1489
高知県知的所有権センター ((財)高知県産業振興センター)	吉本 忠男	〒781-5101 高知市布師田3992-2 高知県中小企業会館2階	0888-46-7087
九州経済産業局特許室	簗田 克志	〒812-8546 福岡市博多区博多駅東2-11-1 福岡合同庁舎内	092-436-7260
福岡県知的所有権センター ((社)発明協会福岡支部)	道津 毅	〒812-0013 福岡市博多区博多駅東2-6-23 住友博多駅前第2ビル1階	092-415-6777
福岡県知的所有権センター北九州支部 ((株)北九州テクノセンター)	沖 宏治	〒804-0003 北九州市戸畑区中原新町2-1 (株)北九州テクノセンター内	093-873-1432
佐賀県知的所有権センター (佐賀県工業技術センター)	光武 章二	〒849-0932 佐賀市鍋島町大字八戸溝114 佐賀県工業技術センター内	0952-30-8161
	村上 忠郎	〒849-0932 佐賀市鍋島町大字八戸溝114 佐賀県工業技術センター内	0952-30-8161
長崎県知的所有権センター ((社)発明協会長崎県支部)	嶋北 正俊	〒856-0026 大村市池田2-1303-8 長崎県工業技術センター内	0957-52-1138
熊本県知的所有権センター ((社)発明協会熊本県支部)	深見 毅	〒862-0901 熊本市東町3-11-38 熊本県工業技術センター内	096-331-7023
大分県知的所有権センター (大分県産業科学技術センター)	古崎 宣	〒870-1117 大分市高江西1-4361-10 大分県産業科学技術センター内	097-596-7121
宮崎県知的所有権センター ((社)発明協会宮崎県支部)	久保田 英世	〒880-0303 宮崎県宮崎郡佐土原町東上那珂16500-2 宮崎県工業技術センター内	0985-74-2953
鹿児島県知的所有権センター (鹿児島県工業技術センター)	山田 式典	〒899-5105 鹿児島県姶良郡隼人町小田1445-1 鹿児島県工業技術センター内	0995-64-2056
沖縄総合事務局特許室	下司 義雄	〒900-0016 那覇市前島3-1-15 大同生命那覇ビル5階	098-867-3293
沖縄県知的所有権センター (沖縄県工業技術センター)	木村 薫	〒904-2234 具志川市州崎12-2 沖縄県工業技術センター内1階	098-939-2372

○技術移転機関（TLO）への派遣

派遣先	氏名	所在地	TEL
北海道ティー・エル・オー（株）	山田 邦重	〒060-0808 札幌市北区北8条西5丁目 北海道大学事務局分館2館	011-708-3633
	岩城 全紀	〒060-0808 札幌市北区北8条西5丁目 北海道大学事務局分館2館	011-708-3633
（株）東北テクノアーチ	井硲 弘	〒980-0845 仙台市青葉区荒巻字青葉468番地 東北大学未来科学技術共同センター	022-222-3049
（株）筑波リエゾン研究所	関 淳次	〒305-8577 茨城県つくば市天王台1-1-1 筑波大学共同研究棟A303	0298-50-0195
	綾 紀元	〒305-8577 茨城県つくば市天王台1-1-1 筑波大学共同研究棟A303	0298-50-0195
（財）日本産業技術振興協会 産総研イノベーションズ	坂 光	〒305-8568 茨城県つくば市梅園1-1-1 つくば中央第二事業所D-7階	0298-61-5210
日本大学国際産業技術・ビジネス育成セン	斎藤 光史	〒102-8275 東京都千代田区九段南4-8-24	03-5275-8139
	加根魯 和宏	〒102-8275 東京都千代田区九段南4-8-24	03-5275-8139
学校法人早稲田大学知的財産センター	菅野 淳	〒162-0041 東京都新宿区早稲田鶴巻町513 早稲田大学研究開発センター120-1号館1F	03-5286-9867
	風間 孝彦	〒162-0041 東京都新宿区早稲田鶴巻町513 早稲田大学研究開発センター120-1号館1F	03-5286-9867
（財）理工学振興会	鷹巣 征行	〒226-8503 横浜市緑区長津田町4259 フロンティア創造共同研究センター内	045-921-4391
	北川 謙一	〒226-8503 横浜市緑区長津田町4259 フロンティア創造共同研究センター内	045-921-4391
よこはまティーエルオー（株）	小原 郁	〒240-8501 横浜市保土ヶ谷区常盤台79-5 横浜国立大学共同研究推進センター内	045-339-4441
学校法人慶応義塾大学知的資産センター	道井 敏	〒108-0073 港区三田2-11-15 三田川崎ビル3階	03-5427-1678
	鈴木 泰	〒108-0073 港区三田2-11-15 三田川崎ビル3階	03-5427-1678
学校法人東京電機大学産官学交流セン	河村 幸夫	〒101-8457 千代田区神田錦町2-2	03-5280-3640
タマティーエルオー（株）	古瀬 武弘	〒192-0083 八王子市旭町9-1 八王子スクエアビル11階	0426-31-1325
学校法人明治大学知的資産センター	竹田 幹男	〒101-8301 千代田区神田駿河台1-1	03-3296-4327
（株）山梨ティー・エル・オー	田中 正男	〒400-8511 甲府市武田4-3-11 山梨大学地域共同開発研究センター内	055-220-8760
（財）浜松科学技術研究振興会	小野 義光	〒432-8561 浜松市城北3-5-1	053-412-6703
（財）名古屋産業科学研究所	杉本 勝	〒460-0008 名古屋市中区栄二丁目十番十九号 名古屋商工会議所ビル	052-223-5691
	小西 富雅	〒460-0008 名古屋市中区栄二丁目十番十九号 名古屋商工会議所ビル	052-223-5694
関西ティー・エル・オー（株）	山田 富義	〒600-8813 京都市下京区中堂寺南町17 京都リサーチパークサイエンスセンタービル1号館2階	075-315-8250
	斎田 雄一	〒600-8813 京都市下京区中堂寺南町17 京都リサーチパークサイエンスセンタービル1号館2階	075-315-8250
（財）新産業創造研究機構	井上 勝彦	〒650-0047 神戸市中央区港島南町1-5-2 神戸キメックセンタービル6F	078-306-6805
	長冨 弘充	〒650-0047 神戸市中央区港島南町1-5-2 神戸キメックセンタービル6F	078-306-6805
（財）大阪産業振興機構	有馬 秀平	〒565-0871 大阪府吹田市山田丘2-1 大阪大学先端科学技術共同研究センター4F	06-6879-4196
（有）山口ティー・エル・オー	松本 孝三	〒755-8611 山口県宇部市常盤台2-16-1 山口大学地域共同研究開発センター内	0836-22-9768
	熊原 尋美	〒755-8611 山口県宇部市常盤台2-16-1 山口大学地域共同研究開発センター内	0836-22-9768
（株）テクノネットワーク四国	佐藤 博正	〒760-0033 香川県高松市丸の内2-5 ヨンデンビル別館4F	087-811-5039
（株）北九州テクノセンター	乾 全	〒804-0003 北九州市戸畑区中原新町2番1号	093-873-1448
（株）産学連携機構九州	堀 浩一	〒812-8581 福岡市東区箱崎6-10-1 九州大学技術移転推進室内	092-642-4363
（財）くまもとテクノ産業財団	桂 真郎	〒861-2202 熊本県上益城郡益城町田原2081-10	096-289-2340

資料3．特許電子図書館情報検索指導アドバイザー一覧 （平成14年3月1日現在）

○知的所有権センターへの派遣

派遣先	氏名	所在地	TEL
北海道知的所有権センター (北海道立工業試験場)	平野 徹	〒060-0819 札幌市北区北19条西11丁目	011-747-2211
青森県知的所有権センター ((社)発明協会青森県支部)	佐々木 泰樹	〒030-0112 青森市第二問屋町4-11-6	017-762-3912
岩手県知的所有権センター (岩手県工業技術センター)	中嶋 孝弘	〒020-0852 盛岡市飯岡新田3-35-2	019-634-0684
宮城県知的所有権センター (宮城県産業技術総合センター)	小林 保	〒981-3206 仙台市泉区明通2-2	022-377-8725
秋田県知的所有権センター (秋田県工業技術センター)	田嶋 正夫	〒010-1623 秋田市新屋町字砂奴寄4-11	018-862-3417
山形県知的所有権センター (山形県工業技術センター)	大澤 忠行	〒990-2473 山形市松栄1-3-8	023-647-8130
福島県知的所有権センター ((社)発明協会福島県支部)	栗田 広	〒963-0215 郡山市待池台1-12 福島県ハイテクプラザ内	024-963-0242
茨城県知的所有権センター ((財)茨城県中小企業振興公社)	猪野 正己	〒312-0005 ひたちなか市新光町38 ひたちなかテクノセンタービル1階	029-264-2211
栃木県知的所有権センター ((社)発明協会栃木県支部)	中里 浩	〒322-0011 鹿沼市白桑田516-1 栃木県工業技術センター内	0289-65-7550
群馬県知的所有権センター ((社)発明協会群馬県支部)	神林 賢蔵	〒371-0845 前橋市鳥羽町190 群馬県工業試験場内	027-254-0627
埼玉県知的所有権センター ((社)発明協会埼玉県支部)	田中 庸雅	〒331-8669 さいたま市桜木町1-7-5 ソニックシティ10階	048-644-4806
千葉県知的所有権センター ((社)発明協会千葉県支部)	中原 照義	〒260-0854 千葉市中央区長洲1-9-1 千葉県庁南庁舎R3階	043-223-7748
東京都知的所有権センター ((社)発明協会東京支部)	福澤 勝義	〒105-0001 港区虎ノ門2-9-14	03-3502-5521
神奈川県知的所有権センター (神奈川県産業技術総合研究所)	森 啓次	〒243-0435 海老名市下今泉705-1	046-236-1500
神奈川県知的所有権センター支部 ((財)神奈川高度技術支援財団)	大井 隆	〒213-0012 川崎市高津区坂戸3-2-1 かながわサイエンスパーク西棟205	044-819-2100
神奈川県知的所有権センター支部 ((社)発明協会神奈川県支部)	蓮見 亮	〒231-0015 横浜市中区尾上町5-80 神奈川中小企業センター10階	045-633-5055
新潟県知的所有権センター ((財)信濃川テクノポリス開発機構)	石谷 速夫	〒940-2127 長岡市新産4-1-9	0258-46-9711
山梨県知的所有権センター (山梨県工業技術センター)	山下 知	〒400-0055 甲府市大津町2094	055-243-6111
長野県知的所有権センター ((社)発明協会長野県支部)	岡田 光正	〒380-0928 長野市若里1-18-1 長野県工業試験場内	026-228-5559
静岡県知的所有権センター ((社)発明協会静岡県支部)	吉井 和夫	〒421-1221 静岡市牧ヶ谷2078 静岡工業技術センター資料館内	054-278-6111
富山県知的所有権センター (富山県工業技術センター)	齋藤 靖雄	〒933-0981 高岡市二上町150	0766-29-1252
石川県知的所有権センター (財)石川県産業創出支援機構	辻 寛司	〒920-0223 金沢市戸水町イ65番地 石川県地場産業振興センター	076-267-5918
岐阜県知的所有権センター (岐阜県科学技術振興センター)	林 邦明	〒509-0108 各務原市須衛町4-179-1 テクノプラザ5F	0583-79-2250
愛知県知的所有権センター (愛知県工業技術センター)	加藤 英昭	〒448-0003 刈谷市一ツ木町西新割	0566-24-1841
三重県知的所有権センター (三重県工業技術総合研究所)	長峰 隆	〒514-0819 津市高茶屋5-5-45	059-234-4150
福井県知的所有権センター (福井県工業技術センター)	川・ 好昭	〒910-0102 福井市川合鷲塚町61字北稲田10	0776-55-1195
滋賀県知的所有権センター (滋賀県工業技術センター)	森 久子	〒520-3004 栗東市上砥山232	077-558-4040
京都府知的所有権センター ((社)発明協会京都支部)	中野 剛	〒600-8813 京都市下京区中堂寺南町17 京都リサーチパーク内 京都高度技研ビル4階	075-315-8686
大阪府知的所有権センター (大阪府立特許情報センター)	秋田 伸一	〒543-0061 大阪市天王寺区伶人町2-7	06-6771-2646
大阪府知的所有権センター支部 ((社)発明協会大阪支部知的財産センター)	戎 邦夫	〒564-0062 吹田市垂水町3-24-1 シンプレス江坂ビル2階	06-6330-7725
兵庫県知的所有権センター ((社)発明協会兵庫県支部)	山口 克己	〒654-0037 神戸市須磨区行平町3-1-31 兵庫県立産業技術センター4階	078-731-5847
奈良県知的所有権センター (奈良県工業技術センター)	北田 友彦	〒630-8031 奈良市柏木町129-1	0742-33-0863

派遣先	氏名	所在地	TEL
和歌山県知的所有権センター ((社)発明協会和歌山県支部)	木村 武司	〒640-8214 和歌山県寄合町25 和歌山市発明館4階	073-432-0087
鳥取県知的所有権センター ((社)発明協会鳥取県支部)	奥村 隆一	〒689-1112 鳥取市若葉台南7-5-1 新産業創造センター1階	0857-52-6728
島根県知的所有権センター ((社)発明協会島根県支部)	門脇 みどり	〒690-0816 島根県松江市北陵町1番地 テクノアークしまね1F内	0852-60-5146
岡山県知的所有権センター ((社)発明協会岡山県支部)	佐藤 新吾	〒701-1221 岡山市芳賀5301 テクノサポート岡山内	086-286-9656
広島県知的所有権センター ((社)発明協会広島県支部)	若木 幸蔵	〒730-0052 広島市中区千田町3-13-11 広島発明会館内	082-544-0775
広島県知的所有権センター支部 ((社)発明協会広島支部備後支会)	渡部 武徳	〒720-0067 福山市西町2-10-1	0849-21-2349
広島県知的所有権センター支部 (呉地域産業振興センター)	三上 達矢	〒737-0004 呉市阿賀南2-10-1	0823-76-3766
山口県知的所有権センター ((社)発明協会山口県支部)	大段 恭二	〒753-0077 山口市熊野町1-10 NPYビル10階	083-922-9927
徳島県知的所有権センター ((社)発明協会徳島県支部)	平野 稔	〒770-8021 徳島市雑賀町西開11-2 徳島県立工業技術センター内	088-636-3388
香川県知的所有権センター ((社)発明協会香川県支部)	中元 恒	〒761-0301 香川県高松市林町2217-15 香川産業頭脳化センタービル2階	087-869-9005
愛媛県知的所有権センター ((社)発明協会愛媛県支部)	片山 忠徳	〒791-1101 松山市久米窪田町337-1 テクノプラザ愛媛	089-960-1118
高知県知的所有権センター (高知県工業技術センター)	柏井 富雄	〒781-5101 高知市布師田3992-3	088-845-7664
福岡県知的所有権センター ((社)発明協会福岡県支部)	浦井 正章	〒812-0013 福岡市博多区博多駅東2-6-23 住友博多駅前第2ビル2階	092-474-7255
福岡県知的所有権センター北九州支部 ((株)北九州テクノセンター)	重藤 務	〒804-0003 北九州市戸畑区中原新町2-1	093-873-1432
佐賀県知的所有権センター (佐賀県工業技術センター)	塚島 誠一郎	〒849-0932 佐賀市鍋島町八戸溝114	0952-30-8161
長崎県知的所有権センター ((社)発明協会長崎県支部)	川添 早苗	〒856-0026 大村市池田2-1303-8 長崎県工業技術センター内	0957-52-1144
熊本県知的所有権センター ((社)発明協会熊本県支部)	松山 彰雄	〒862-0901 熊本市東町3-11-38 熊本県工業技術センター内	096-360-3291
大分県知的所有権センター (大分県産業科学技術センター)	鎌田 正道	〒870-1117 大分市高江西1-4361-10	097-596-7121
宮崎県知的所有権センター ((社)発明協会宮崎県支部)	黒田 護	〒880-0303 宮崎県宮崎郡佐土原町東上那珂16500-2 宮崎県工業技術センター内	0985-74-2953
鹿児島県知的所有権センター (鹿児島県工業技術センター)	大井 敏民	〒899-5105 鹿児島県姶良郡隼人町小田1445-1	0995-64-2445
沖縄県知的所有権センター (沖縄県工業技術センター)	和田 修	〒904-2234 具志川市字州崎12-2 中城湾港新港地区トロピカルテクノパーク内	098-929-0111

資料4．知的所有権センター一覧 （平成14年3月1日現在）

都道府県	名　称	所在地	TEL
北海道	北海道知的所有権センター （北海道立工業試験場）	〒060-0819 札幌市北区北19条西11丁目	011-747-2211
青森県	青森県知的所有権センター （（社）発明協会青森県支部）	〒030-0112 青森市第二問屋町4-11-6	017-762-3912
岩手県	岩手県知的所有権センター （岩手県工業技術センター）	〒020-0852 盛岡市飯岡新田3-35-2	019-634-0684
宮城県	宮城県知的所有権センター （宮城県産業技術総合センター）	〒981-3206 仙台市泉区明通2-2	022-377-8725
秋田県	秋田県知的所有権センター （秋田県工業技術センター）	〒010-1623 秋田市新屋町字砂奴寄4-11	018-862-3417
山形県	山形県知的所有権センター （山形県工業技術センター）	〒990-2473 山形市松栄1-3-8	023-647-8130
福島県	福島県知的所有権センター （（社）発明協会福島県支部）	〒963-0215 郡山市待池台1-12 福島県ハイテクプラザ内	024-963-0242
茨城県	茨城県知的所有権センター （（財）茨城県中小企業振興公社）	〒312-0005 ひたちなか市新光町38 ひたちなかテクノセンタービル1階	029-264-2211
栃木県	栃木県知的所有権センター （（社）発明協会栃木県支部）	〒322-0011 鹿沼市白桑田516-1 栃木県工業技術センター内	0289-65-7550
群馬県	群馬県知的所有権センター （（社）発明協会群馬県支部）	〒371-0845 前橋市鳥羽町190 群馬県工業試験場内	027-254-0627
埼玉県	埼玉県知的所有権センター （（社）発明協会埼玉県支部）	〒331-8669 さいたま市桜木町1-7-5 ソニックシティ10階	048-644-4806
千葉県	千葉県知的所有権センター （（社）発明協会千葉県支部）	〒260-0854 千葉市中央区長洲1-9-1 千葉県庁南庁舎R3階	043-223-7748
東京都	東京都知的所有権センター （（社）発明協会東京支部）	〒105-0001 港区虎ノ門2-9-14	03-3502-5521
神奈川県	神奈川県知的所有権センター （神奈川県産業技術総合研究所）	〒243-0435 海老名市下今泉705-1	046-236-1500
	神奈川県知的所有権センター支部 （（財）神奈川高度技術支援財団）	〒213-0012 川崎市高津区坂戸3-2-1 かながわサイエンスパーク西棟205	044-819-2100
	神奈川県知的所有権センター支部 （（社）発明協会神奈川県支部）	〒231-0015 横浜市中区尾上町5-80 神奈川中小企業センター10階	045-633-5055
新潟県	新潟県知的所有権センター （（財）信濃川テクノポリス開発機構）	〒940-2127 長岡市新産4-1-9	0258-46-9711
山梨県	山梨県知的所有権センター （山梨県工業技術センター）	〒400-0055 甲府市大津町2094	055-243-6111
長野県	長野県知的所有権センター （（社）発明協会長野支部）	〒380-0928 長野市若里1-18-1 長野県工業試験場内	026-228-5559
静岡県	静岡県知的所有権センター （（社）発明協会静岡県支部）	〒421-1221 静岡市牧ヶ谷2078 静岡工業技術センター資料館内	054-278-6111
富山県	富山県知的所有権センター （富山県工業技術センター）	〒933-0981 高岡市二上町150	0766-29-1252
石川県	石川県知的所有権センター （財）石川県産業創出支援機構	〒920-0223 金沢市戸水町イ65番地 石川県地場産業振興センター	076-267-5918
岐阜県	岐阜県知的所有権センター （岐阜県科学技術振興センター）	〒509-0108 各務原市須衛町4-179-1 テクノプラザ5F	0583-79-2250
愛知県	愛知県知的所有権センター （愛知県工業技術センター）	〒448-0003 刈谷市一ツ木町西新割	0566-24-1841
三重県	三重県知的所有権センター （三重県工業技術総合研究所）	〒514-0819 津市高茶屋5-5-45	059-234-4150
福井県	福井県知的所有権センター （福井県工業技術センター）	〒910-0102 福井市川合鷲塚町61字北稲田10	0776-55-1195
滋賀県	滋賀県知的所有権センター （滋賀県工業技術センター）	〒520-3004 栗東市上砥山232	077-558-4040
京都府	京都府知的所有権センター （（社）発明協会京都支部）	〒600-8813 京都市下京区中堂寺南町17 京都リサーチパーク内　京都高度技研ビル4階	075-315-8686
大阪府	大阪府知的所有権センター （大阪府立特許情報センター）	〒543-0061 大阪市天王寺区伶人町2-7	06-6771-2646
	大阪府知的所有権センター支部 （（社）発明協会大阪支部知的財産センター）	〒564-0062 吹田市垂水町3-24-1 シンプレス江坂ビル2階	06-6330-7725
兵庫県	兵庫県知的所有権センター （（社）発明協会兵庫県支部）	〒654-0037 神戸市須磨区行平町3-1-31 兵庫県立産業技術センター4階	078-731-5847

都道府県	名称	所在地	TEL
奈良県	奈良県知的所有権センター (奈良県工業技術センター)	〒630-8031 奈良市柏木町129-1	0742-33-0863
和歌山県	和歌山県知的所有権センター ((社)発明協会和歌山県支部)	〒640-8214 和歌山県寄合町25 和歌山市発明館4階	073-432-0087
鳥取県	鳥取県知的所有権センター ((社)発明協会鳥取県支部)	〒689-1112 鳥取市若葉台南7-5-1 新産業創造センター1階	0857-52-6728
島根県	島根県知的所有権センター ((社)発明協会島根県支部)	〒690-0816 島根県松江市北陵町1番地 テクノアークしまね1F内	0852-60-5146
岡山県	岡山県知的所有権センター ((社)発明協会岡山県支部)	〒701-1221 岡山市芳賀5301 テクノサポート岡山内	086-286-9656
広島県	広島県知的所有権センター ((社)発明協会広島県支部)	〒730-0052 広島市中区千田町3-13-11 広島発明会館内	082-544-0775
	広島県知的所有権センター支部 ((社)発明協会広島県支部備後支会)	〒720-0067 福山市西町2-10-1	0849-21-2349
	広島県知的所有権センター支部 (呉地域産業振興センター)	〒737-0004 呉市阿賀南2-10-1	0823-76-3766
山口県	山口県知的所有権センター ((社)発明協会山口県支部)	〒753-0077 山口市熊野町1-10 NPYビル10階	083-922-9927
徳島県	徳島県知的所有権センター ((社)発明協会徳島県支部)	〒770-8021 徳島市雑賀町西開11-2 徳島県立工業技術センター内	088-636-3388
香川県	香川県知的所有権センター ((社)発明協会香川県支部)	〒761-0301 香川県高松市林町2217-15 香川産業頭脳化センタービル2階	087-869-9005
愛媛県	愛媛県知的所有権センター ((社)発明協会愛媛県支部)	〒791-1101 松山市久米窪田町337-1 テクノプラザ愛媛	089-960-1118
高知県	高知県知的所有権センター (高知県工業技術センター)	〒781-5101 高知市布師田3992-3	088-845-7664
福岡県	福岡県知的所有権センター ((社)発明協会福岡県支部)	〒812-0013 福岡市博多区博多駅東2-6-23 住友博多駅前第2ビル2階	092-474-7255
	福岡県知的所有権センター北九州支部 ((株)北九州テクノセンター)	〒804-0003 北九州市戸畑区中原新町2-1	093-873-1432
佐賀県	佐賀県知的所有権センター (佐賀県工業技術センター)	〒849-0932 佐賀市鍋島町八戸溝114	0952-30-8161
長崎県	長崎県知的所有権センター ((社)発明協会長崎県支部)	〒856-0026 大村市池田2-1303-8 長崎県工業技術センター内	0957-52-1144
熊本県	熊本県知的所有権センター ((社)発明協会熊本県支部)	〒862-0901 熊本市東町3-11-38 熊本県工業技術センター内	096-360-3291
大分県	大分県知的所有権センター (大分県産業科学技術センター)	〒870-1117 大分市高江西1-4361-10	097-596-7121
宮崎県	宮崎県知的所有権センター ((社)発明協会宮崎県支部)	〒880-0303 宮崎県宮崎郡佐土原町東上那珂16500-2 宮崎県工業技術センター内	0985-74-2953
鹿児島県	鹿児島県知的所有権センター (鹿児島県工業技術センター)	〒899-5105 鹿児島県姶良郡隼人町小田1445-1	0995-64-2445
沖縄県	沖縄県知的所有権センター (沖縄県工業技術センター)	〒904-2234 具志川市字州崎12-2 中城湾港新港地区トロピカルテクノパーク内	098-929-0111

資料5．平成13年度25技術テーマの特許流通の概要

5.1 アンケート送付先と回収率

　平成13年度は、25の技術テーマにおいて「特許流通支援チャート」を作成し、その中で特許流通に対する意識調査として各技術テーマの出願件数上位企業を対象としてアンケート調査を行った。平成13年12月7日に郵送によりアンケートを送付し、平成14年1月31日までに回収されたものを対象に解析した。

　表5.1-1に、アンケート調査表の回収状況を示す。送付数578件、回収数306件、回収率52.9%であった。

表5.1-1 アンケートの回収状況

送付数	回収数	未回収数	回収率
578	306	272	52.9%

　表5.1-2に、業種別の回収状況を示す。各業種を一般系、機械系、化学系、電気系と大きく4つに分類した。以下、「〇〇系」と表現する場合は、各企業の業種別に基づく分類を示す。それぞれの回収率は、一般系56.5%、機械系63.5%、化学系41.1%、電気系51.6%であった。

表5.1-2 アンケートの業種別回収件数と回収率

業種と回収率	業種	回収件数
一般系 48/85=56.5%	建設	5
	窯業	12
	鉄鋼	6
	非鉄金属	17
	金属製品	2
	その他製造業	6
化学系 39/95=41.1%	食品	1
	繊維	12
	紙・パルプ	3
	化学	22
	石油・ゴム	1
機械系 73/115=63.5%	機械	23
	精密機器	28
	輸送機器	22
電気系 146/283=51.6%	電気	144
	通信	2

図 5.1 に、全回収件数を母数にして業種別に回収率を示す。全回収件数に占める業種別の回収率は電気系 47.7%、機械系 23.9%、一般系 15.7%、化学系 12.7%である。

図 5.1 回収件数の業種別比率

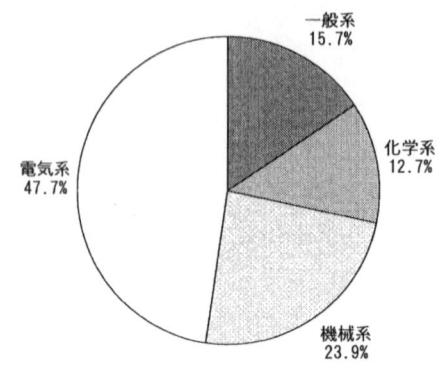

一般系	化学系	機械系	電気系	合計
48	39	73	146	306

表 5.1-3 に、技術テーマ別の回収件数と回収率を示す。この表では、技術テーマを一般分野、化学分野、機械分野、電気分野に分類した。以下、「○○分野」と表現する場合は、技術テーマによる分類を示す。回収率の最も良かった技術テーマは焼却炉排ガス処理技術の 71.4%で、最も悪かったのは有機 EL 素子の 34.6%である。

表 5.1-3 テーマ別の回収件数と回収率

分野	技術テーマ名	送付数	回収数	回収率
一般分野	カーテンウォール	24	13	54.2%
	気体膜分離装置	25	12	48.0%
	半導体洗浄と環境適応技術	23	14	60.9%
	焼却炉排ガス処理技術	21	15	71.4%
	はんだ付け鉛フリー技術	20	11	55.0%
化学分野	プラスティックリサイクル	25	15	60.0%
	バイオセンサ	24	16	66.7%
	セラミックスの接合	23	12	52.2%
	有機ＥＬ素子	26	9	34.6%
	生分解ポリエステル	23	12	52.2%
	有機導電性ポリマー	24	15	62.5%
	リチウムポリマー電池	29	13	44.8%
機械分野	車いす	21	12	57.1%
	金属射出成形技術	28	14	50.0%
	微細レーザ加工	20	10	50.0%
	ヒートパイプ	22	10	45.5%
電気分野	圧力センサ	22	13	59.1%
	個人照合	29	12	41.4%
	非接触型ＩＣカード	21	10	47.6%
	ビルドアップ多層プリント配線板	23	11	47.8%
	携帯電話表示技術	20	11	55.0%
	アクティブマトリックス液晶駆動技術	21	12	57.1%
	プログラム制御技術	21	12	57.1%
	半導体レーザの活性層	22	11	50.0%
	無線ＬＡＮ	21	11	52.4%

5.2 アンケート結果
5.2.1 開放特許に関して
(1) 開放特許と非開放特許

他者にライセンスしてもよい特許を「開放特許」、ライセンスの可能性のない特許を「非開放特許」と定義した。その上で、各技術テーマにおける保有特許のうち、自社での実施状況と開放状況について質問を行った。

306件中257件の回答があった（回答率84.0%）。保有特許件数に対する開放特許件数の割合を開放比率とし、保有特許件数に対する非開放特許件数の割合を非開放比率と定義した。

図5.2.1-1に、業種別の特許の開放比率と非開放比率を示す。全体の開放比率は58.3%で、業種別では一般系が37.1%、化学系が20.6%、機械系が39.4%、電気系が77.4%である。化学系（20.6%）の企業の開放比率は、化学分野における開放比率（図5.2.1-2）の最低値である「生分解ポリエステル」の22.6%よりさらに低い値となっている。これは、化学分野においても、機械系、電気系の企業であれば、保有特許について比較的開放的であることを示唆している。

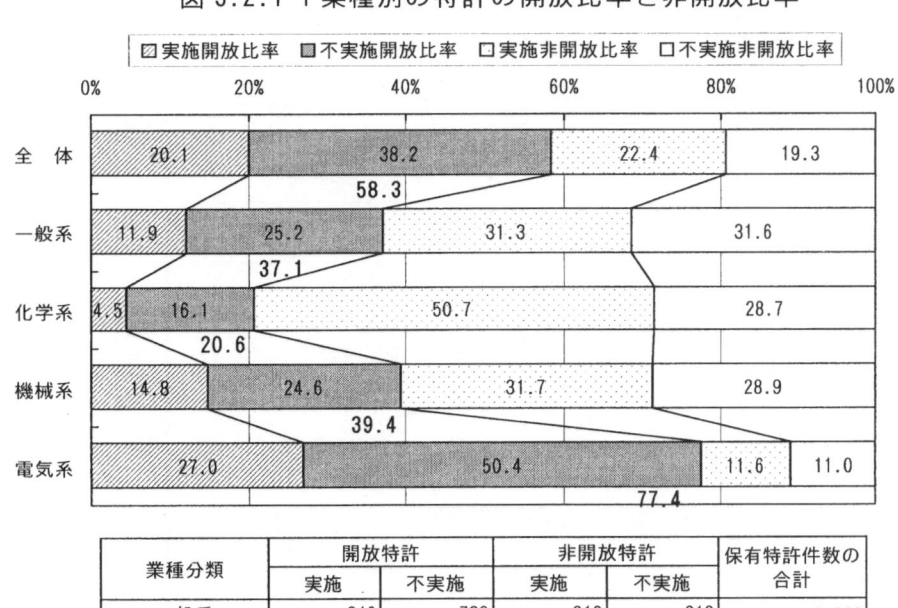

図5.2.1-1 業種別の特許の開放比率と非開放比率

業種分類	開放特許 実施	開放特許 不実施	非開放特許 実施	非開放特許 不実施	保有特許件数の合計
一般系	346	732	910	918	2,906
化学系	90	323	1,017	576	2,006
機械系	494	821	1,058	964	3,337
電気系	2,835	5,291	1,218	1,155	10,499
全体	3,765	7,167	4,203	3,613	18,748

図5.2.1-2に、技術テーマ別の開放比率と非開放比率を示す。

開放比率（実施開放比率と不実施開放比率を加算。）が高い技術テーマを見てみると、最高値は「個人照合」の84.7%で、次いで「はんだ付け鉛フリー技術」の83.2%、「無線LAN」の82.4%、「携帯電話表示技術」の80.0%となっている。一方、低い方から見ると、「生分解ポリエステル」の22.6%で、次いで「カーテンウォール」の29.3%、「有機EL」の30.5%である。

図 5.2.1-2 技術テーマ別の開放比率と非開放比率

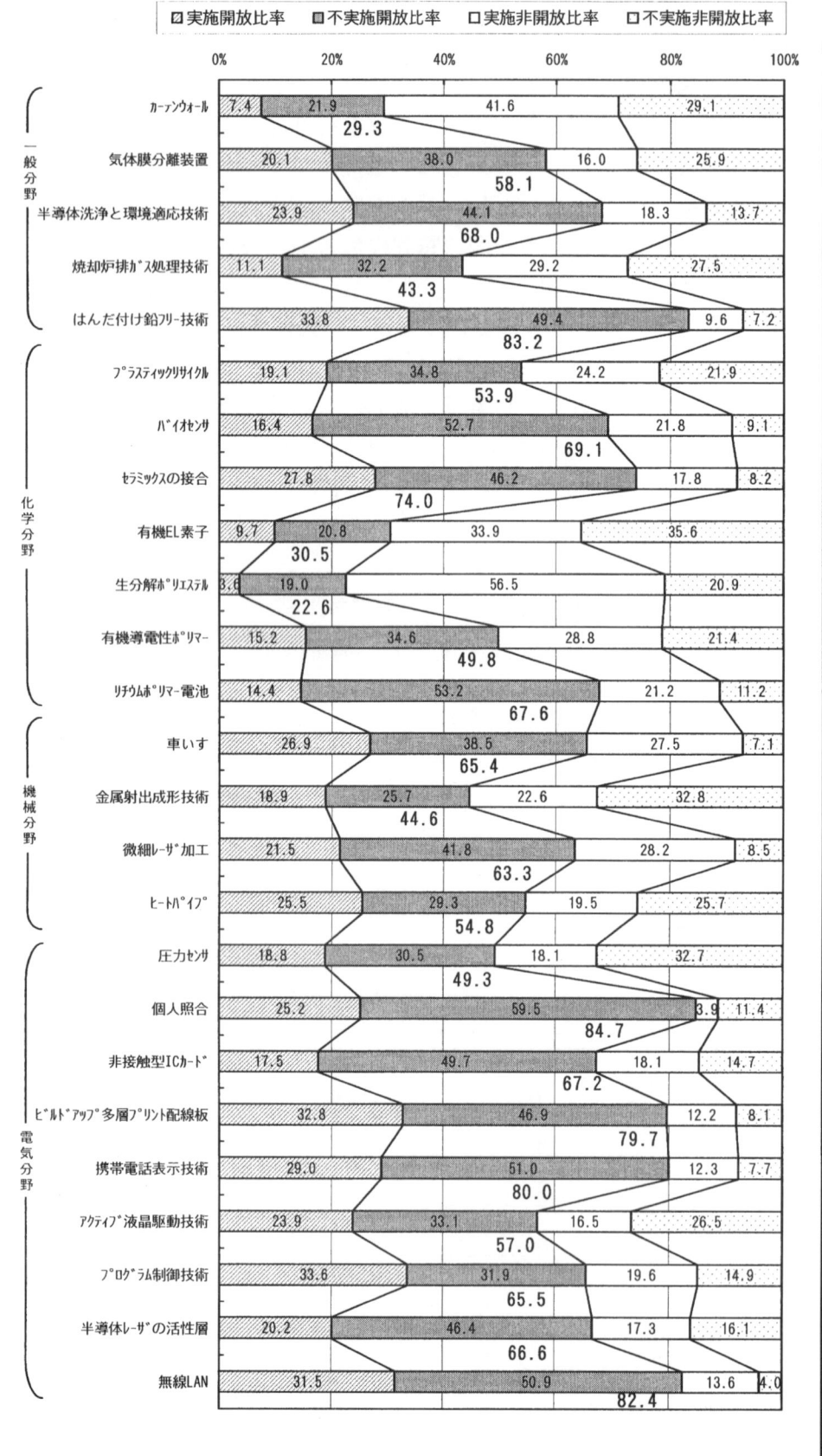

	開放特許		非開放特許		保有特許件数の合計
技術テーマ	実施	不実施	実施	不実施	
カーテンウォール	67	198	376	264	905
気体膜分離装置	88	166	70	113	437
半導体洗浄と環境適応技術	155	286	119	89	649
焼却炉排ガス処理技術	133	387	351	330	1,201
はんだ付け鉛フリー技術	139	204	40	30	413
プラスティックリサイクル	196	357	248	225	1,026
バイオセンサ	106	340	141	59	646
セラミックスの接合	145	241	93	42	521
有機EL素子	90	193	316	332	931
生分解ポリエステル	28	147	437	162	774
有機導電性ポリマー	125	285	237	176	823
リチウムポリマー電池	140	515	205	108	968
車いす	107	154	110	28	399
金属射出成形技術	147	200	175	255	777
微細レーザ加工	68	133	89	27	317
ヒートパイプ	215	248	164	217	844
圧力センサ	164	267	158	286	875
個人照合	220	521	34	100	875
非接触型ICカード	140	398	145	117	800
ビルドアップ多層プリント配線板	177	254	66	44	541
携帯電話表示技術	235	414	100	62	811
アクティブ液晶駆動技術	252	349	174	278	1,053
プログラム制御技術	280	265	163	124	832
半導体レーザの活性層	123	282	105	99	609
無線LAN	227	367	98	29	721
合計	3,767	7,171	4,214	3,596	18,748

図 5.2.1-3 は、業種別に、各企業の特許の開放比率を示したものである。

開放比率は、化学系で最も低く、電気系で最も高い。機械系と一般系はその中間に位置する。推測するに、化学系の企業では、保有特許は「物質特許」である場合が多く、自社の市場独占を確保するため、特許を開放しづらい状況にあるのではないかと思われる。逆に、電気・機械系の企業は、商品のライフサイクルが短いため、せっかく取得した特許も短期間で新技術と入れ替える必要があり、不実施となった特許を開放特許として供出やすい環境にあるのではないかと考えられる。また、より効率性の高い技術開発を進めるべく他社とのアライアンスを目的とした開放特許戦略を採るケースも、最近出てきているのではないだろうか。

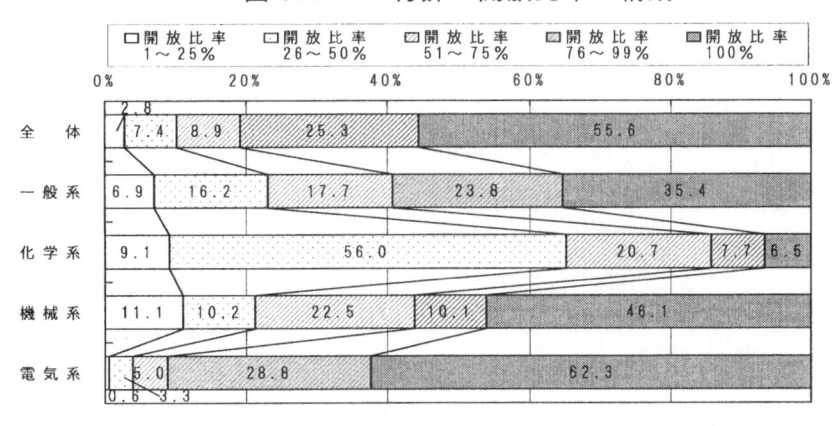

図 5.2.1-3 特許の開放比率の構成

	開放比率 1〜25%	開放比率 26〜50%	開放比率 51〜75%	開放比率 76〜99%	開放比率 100%
全体	2.8 / 7.4	8.9	25.3		55.6
一般系	6.9	16.2	17.7	23.8	35.4
化学系	9.1	56.0	20.7	7.7	6.5
機械系	11.1	10.2	22.5	10.1	46.1
電気系	0.6 / 3.3 / 5.0	28.8			62.3

図 5.2.1-4 に、業種別の自社実施比率と不実施比率を示す。全体の自社実施比率は 42.5%で、業種別では化学系 55.2%、機械系 46.5%、一般系 43.2%、電気系 38.6%である。化学系の企業は、自社実施比率が高く開放比率が低い。電気・機械系の企業は、その逆で自社実施比率が低く開放比率は高い。自社実施比率と開放比率は、反比例の関係にあるといえる。

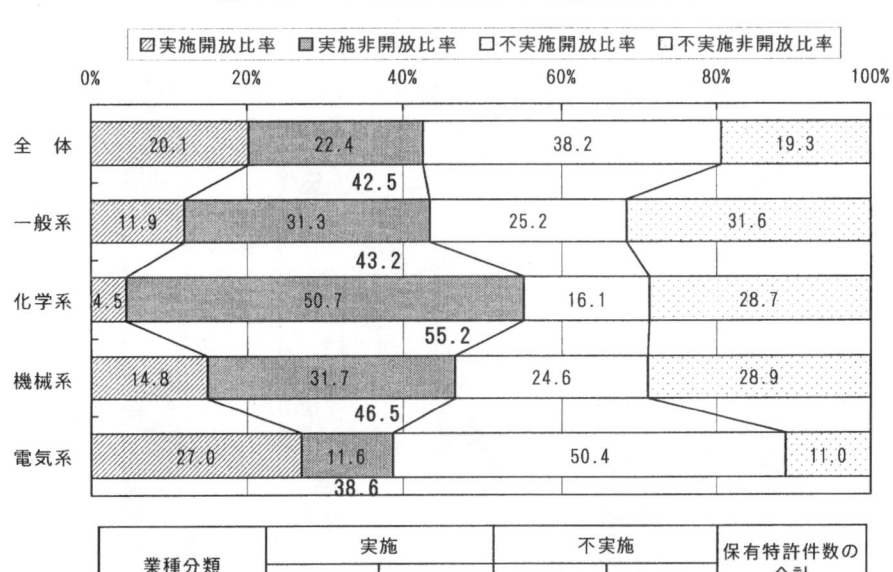

図 5.2.1-4 自社実施比率と無実施比率

	実施開放比率	実施非開放比率	不実施開放比率	不実施非開放比率
全体	20.1	22.4	38.2	19.3
		42.5		
一般系	11.9	31.3	25.2	31.6
		43.2		
化学系	4.5	50.7	16.1	28.7
		55.2		
機械系	14.8	31.7	24.6	28.9
		46.5		
電気系	27.0	11.6	50.4	11.0
		38.6		

業種分類	実施 開放	実施 非開放	不実施 開放	不実施 非開放	保有特許件数の合計
一般系	346	910	732	918	2,906
化学系	90	1,017	323	576	2,006
機械系	494	1,058	821	964	3,337
電気系	2,835	1,218	5,291	1,155	10,499
全体	3,765	4,203	7,167	3,613	18,748

（2）非開放特許の理由

開放可能性のない特許の理由について質問を行った（複数回答）。

質問内容	一般系	化学系	機械系	電気系	全体
・独占的排他権の行使により、ライバル企業を排除するため（ライバル企業排除）	36.3%	36.7%	36.4%	34.5%	36.0%
・他社に対する技術の優位性の喪失（優位性喪失）	31.9%	31.6%	30.5%	29.9%	30.9%
・技術の価値評価が困難なため（価値評価困難）	12.1%	16.5%	15.3%	13.8%	14.4%
・企業秘密がもれるから（企業秘密）	5.5%	7.6%	3.4%	14.9%	7.5%
・相手先を見つけるのが困難であるため（相手先探し）	7.7%	5.1%	8.5%	2.3%	6.1%
・ライセンス経験不足等のため提供に不安があるから（経験不足）	4.4%	0.0%	0.8%	0.0%	1.3%
・その他	2.1%	2.5%	5.1%	4.6%	3.8%

図 5.2.1-5 は非開放特許の理由の内容を示す。

「ライバル企業の排除」が最も多く 36.0%、次いで「優位性喪失」が 30.9%と高かった。特許権を「技術の市場における排他的独占権」として充分に行使していることが伺える。「価値評価困難」は 14.4%となっているが、今回の「特許流通支援チャート」作成にあたり分析対象とした特許は直近 10 年間だったため、登録前の特許が多く、権利範囲が未確定なものが多かったためと思われる。

電気系の企業で「企業秘密がもれるから」という理由が 14.9%と高いのは、技術のライフサイクルが短く新技術開発が激化しており、さらに、技術自体が模倣されやすいことが原因であるのではないだろうか。

化学系の企業で「企業秘密がもれるから」という理由が 7.6%と高いのは、物質特許のノウハウ漏洩に細心の注意を払う必要があるためと思われる。

機械系や一般系の企業で「相手先探し」が、それぞれ 8.5%、7.7%と高いことは、これらの分野で技術移転を仲介する者の活躍できる潜在性が高いことを示している。

なお、その他の理由としては、「共同出願先との調整」が 12 件と多かった。

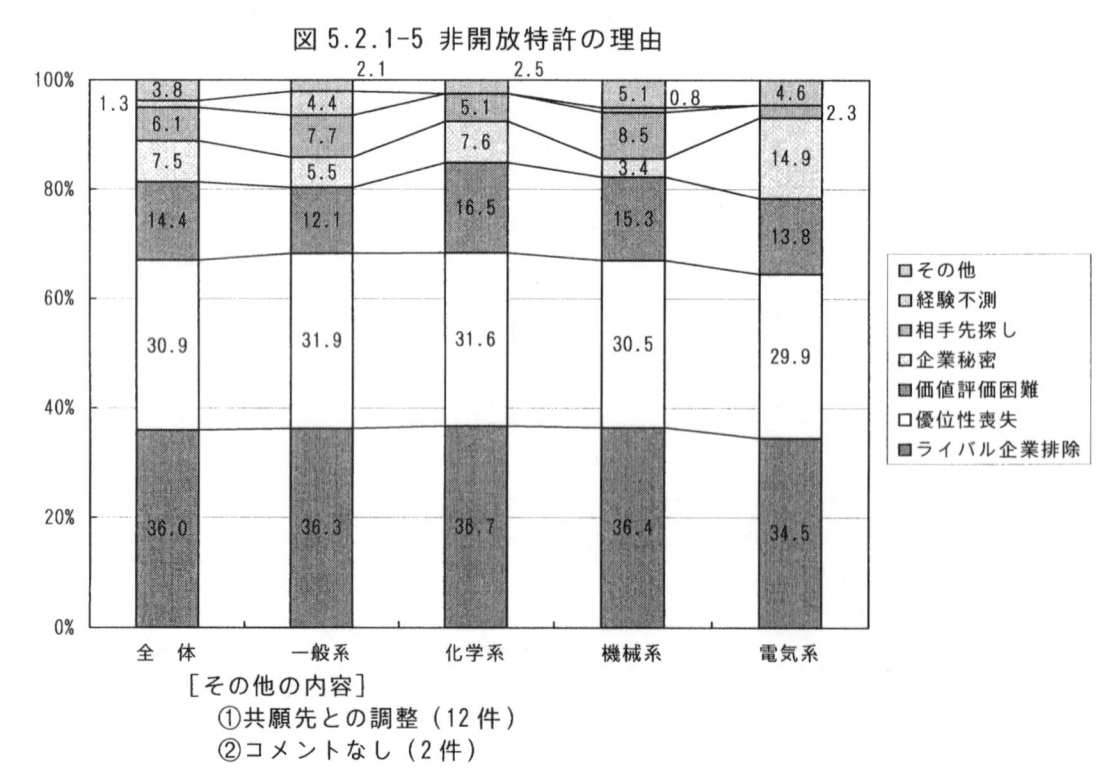

図 5.2.1-5 非開放特許の理由

［その他の内容］
①共願先との調整（12 件）
②コメントなし（2 件）

5.2.2 ライセンス供与に関して
(1) ライセンス活動
　ライセンス供与の活動姿勢について質問を行った。

質問内容	一般系	化学系	機械系	電気系	全体
・特許ライセンス供与のための活動を積極的に行っている（積極的）	2.0%	15.8%	4.3%	8.9%	7.5%
・特許ライセンス供与のための活動を行っている（普通）	36.7%	15.8%	25.7%	57.7%	41.2%
・特許ライセンス供与のための活動はやや消極的である（消極的）	24.5%	13.2%	14.3%	10.4%	14.0%
・特許ライセンス供与のための活動を行っていない（しない）	36.8%	55.2%	55.7%	23.0%	37.3%

　その結果を、図5.2.2-1 ライセンス活動に示す。306件中295件の回答であった（回答率96.4％）。

　何らかの形で特許ライセンス活動を行っている企業は62.7％を占めた。そのうち、比較的積極的に活動を行っている企業は48.7％に上る（「積極的」＋「普通」）。これは、技術移転を仲介する者の活躍できる潜在性がかなり高いことを示唆している。

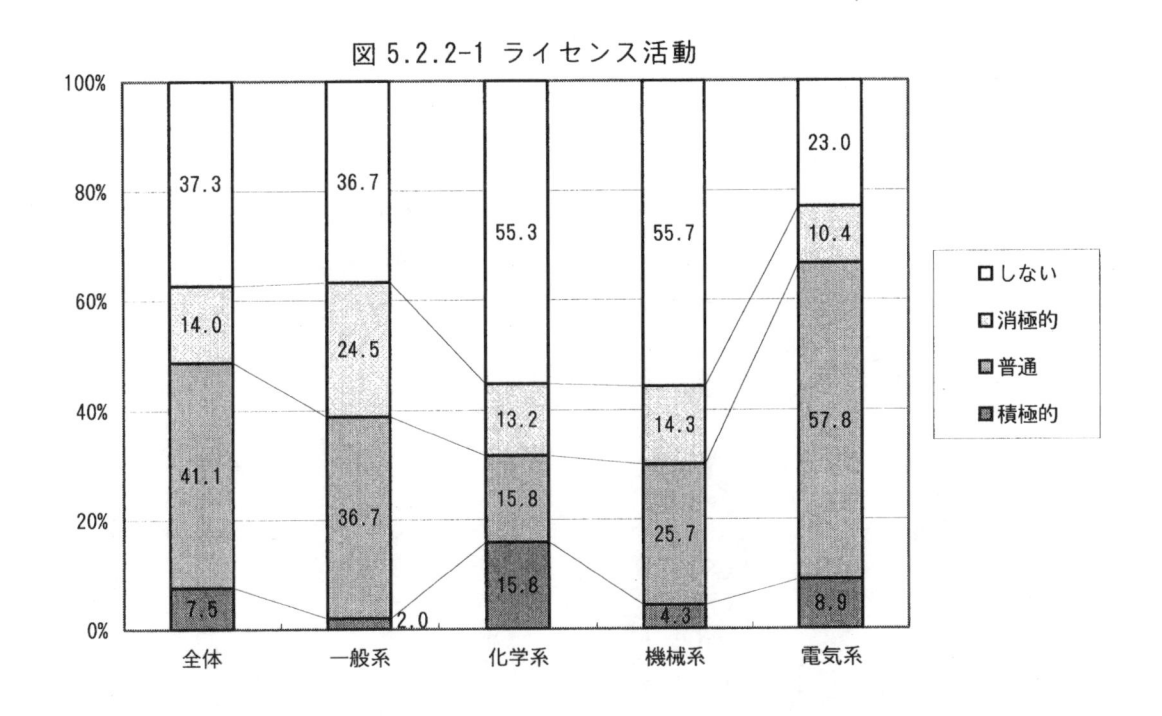

図5.2.2-1 ライセンス活動

（2）ライセンス実績

ライセンス供与の実績について質問を行った。

質問内容	一般系	化学系	機械系	電気系	全体
・供与実績はないが今後も行う方針（実績無し今後も実施）	54.5%	48.0%	43.6%	74.6%	58.3%
・供与実績があり今後も行う方針（実績有り今後も実施）	72.2%	61.5%	95.5%	67.3%	73.5%
・供与実績はなく今後は不明（実績無し今後は不明）	36.4%	24.0%	46.1%	20.3%	30.8%
・供与実績はあるが今後は不明（実績有り今後は不明）	27.8%	38.5%	4.5%	30.7%	25.5%
・供与実績はなく今後も行わない方針（実績無し今後も実施せず）	9.1%	28.0%	10.3%	5.1%	10.9%
・供与実績はあるが今後は行わない方針（実績有り今後は実施せず）	0.0%	0.0%	0.0%	2.0%	1.0%

図 5.2.2-2 に、ライセンス実績を示す。306 件中 295 件の回答があった（回答率 96.4％）。ライセンス実績有りとライセンス実績無しを分けて示す。

「供与実績があり、今後も実施」は 73.5％と非常に高い割合であり、特許ライセンスの有効性を認識した企業はさらにライセンス活動を活発化させる傾向にあるといえる。また、「供与実績はないが、今後は実施」が 58.3％あり、ライセンスに対する関心の高まりが感じられる。

機械系や一般系の企業で「実績有り今後も実施」がそれぞれ 90％、70％を越えており、他業種の企業よりもライセンスに対する関心が非常に高いことがわかる。

図 5.2.2-2 ライセンス実績

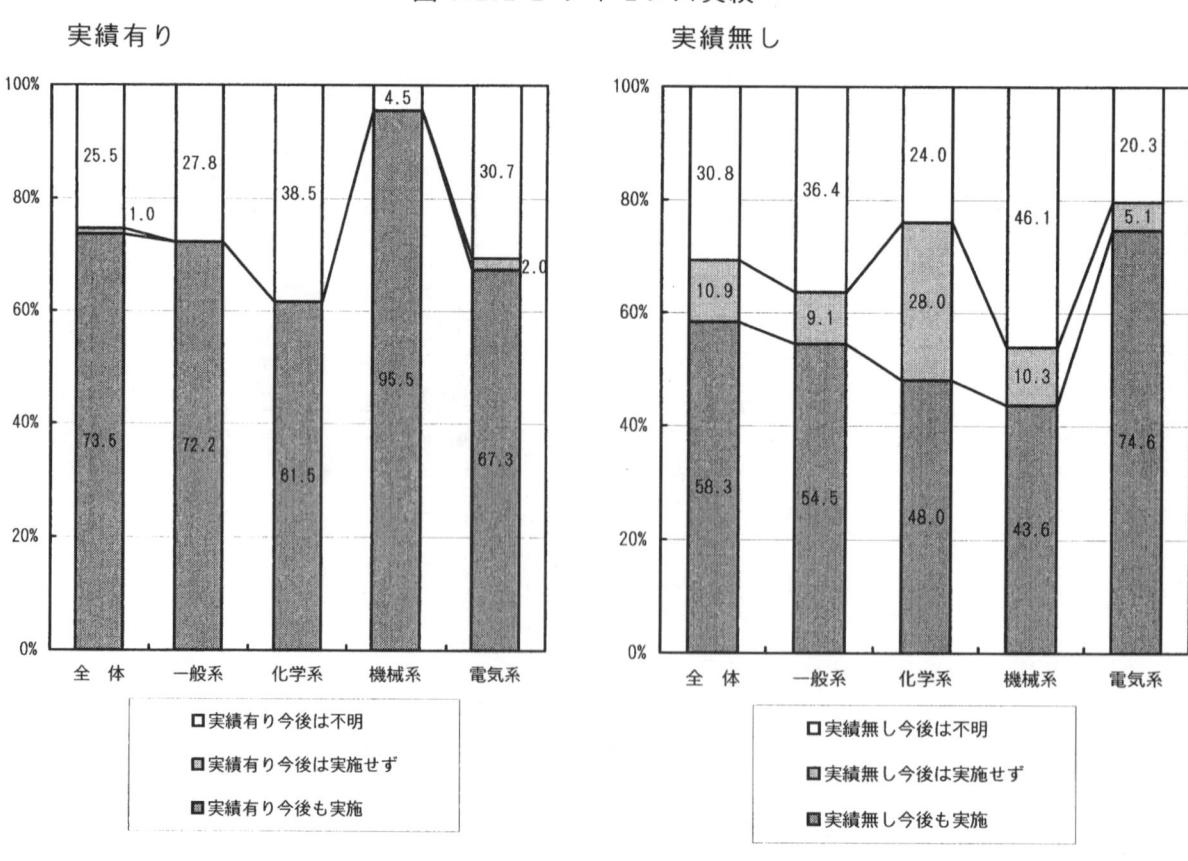

(3) ライセンス先の見つけ方

ライセンス供与の実績があると 5.2.2 項の(2)で回答したテーマ出願人にライセンス先の見つけ方について質問を行った(複数回答)。

質問内容	一般系	化学系	機械系	電気系	全体
・先方からの申し入れ(申入れ)	27.8%	43.2%	37.7%	32.0%	33.7%
・権利侵害調査の結果(侵害発)	22.2%	10.8%	17.4%	21.3%	19.3%
・系列企業の情報網（内部情報）	9.7%	10.8%	11.6%	11.5%	11.0%
・系列企業を除く取引先企業（外部情報）	2.8%	10.8%	8.7%	10.7%	8.3%
・新聞、雑誌、TV、インターネット等（メディア）	5.6%	2.7%	2.9%	12.3%	7.3%
・イベント、展示会等(展示会)	12.5%	5.4%	7.2%	3.3%	6.7%
・特許公報	5.6%	5.4%	2.9%	1.6%	3.3%
・相手先に相談できる人がいた等(人的ネットワーク)	1.4%	8.2%	7.3%	0.8%	3.3%
・学会発表、学会誌(学会)	5.6%	8.2%	1.4%	1.6%	2.7%
・データベース（DB）	6.8%	2.7%	0.0%	0.0%	1.7%
・国・公立研究機関（官公庁）	0.0%	0.0%	0.0%	3.3%	1.3%
・弁理士、特許事務所(特許事務所)	0.0%	0.0%	2.9%	0.0%	0.7%
・その他	0.0%	0.0%	0.0%	1.6%	0.7%

その結果を、図 5.2.2-3 ライセンス先の見つけ方に示す。「申入れ」が33.7%と最も多く、次いで侵害警告を発した「侵害発」が19.3%、「内部情報」によりものが11.0%、「外部情報」によるものが8.3%であった。特許流通データベースなどの「DB」からは1.7%であった。化学系において、「申入れ」が40%を越えている。

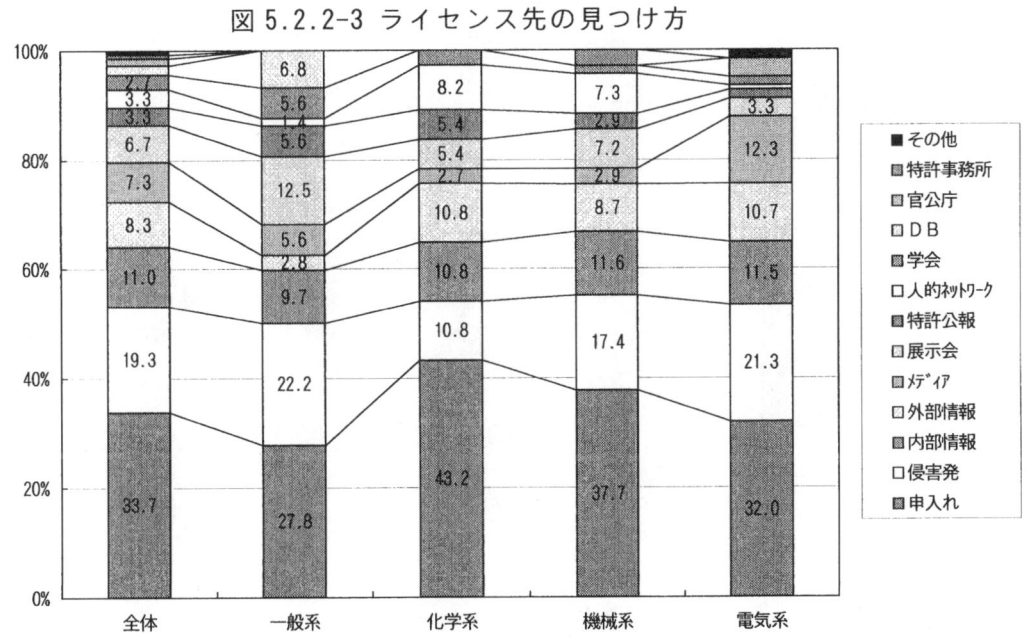

図 5.2.2-3 ライセンス先の見つけ方

〔その他の内容〕
①関係団体（2件）

（4）ライセンス供与の不成功理由

5.2.2項の(1)でライセンス活動をしていると答えて、ライセンス実績の無いテーマ出願人に、その不成功理由について質問を行った。

質問内容	一般系	化学系	機械系	電気系	全体
・相手先が見つからない（相手先探し）	58.8%	57.9%	68.0%	73.0%	66.7%
・情勢（業績・経営方針・市場など）が変化した（情勢変化）	8.8%	10.5%	16.0%	0.0%	6.4%
・ロイヤリティーの折り合いがつかなかった（ロイヤリティー）	11.8%	5.3%	4.0%	4.8%	6.4%
・当該特許だけでは、製品化が困難と思われるから（製品化困難）	3.2%	5.0%	7.7%	1.6%	3.6%
・供与に伴う技術移転（試作や実証試験等）に時間がかかっており、まだ、供与までに至らない（時間浪費）	0.0%	0.0%	0.0%	4.8%	2.1%
・ロイヤリティー以外の契約条件で折り合いがつかなかった（契約条件）	3.2%	5.0%	0.0%	0.0%	1.4%
・相手先の技術消化力が低かった（技術消化力不足）	0.0%	10.0%	0.0%	0.0%	1.4%
・新技術が出現した（新技術）	3.2%	5.3%	0.0%	0.0%	1.3%
・相手先の秘密保持に信頼が置けなかった（機密漏洩）	3.2%	0.0%	0.0%	0.0%	0.7%
・相手先がグランド・バックを認めなかった（グラントバック）	0.0%	0.0%	0.0%	0.0%	0.0%
・交渉過程で不信感が生まれた（不信感）	0.0%	0.0%	0.0%	0.0%	0.0%
・競合技術に遅れをとった（競合技術）	0.0%	0.0%	0.0%	0.0%	0.0%
・その他	9.7%	0.0%	3.9%	15.8%	10.0%

その結果を、図5.2.2-4 ライセンス供与の不成功理由に示す。約66.7%は「相手先探し」と回答している。このことから、相手先を探す仲介者および仲介を行うデータベース等のインフラの充実が必要と思われる。電気系の「相手先探し」は73.0%を占めていて他の業種より多い。

図5.2.2-4 ライセンス供与の不成功理由

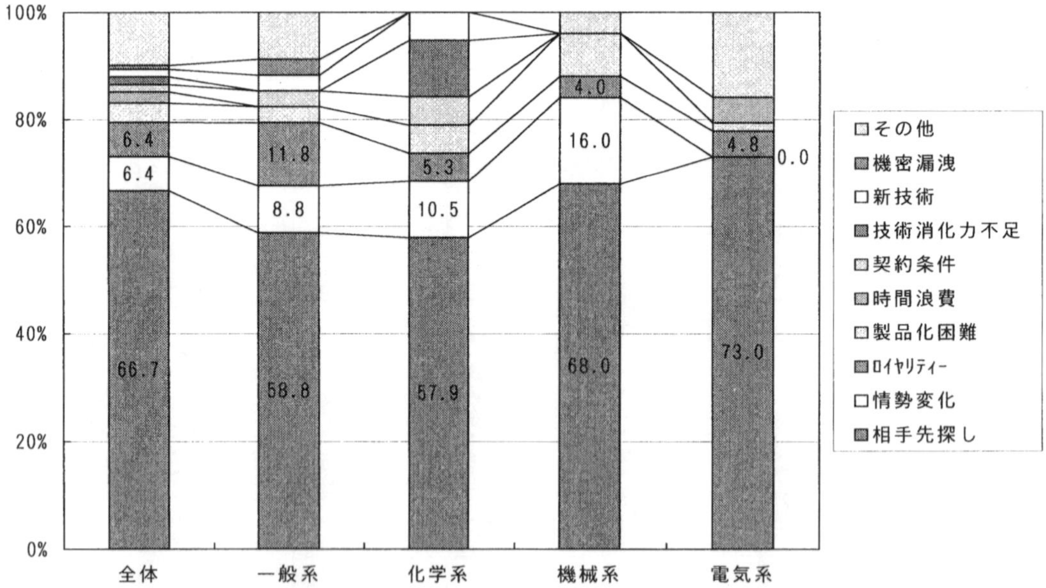

〔その他の内容〕
①単独での技術供与でない
②活動を開始してから時間が経っていない
③当該分野では未登録が多い（3件）
④市場未熟
⑤業界の動向（規格等）
⑥コメントなし（6件）

5.2.3 技術移転の対応
(1) 申し入れ対応

技術移転してもらいたいと申し入れがあった時、どのように対応するかについて質問を行った。

質問内容	一般系	化学系	機械系	電気系	全体
・とりあえず、話を聞く（話を聞く）	44.3%	70.3%	54.9%	56.8%	55.8%
・積極的に交渉していく（積極交渉）	51.9%	27.0%	39.5%	40.7%	40.6%
・他社への特許ライセンスの供与は考えていないので、断る（断る）	3.8%	2.7%	2.8%	2.5%	2.9%
・その他	0.0%	0.0%	2.8%	0.0%	0.7%

その結果を、図5.2.3-1 ライセンス申し入れ対応に示す。「話を聞く」が55.8%であった。次いで「積極交渉」が40.6%であった。「話を聞く」と「積極交渉」で96.4%という高率であり、中小企業側からみた場合は、ライセンス供与の申し入れを積極的に行っても断られるのはわずか2.9%しかないということを示している。一般系の「積極交渉」が他の業種より高い。

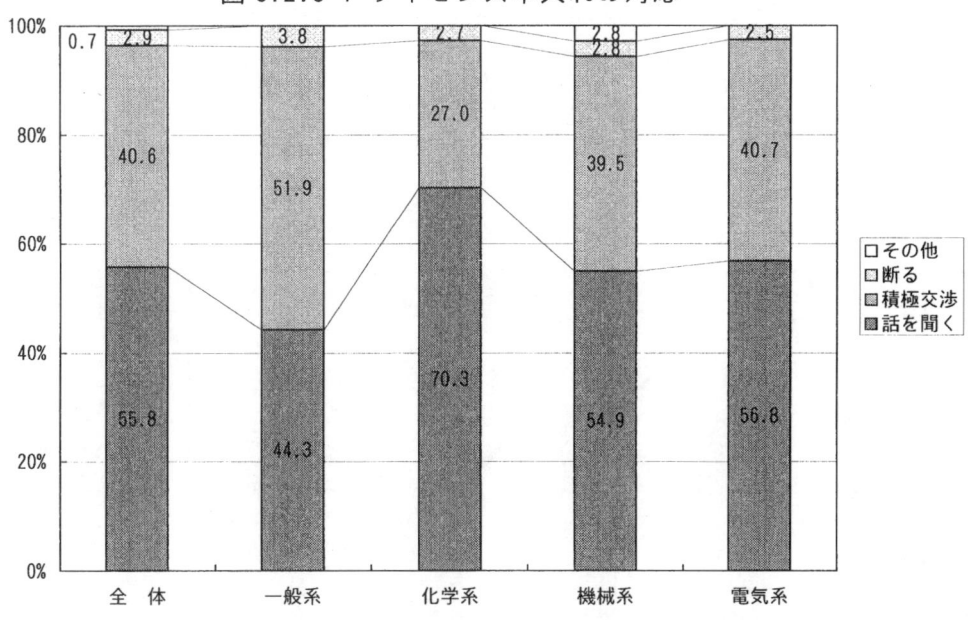

図5.2.3-1 ライセンス申入れの対応

（2）仲介の必要性

ライセンスの仲介の必要性があるかについて質問を行った。

質問内容	一般系	化学系	機械系	電気系	全体
・自社内にそれに相当する機能があるから不要（社内機能あるから不要）	36.6%	48.7%	62.4%	53.8%	52.0%
・現在はレベルが低いので不要（低レベル仲介で不要）	1.9%	0.0%	1.4%	1.7%	1.5%
・適切な仲介者がいれば使っても良い（適切な仲介者で検討）	44.2%	45.9%	27.5%	40.2%	38.5%
・公的支援機関に仲介等を必要とする（公的仲介が必要）	17.3%	5.4%	8.7%	3.4%	7.6%
・民間仲介業者に仲介等を必要とする（民間仲介が必要）	0.0%	0.0%	0.0%	0.9%	0.4%

図 5.2.3-2 に仲介の必要性の内訳を示す。「社内機能あるから不要」が 52.0％を占め、最も多い。アンケートの配布先は大手企業が大部分であったため、自社において知財管理、技術移転機能が整備されている企業が 50％以上を占めることを意味している。

次いで「適切な仲介者で検討」が 38.5％、「公的仲介が必要」が 7.6％、「民間仲介が必要」が 0.4％となっている。これらを加えると仲介の必要を感じている企業は 46.5％に上る。

自前で知財管理や知財戦略を立てることができない中小企業や一部の大企業では、技術移転・仲介者の存在が必要であると推測される。

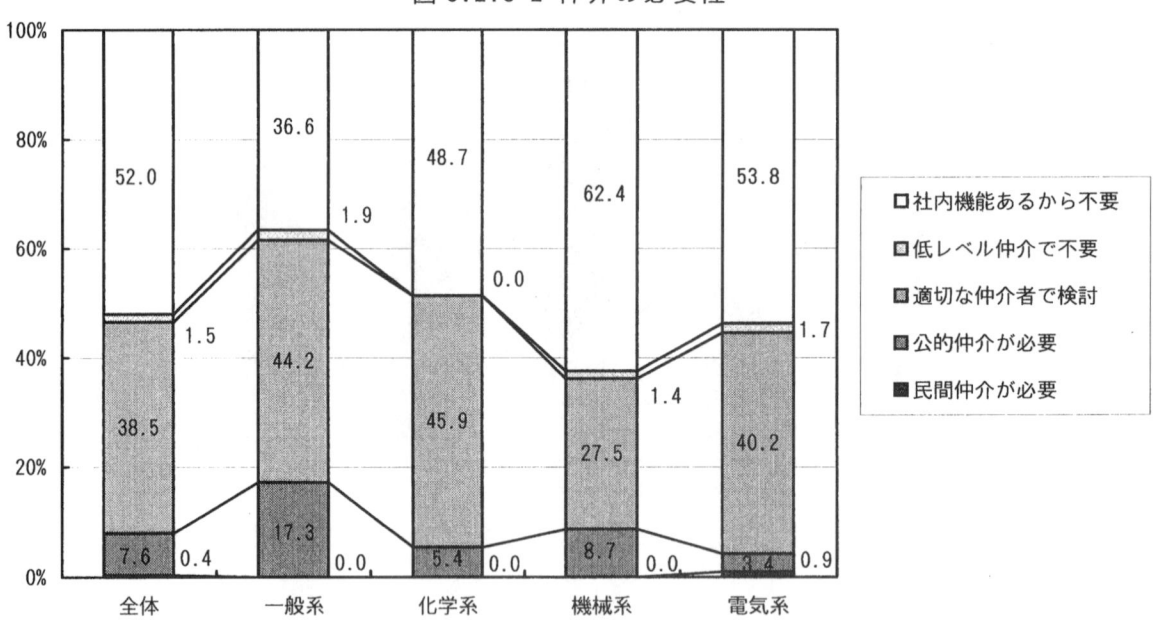

図 5.2.3-2 仲介の必要性

5.2.4 具体的事例
(1) テーマ特許の供与実績

技術テーマの分析の対象となった特許一覧表を掲載し(テーマ特許)、具体的にどの特許の供与実績があるかについて質問を行った。

質問内容	一般系	化学系	機械系	電気系	全体
・有る	12.8%	12.9%	13.6%	18.8%	15.7%
・無い	72.3%	48.4%	39.4%	34.2%	44.1%
・回答できない(回答不可)	14.9%	38.7%	47.0%	47.0%	40.2%

図5.2.4-1に、テーマ特許の供与実績を示す。

「有る」と回答した企業が15.7%であった。「無い」と回答した企業が44.1%あった。「回答不可」と回答した企業が40.2%とかなり多かった。これは個別案件ごとにアンケートを行ったためと思われる。ライセンス自体、企業秘密であり、他者に情報を漏洩しない場合が多い。

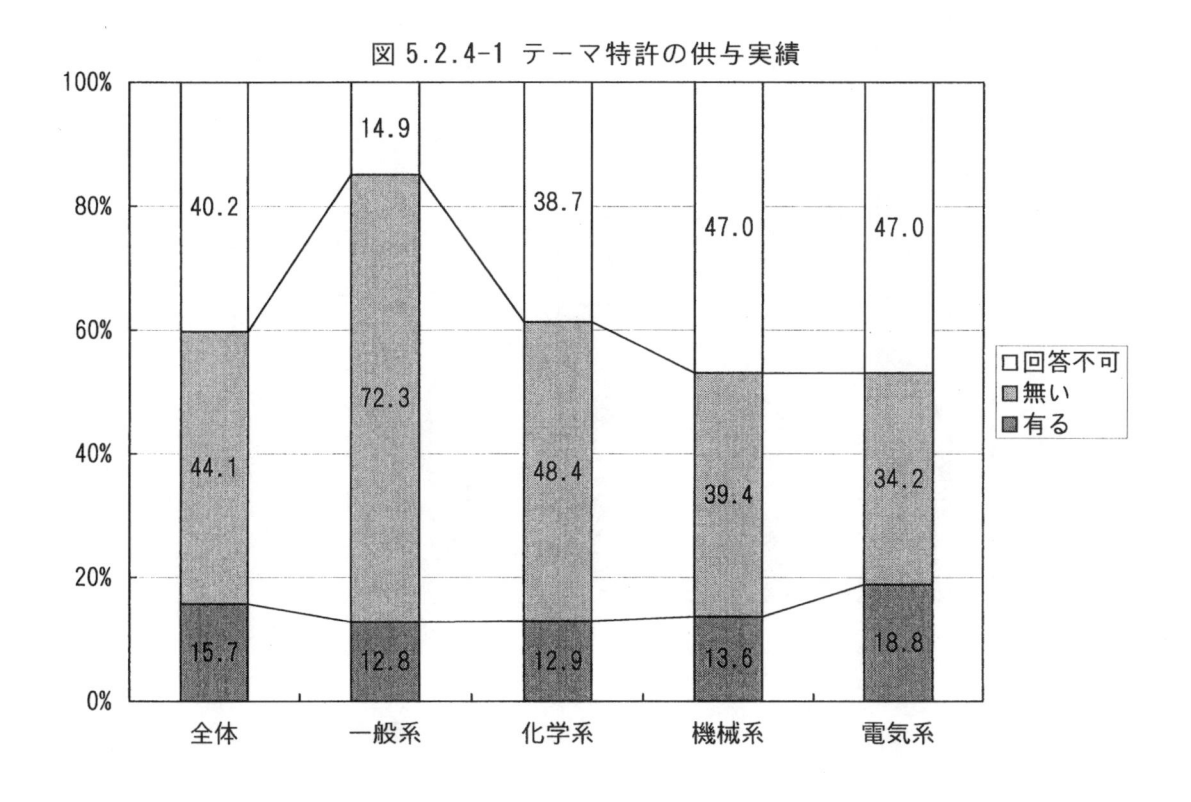

図5.2.4-1 テーマ特許の供与実績

(2) テーマ特許を適用した製品

「特許流通支援チャート」に収蔵した特許(出願)を適用した製品の有無について質問を行った。

質問内容	一般系	化学系	機械系	電気系	全体
・回答できない(回答不可)	27.9%	34.4%	44.3%	53.2%	44.6%
・有る。	51.2%	43.8%	39.3%	37.1%	40.8%
・無い。	20.9%	21.8%	16.4%	9.7%	14.6%

図 5.2.4-2 に、テーマ特許を適用した製品の有無について結果を示す。

「有る」が 40.8%、「回答不可」が 44.6%、「無い」が 14.6%であった。一般系と化学系で「有る」と回答した企業が多かった。

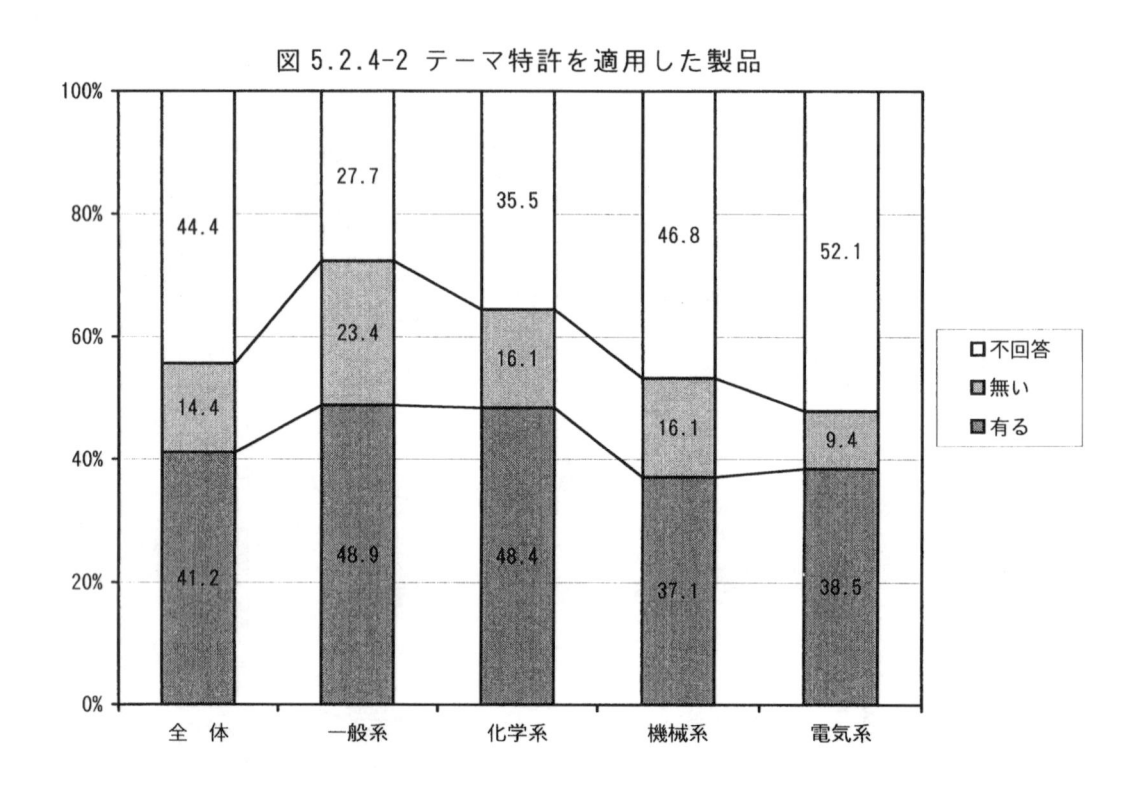

図 5.2.4-2 テーマ特許を適用した製品

5.3 ヒアリング調査

アンケートによる調査において、5.2.2の(2)項でライセンス実績に関する質問を行った。その結果、回収数306件中295件の回答を得、そのうち「供与実績あり、今後も積極的な供与活動を実施したい」という回答が全テーマ合計で25.4%(延べ75出願人)あった。これから重複を排除すると43出願人となった。

この43出願人を候補として、ライセンスの実態に関するヒアリング調査を行うこととした。ヒアリングの目的は技術移転が成功した理由をできるだけ明らかにすることにある。

表5.3にヒアリング出願人の件数を示す。43出願人のうちヒアリングに応じてくれた出願人は11出願人(26.5%)であった。テーマ別且つ出願人別では延べ15出願人であった。ヒアリングは平成14年2月中旬から下旬にかけて行った。

表5.3 ヒアリング出願人の件数

ヒアリング候補出願人数	ヒアリング出願人数	ヒアリングテーマ出願人数
43	11	15

5.3.1 ヒアリング総括

表5.3に示したようにヒアリングに応じてくれた出願人が43出願人中わずか11出願人（25.6%）と非常に少なかったのは、ライセンス状況およびその経緯に関する情報は企業秘密に属し、通常は外部に公表しないためであろう。さらに、11出願人に対するヒアリング結果も、具体的なライセンス料やロイヤリティーなど核心部分については充分な回答をもらうことができなかった。

このため、今回のヒアリング調査は、対象母数が少なく、その結果も特許流通および技術移転プロセスについて全体の傾向をあらわすまでには至っておらず、いくつかのライセンス実績の事例を紹介するに留まらざるを得なかった。

5.3.2 ヒアリング結果

表5.3.2-1にヒアリング結果を示す。

技術移転のライセンサーはすべて大企業であった。

ライセンシーは、大企業が8件、中小企業が3件、子会社が1件、海外が1件、不明が2件であった。

技術移転の形態は、ライセンサーからの「申し出」によるものと、ライセンシーからの「申し入れ」によるものの2つに大別される。「申し出」が3件、「申し入れ」が7件、「不明」が2件であった。

「申し出」の理由は、3件とも事業移管や事業中止に伴いライセンサーが技術を使わなくなったことによるものであった。このうち1件は、中小企業に対するライセンスであった。この中小企業は保有技術の水準が高かったため、スムーズにライセンスが行われたとのことであった。

「ノウハウを伴わない」技術移転は3件で、「ノウハウを伴う」技術移転は4件であった。

「ノウハウを伴わない」場合のライセンシーは、3件のうち1件は海外の会社、1件が中小企業、残り1件が同業種の大企業であった。

大手同士の技術移転だと、技術水準が似通っている場合が多いこと、特許性の評価やノウハウの要・不要、ライセンス料やロイヤリティー額の決定などについて経験に基づき判断できるため、スムーズに話が進むという意見があった。

　中小企業への移転は、ライセンサーもライセンシーも同業種で技術水準も似通っていたため、ノウハウの供与の必要はなかった。中小企業と技術移転を行う場合、ノウハウ供与を伴う必要があることが、交渉の障害となるケースが多いとの意見があった。

　「ノウハウを伴う」場合の4件のライセンサーはすべて大企業であった。ライセンシーは大企業が1件、中小企業が1件、不明が2件であった。

　「ノウハウを伴う」ことについて、ライセンサーは、時間や人員が避けないという理由で難色を示すところが多い。このため、中小企業に技術移転を行う場合は、ライセンシー側の技術水準を重視すると回答したところが多かった。

　ロイヤリティーは、イニシャルとランニングに分かれる。イニシャルだけの場合は4件、ランニングだけの場合は6件、双方とも含んでいる場合は4件であった。ロイヤリティーの形態は、双方の企業の合意に基づき決定されるため、技術移転の内容によりケースバイケースであると回答した企業がほとんどであった。

　中小企業へ技術移転を行う場合には、イニシャルロイヤリティーを低く抑えており、ランニングロイヤリティーとセットしている。

　ランニングロイヤリティーのみと回答した6件の企業であっても、「ノウハウを伴う」技術移転の場合にはイニシャルロイヤリティーを必ず要求するとすべての企業が回答している。中小企業への技術移転を行う際に、このイニシャルロイヤリティーの額をどうするか折り合いがつかず、不成功になった経験を持っていた。

表5.3.2-1 ヒアリング結果

導入企業	移転の申入れ	ノウハウ込み	イニシャル	ランニング
―	ライセンシー	○	普通	―
―	―	○	普通	―
中小	ライセンシー	×	低	普通
海外	ライセンシー	×	普通	―
大手	ライセンシー	―	―	普通
大手	ライセンシー	―	―	普通
大手	ライセンシー	―	―	普通
大手	―	―	―	普通
中小	ライセンサー	―	―	普通
大手	―	―	普通	低
大手	―	○	普通	普通
大手	ライセンサー	―	普通	―
子会社	ライセンサー	―	―	―
中小	―	○	低	高
大手	ライセンシー	×	―	普通

＊特許技術提供企業はすべて大手企業である。

（注）
　ヒアリングの結果に関する個別のお問い合わせについては、回答をいただいた企業とのお約束があるため、応じることはできません。予めご了承ください。

資料6．特許番号一覧

前述の主要企業20社を除く出願件数上位50社のうち残りの30社（位）の保有特許出願リストを表1に示す。具体的には、技術要素ごとに技術開発課題に対応させ、現在特許庁に係属中の特許出願または権利存続中の特許を記載し、特に重要と思われるものについては概要も記載する。

なお、表中の公報番号後の（　）内の数値は、表2出願件数上位50社の出願人のNo.に対応している。

また、以下に掲載する特許は、全てが開放可能とは限らないため個別の対応が必要である。

表1　30社の技術開発課題対応保有特許リスト（1/5）

技術要素	課題	公報番号（出願人、概要）		
合成反応	ポリマー製造（反応）容易に製造（短時間高収率安価）	特許2684150(21,23)	経済産業省産業技術総合研究所長（増田隆志ら）脂肪族二価カルボン酸ジ定休アルキルエステルと脂肪族二価アルコールを重縮合させて高分子量の脂肪族ポリエステルを製造する方法	
		特許2684150(21,23)	特許2847617(31)	特開平8-3292(22)
		特許3024907(31)	特許2850101(31)	特許2864217(31)
		特開平8-295726(21)	特開平8-311175(29)	特許2684351(21)
		特許3026151(30)	特開平9-104745(29)	特開平9-157360(30)
		特開平9-176299(25)	特許3073922(47)	特開平9-316180(29)
		特開平10-17653(29)	特開平10-17654(29)	特開平10-17655(29)
		特開平10-60101(29)	特許3131158(47)	特開平10-120772(29)
		特開平10-101777(47)	特開平10-99804(31)	特開平10-130376(47)
		特許3086851(30)	特開平11-71401(21)	特開平11-106554(29)
		特許3012922(21)	特開平11-116594(32)	特開平11-255877(31)
		特開平11-49851(29)	特開2001-31746(31)	特許3122659(21)
		特開2001-98065(22)	特開2001-139672(31)	特開2001-213949(30)
	ポリマー製造（反応）品質向上（高純度）	特許2858947(37)	特許3193550(25)	特開平8-41180(25)
		特開平8-41181(25)	特開平9-165441(30)	特許3098703(47)
		特開平8-256783(34)	特開平10-101776(47)	特表平10-511419(27)
		特開平10-218980(26)	特開平10-218981(29)	特開平9-328481(36)
		特開平10-231358(47)	特開平10-287733(40)	特開平10-316745(25)
		特開平11-106499(47)	特開平11-130847(36)	特開平11-279267(31)
		特開2000-204144(31)	特開2000-212425(47)	特開2000-297143(47)
		特開2001-26643(22)	特開2001-31749(22)	特開2001-98057(22)
	ポリマー製造（培養）容易に製造（短時間高収率安価）	特許2678209(21,23,39)	経済産業省産業技術総合研究所長（常磐豊ら）有機炭素源や還元物質を必要とすることなく遺伝子組み換え藍藻によりポリ-β-ヒドロキシ酪酸を生産する方法	
		特許3062459(41)	理化学研究所（土肥義治ら）3-ヒドロキシアルカン酸の共重合体製造などに有用な、特定のアミノ酸配列を含みポリエステル重合活性をもたらすポリペプチドをコードする遺伝子とポリエステルの製法	
		特許2816777(46)	特許3114148(26)	特許2777757(46)
		特表平5-506784(42)	特許3100001(26,43)	特許2678209(21,23,39)
		特表平8-503131(42)	特表平8-508881(42)	特開平8-289797(23,41,46)
		特許2777597(21,23,39)	特許2730671(21)	特許2979184(21,23,39)
		特開平10-276781(41)	特許3062459(41)	特開平11-243956(23,41,46)
		特開2000-60540(41)	特開2000-166586(33)	特開2000-166588(33)
		特開2001-8689(41)	特開2001-46074(41)	特開2001-57895(46)
		特開2001-69968(33)	特開2001-78753(33)	特開2001-178485(33)
		特開2001-178484(33)	特開2001-224392(21)	

表1 30社の技術開発課題対応保有特許リスト(2/5)

技術要素		課題	公報番号（出願人、概要）		
合成反応（つづき）	ポリマー製造（培養）（つづき）	品質向上（高純度）	特開2001-46094(46)		
	共重合	機械的性質	特公平7-13129(21)	特開平7-10988(21)	特開平8-3293(22)
			特許2864218(31)	特開平8-259680(22)	特開平8-259679(22)
			特開平9-110971(22)	特開平9-110972(22)	特開平9-227671(22)
			特開平9-272733(21)	特表平10-508640(27)	特表平10-508647(27)
			特許2868116(21)	特許3118570(21)	
		強度	特許3131603(21,23)	経済産業省産業技術総合研究所長（増田隆志ら）特定の3種のエステル部を含有させることにより機械的強度および加工性に優れた新規な構造の生分解性高分子量脂肪族ポリエステルエーテルの製造方法	
			特公平6-23302(21)	特許3206998(44)	特開平7-157553(21)
			特開平7-157557(21)	特開平8-3296(22)	特開平8-27269(45)
			特開平8-127645(32)	特表平9-512571(37)	特開平9-272789(22)
			特開平9-278994(39)	特開平10-204274(30)	特許3131603(21,23)
			特許3000149(21)	特開2000-204143(21)	特開2001-19747(21)
			特許3066500(21)	特許3127960(21)	
		柔軟性	特開平10-17756(39)	特開平10-46013(39)	特開平10-81736(22)
			特開平11-255873(22)	特開平11-255874(22)	
		熱的性質（耐熱性）	特開平9-157364(45)	特開平9-208652(45)	特許3044235(21,23)
		熱的性質（熱安定性）	特開平6-145311(26,43)	特開平8-311182(22)	特開平8-239461(22)
			特開平10-204158(26)		
		熱的性質（成形加工性）	特開平6-192567(34)	特許2744925(21,23)	特許2997756(21,23)
			特許2840670(21,23)	特開平9-216943(22)	特開平9-309948(29)
			特開平9-316181(36)	特開平11-236435(30)	特表2001-501652(27)
			特開2001-40079(30)		
		機能（生分解性）	特公平6-62839(21)	特公平7-64921(21)	特許2884123(32)
			特開平7-48438(23,41,46)	特開平7-238153(21)	特開平7-102061(34)
			特許2984374(37)	特表平9-509199(27)	特開平9-328536(30)
			特表平11-500468(27)	特表平10-508645(27)	特開平10-204157(30)
			特許3094080(21,23)	特開平11-130852(22)	特開平11-240941(30)
			特開2001-26642(22)	特開2001-98061(21)	
		機能（生分解促進）	特開平8-245786(21)	特許2923628(30)	特表平11-500761(27)
			特表平11-511767(27)	特表平11-500157(27)	特表2000-504355(27)
			特開平10-259247(21)	特開平11-209463(32)	特表2001-500907(27)
		機能（生分解制御）	特開2001-40074(22)		
		機能（発泡性）	特開平10-219087(30)		
		機能（バリアー性）	特開2000-53753(26)		
		機能（光学活性）	特許2717889(32)	特許2794353(32)	特許2826921(32)
			特許3047199(32)	特許3142658(32)	特開平7-53694(32)
			特開平6-329768(32)	特開平8-53540(32)	
		機能（耐アルカリ性）	特開平9-227660(28)	特開平10-1535(28)	
		機能（その他）	特開2000-44659(25)		
	中間体の製造	容易に製造	特公平7-5517(21,23)	特許2880063(37)	特開平8-34758(22)
			特開平8-40983(22)	特許2560259(21)	特開平7-194387(27)
			特開平9-316070(29)	特開平11-116666(36)	特開2000-119269(36)
			特開平11-255763(29)	特許3087963(21)	

表1 30社の技術開発課題対応保有特許リスト(3/5)

技術要素		課題	公報番号（出願人、概要）		
合成反応（つづき）	ポリマーの分解	容易に分解	特許2869838(21)	特開平7-132272(21)	特許2821986(31)
			特開平8-311504(31)	特開平9-37776(21)	特開平9-252791(21)
			特許2889953(21,23)	特開平10-108669(21)	特開平10-108670(21)
			特開平11-4680(21)	特開平11-46755(21)	特開平11-127850(21,25)
			特表2000-511567(34)	特開2000-103843(25)	特許3128577(21)
			特開2001-128667(21)	特開2001-128668(21)	特開2001-128669(21)
			特開2001-128670(21)	特開2001-128671(21)	
組成物・処理	樹脂ブレンド	機械的性質	特公平6-23260(21)	特開平6-116444(21)	特開平6-263892(21)
			特許2990277(21)		
		強度	特開平8-259788(49)	特許2740824(21,23)	特開平10-152602(39)
			特許2961135(21,23,49)		
		柔軟性	特開平9-20857(23,41)	特開平10-45889(29)	
		耐衝撃性	特開平10-67889(28)		
		熱的性質（熱安定性）	特開2000-265003(24)		
		熱的性質（成形加工性）	特公平5-77699(21)	特公平7-78167(21,49)	特許2631050(21,23,49)
			特許2530556(21)	特許2530557(21)	特開平8-59949(38)
			特開平9-188779(34)	特開平11-323115(41)	特開平11-315197(29)
			特開2000-319446(30)		
		機能（生分解性）	特公平7-100739(21,25)	特開平5-331315(23)	特開平7-3138(25)
			特許2649650(28)	特開平8-245836(28)	特開平10-140002(34)
			特表2000-515566		
		機能（生分解促進）	特許2785899(21)		
		機能（生分解制御）	特公平7-103299(21)		
		機能（発泡性）	特開平9-111025(46)	特開平11-60928(30)	特開平11-279311(40)
			特開2000-109592(28)		
		透明性	特開2000-80202(24)		
		制電性	特開平10-158484(48)		
		安全性	特開平9-25400(38)		
		その他	特開平5-339483(44)	特開平9-136982(38)	特開平9-291162(38)
			特表2000-515380(34)		
	複合化	剛性	特開平8-73721(49)		
		強度	特開平9-137046(34)	特開平9-327877(22)	特開平10-16165(22)
		柔軟性	特開平10-77395(39)		
		成形加工性	特開平8-3432(22)		
		生分解制御	特公平6-78475(21,49)		
		透明性	特開2000-319374(24)		
		発泡性	特開2000-141470(30)		
		その他	特開平10-316769(39)	特開2000-319532(33)	
	添加物配合	強度	特開平9-95606(48)	特開平9-157425(38)	特開平10-139990(29)
		柔軟性	特開平8-333507(48)		
		熱安定性	特許2714538(37)	特表平10-504583(42)	特開平11-269365(29)
		成形加工性	特公平7-68443(43)	特開平7-224215(25)	特開平7-268194(25)
			特許2987580(30)	特開2000-219777(24)	特開2001-19750(33)
		生分解促進	特開平9-176460(22)	特表平9-501450(42)	特開平11-335449(25)
			特開2000-219776(24)		
		生分解制御	特開平10-101919(39)		
		導電・制電性	特開2000-86802(23)	特開2000-230029(23)	
		発泡性	特開平11-56995	特開2000-17037(23)	特開2000-17038(23)
			特開2000-17039(23)	特開2000-178346(23)	特開2001-98044(23)
		その他	特開平10-306215(39)	特開平11-5893(25)	

表1 30社の技術開発課題対応保有特許リスト(4/5)

技術要素		課題	公報番号（出願人、概要）		
加工	成形	耐衝撃性	特開平10-72529(36)		
		成形加工性	特開平11-279271(40)		
		透明性	特許3057227(21)		
		生分解促進	特公平7-108941(21,25,49)	特開平11-335475(25)	
		バリアー性	特表平8-505415(42)		
	発泡	柔軟性	特開2001-164027(23)		
		成形加工性	特開2000-319438(46)		
		発泡性	特公平5-88896(21)	特公平7-17780(21)	特開平10-114833(36)
			特表2000-508698(34)	特開2001-98105(23)	
	延伸	強度	特許2990278(21)		
	積層	強度	特開2000-318100(21)		
		バリアー性	特開2000-52520(24)		
		生分解制御	特開平11-117164(24)		
	その他の加工	形状記憶	特許2972913(21)		
		微粒子製造	特開2000-166587(33)		
特定用途	農業用材料	農業用フィルム	特開平8-85144(25)	特許3211651(22)	特開平9-233956(22)
			特開平10-52178(28)	特開平10-215706(24)	特開平11-48436(35)
			特開平11-275986(40)		
		緩効性材料	特開平7-33576(26)	特開平7-133179(28)	特開平7-206564(28)
			特開平7-222531(28)	特開平7-315976(28)	特許2642874(21)
			特開平8-157290(26)	特開平9-194280(28)	特開平9-194281(28)
			特開平9-249478(28)	特開平9-309784(28)	特開平9-315904(28)
			特開平10-1386(28)	特開平10-25179(28)	特開平10-25180(28)
			特開平9-263476(26)	特開平11-12557(35)	特表2001-507326(27)
			特表2001-509123(27)	特表2001-503420(34)	特表2001-504873(34)
			特開2000-302585(26)	特開2001-89283(22)	
		コンポスト袋	特開平8-103963(25)	特開平11-279390(40)	特開2001-18983(25)
		植生ポット	特許3029352(44)	特開平10-42712(35)	特開平11-89445(24)
			特開平11-269753(24)		
		紐・ネット	特開平10-52870(35)	特許2945329(35)	特開平10-117514(28)
			特開平10-264961(35)	特開平11-275987(40)	
		農業その他	特開平9-132854(24)		
	包装用材料	フィルム・シート	特開平10-60136(36)	呉羽化学工業 バリヤー性、耐熱性、耐熱収縮性に優れ、しかも充分な機械的強度を有するポリグリコール酸配向フィルムおよびその製造方法	
			特公平7-10585(21)	特許3135154(25)	特開平8-3333(25)
			特開平7-324140(23)	特開平8-176331(38)	特開平8-230036(38)
			特開平8-300481(38)	特開平9-31228(25)	特開平9-95605(48)
			特開平9-194706(26)	特開平9-235456(48)	特開平9-235455(48)
			特開平9-151310(48)	特開平9-169896(48)	特開平10-176070(41)
			特開平9-291163(22)	特開平9-291164(22)	特開平9-291165(22)
			特開平10-60136(36)	特開平10-60137(36)	特開平10-80990(36)
			特開平11-209482(24)	特開平11-255871(40)	特開平11-279272(40)
			特開平11-320594(35)	特開2000-17066(25)	特開2000-37837(26)
			特開2000-26623(26)	特開2000-26624(26)	特開2000-26625(26)
			特開2000-26626(26)	特開2001-106805(26)	特開2001-96701(26)
			特開2001-114912(37)		
		容器	特開平6-278785(49)	特開平10-337772(36)	特開平10-138371(36)
			特開平11-279391(40)	特開2000-176879(36)	特開2000-226077(35)
		緩衝材	特開2001-98104(23)		
		包装その他	特開平10-59466(35)	特開平10-211959(35)	特開平11-278451(40)
			特開平11-279392(40)		
	土木建築用材料	緑化工法	特開2001-32285(35)		
		土建その他	特開平11-215925(35)	特開平11-323104(35)	
	水産関連材料	水産その他	特開平8-73779(30)	特開平8-188726(38)	特開平8-252068(28)

232

表1 30社の技術開発課題対応保有特許リスト(5/5)

技術要素		課題	公報番号（出願人、概要）		
特定用途（つづき）	生活関連材料	カード	特開平11-81186(24)		
		記録フィルム	特許3053291(44)	特開平9-302207(48)	
		衛生材料	特表平7-509741(27)	特開平10-219556(24)	特開平11-106629(32)
			特開2000-63244(27)		
		タバコフィルター	特許2839409(44)		
		生活その他	特開平9-30601(24)		
	繊維材料	単一繊維	特開平8-226016(38)	特開平8-302529(23)	特開平9-41220(23)
			特開平9-78339(24)	特開平9-291414(24)	特開平10-60099(32)
			WO96/25538(28)	特開平10-317228(24)	特開平11-241262(50)
		複合繊維	特開平8-188922(50)	特開平9-95823(23)	特開平9-111537(23)
			特開平9-41223(50)	特開平9-217232(50)	特開平10-60738(50)
			特開2000-265333(32)		
		不織布	特開平8-60513(24)	特開平8-134763(24)	特開平9-3757(24)
			特開平9-158021(50)	特開平10-46462(24)	特開平10-46463(24)
			特開平10-96156(24)	特開平10-121360(50)	特開平10-314520(50)
			特開平11-43857(24)	特開平11-50369(24)	特開平11-286864(24)
			特開平11-286829(40)	特開平11-279917(50)	特開平11-286860(50)
			特開2000-96416(24)	特開2001-20170(24)	特開2001-123371(24)
その他の材料		環境材料	特開平9-111036(48)	特開平9-201579(31)	特開平9-249474(31)
			特開2001-149914(26)		
		電気・電子関連	特許3115660(33)	特許2788856(31)	特開平8-187870(33)
			特開平9-39379(33)	特開平9-274335(22)	特開平9-281746(22)
			特開平11-39945(35)	特開平11-78062(33)	特開平11-180037(24)
			特開2000-272225(33)	特開2000-297205(33)	
		接着・粘着・塗料	特開平6-107765(26)	特開平8-333550(24)	特開平10-237401(35)
			特表2000-508699(34)	特表2000-508700(34)	特表2000-508701(34)
		その他	特開平8-198957(32)	特開平9-124779(32)	

表2 出願件数上位50社の連絡先(1/2)

No	出願人	出願件数	本社住所	TEL
1	三井化学	256	東京都千代田区霞が関 3-2-5	03-3592-4105
2	島津製作所	185	京都府京都市中京区西ノ京桑原町 1	075-823-1016
3	ユニチカ	143	大阪府大阪市中央区久太郎町 4-1-3	06-6281-5501
4	東洋紡績	104	大阪府大阪市北区堂島浜 2-2-8	06-6348-3091
5	カネボウ	87	東京都港区海岸 3-20-20	03-5446-3066
6	昭和高分子	86	東京都千代田区神田錦町 3-20	03-3293-0545
7	凸版印刷	77	東京都台東区台東 1-5-1	03-3835-5111
8	ダイセル化学工業	72	大阪府堺市鉄砲町 1	0722-27-3111
9	三菱樹脂	60	東京都千代田区丸の内 2-5-2	03-3283-4006
10	昭和電工	58	東京都港区芝大門 1-13-9	03-5470-3384
11	大日本インキ化学工業	56	東京都板橋区坂下 3-35-58	03-3966-2111
12	三菱瓦斯化学	49	東京都千代田区丸の内 2-5-2	03-3283-5081
13	東レ	38	東京都中央区日本橋室町 2-2-1	03-3245-5201
14	日本触媒	33	大阪府大阪市中央区高麗橋 4-1-1	06-6223-9140
15	大日本印刷	31	東京都新宿区市谷加賀町 1-1-1	03-5225-8370
16	クラレ	30	大阪府大阪市北区梅田 1-12-39	06-6348-2018
17	グンゼ	27	大阪府大阪市北区梅田 1-8-17	06-6348-1312
18	大倉工業	21	香川県丸亀市中津町 1515	0877-56-1111
19	ジェイエスピー	20	東京都千代田区内幸町 2-1-1	03-3503-6988
20	カネボウ合繊	13	大阪府大阪市北区梅田 1-2-2 大阪駅前第二ビル15階	

表2 出願件数上位50社の連絡先(2/2)

No	出願人	出願件数	本社住所	TEL
21	経済産業省 産業技術総合研究所長	82	東京都千代田区霞が関 1-3-1	03-5501-0900
22	三菱化学	48	東京都千代田区丸の内 2-5-2	03-3283-6274
23	地球環境産業技術研究機構	38	東京都千代田区神田美土代町 3	03-3295-1966
24	王子製紙	32	東京都中央区銀座 4-7-5	03-3563-1111
25	トクヤマ	30	東京都渋谷区渋谷 3-3-1 渋谷金王ビル	03-3499-8030
26	旭化成	26	大阪府大阪市北区堂島浜 1-2-6 新ダイビル	06-6347-3111
27	ベーアーエスエフ	25	ドイツ	
28	チッソ	22	大阪府大阪市北区中之島 3-6-32 ダイビル	06-6441-3251
29	神戸製鋼所	22	兵庫県神戸市中央区脇浜町 1-3-18	078-261-5111
30	西川ゴム工業	20	広島県広島市西区三篠町 2-2-8	082-237-9371
31	日本製鋼所	18	東京都千代田区有楽町 1-1-2	03-3501-6111
32	高砂香料工業	17	東京都大田区蒲田 5-37-1	03-5744-0520
33	キヤノン	16	東京都大田区下丸子 3-30-2	03-3758-2111
34	バイエル	15	東京都港区高輪 4-10-8	03-3280-9811
35	信越ポリマー	15	東京都中央区日本橋本町 4-3-5	03-3279-1712
36	呉羽化学工業	13	東京都中央区日本橋堀留町 1-9-11	03-3249-4666
37	イーアイデュポン	12	米国	
38	三菱レイヨン	12	東京都港区港南 1-6-41	03-5495-3107
39	積水化学工業	12	大阪府大阪市北区西天満 2-4-4	06-6365-4122
40	日本原子力研究所	12	東京都千代田区内幸町 2-2-2	03-3592-2111
41	理化学研究所	12	埼玉県和光市広沢 2-1	048-462-1111
42	モンサント	11	米国	
43	土肥義治	11	神奈川県横浜市緑区長津田町 4259 東京工業大学	045-922-1111
44	日本化薬	11	東京都千代田区富士見 1-11-2	03-3237-5044
45	住友金属工業	10	大阪府大阪市中央区北浜 4-5-33	06-6220-5111
46	鐘淵化学工業	10	大阪府大阪市北区中之島 3-2-4	06-6226-5050
47	食品産業環境保全技術研究組合	10	東京都中央区日本橋小伝馬町 17-17 峰沢ビル 4F	03-3663-7770
48	信越化学工業	10	東京都千代田区大手町 2-6-1	03-3246-5011
49	中央化学	10	埼玉県鴻巣市宮地 3-5-1	048-542-2511
50	日本バイリーン	10	東京都千代田区外神田 2-14-5	03-3258-3333

資料7．開放可能な特許一覧

　生分解性ポリエステル技術に関連する開放可能な特許（ライセンス提供の用意のある特許）を、特許流通データベース(独立行政法人工業所有権総合情報館のホームページ参照)、PATOLIS（(株)パトリスのデータベース）による検索結果および出願件数上位の出願人を対象としたアンケート調査結果（前述の資料5参照）に基づき、以下に示す。

表1　データベースによる開放可能な特許リスト

出所	特許番号	発明の名称	出願人	技術 合成反応	技術 組成物・処理	技術 加工	用途 農業	用途 包装	用途 水産関連材料	用途 生活関連材料	用途 繊維関連材料
T	特公平6-23302	生分解性プラスチック組成物	経済産業省産業技術総合研究所長		○						
T	特公平5-77699	分解性プラスチック組成物	経済産業省産業技術総合研究所長		○						
T	特公平8-4428	園芸用器材	島津製作所				○				
T	特許2513091	生分解性複合材料およびその製造法	島津製作所					○			
T	特許2988053	養殖真珠用核	島津製作所						○		
T	特許2631050	糊化澱粉を含む生分解性プラスチック成形品及びその製造方法	経済産業省産業技術総合研究所長, 地球環境産業技術研究機構, 日澱化学, 中央化学		○		○			○	
T	特公平7-5517	C4-ジカルボン酸ジ低級アルキルエステルの製造方法	経済産業省産業技術総合研究所長, 地球環境産業技術研究機構, ダイセル化学工業, 凸版印刷	○							
T	特許2684150	高分子量脂肪族ポリエステルの製造方法	経済産業省産業技術総合研究所長, 地球環境産業技術研究機構, ダイセル化学工業, 凸版印刷	○							
T	特許2678209	遺伝子組換え藍藻によるポリ-β-ヒドロキシ酪酸の生産	経済産業省産業技術総合研究所長, 地球環境産業技術研究機構, 積水化学工業	○							
T	特許2740824	エステル化澱粉を含む高分子組成物	経済産業省産業技術総合研究所長, 地球環境産業技術研究機構, 日澱化学		○						
T	特許2840670	高分子量脂肪族ポリエステル重合体の製造方法及び高分子量脂肪族ポリエステル重合体	経済産業省産業技術総合研究所長, 地球環境産業技術研究機構, 凸版印刷, ダイセル化学工業	○							
T,P	特許2730671	ポリ-β-ヒドロキシ酪酸を生産するシアノバクテリア	経済産業省産業技術総合研究所長	○							
T	特許2961135	生分解性プラスチック組成物及びその製造方法	経済産業省産業技術総合研究所長, 地球環境産業技術研究機構, 中央化学		○			○			
T	特開平11-4680	ポリ乳酸樹脂を分解するバクテリアおよびポリ乳酸樹脂の微生物分解方	経済産業省産業技術総合研究所長, 島津製作所	○							
P	特許2979223	分解性ルアー	片山電機(有)						○		
T	特許2972913	生分解性形状記憶高分子成形体の形状記憶方法と形状復元方法	経済産業省産業技術総合研究所長, 中山和郎		○			○			○
T,P	特許2990277	脂肪族ポリエステルシートの延伸加工方法	経済産業省産業技術総合研究所長		○	○		○			
T,P	特許2990278	脂肪族ポリエステルシートの延伸加工方法	経済産業省産業技術総合研究所長		○	○		○			
T	特許3000149	生分解性高分子量脂肪族ポリエステル及びその製造方法	経済産業省産業技術総合研究所長	○							
P	特許3118570	脂肪族ポリエステル共重合体の製造方法	経済産業省産業技術総合研究所長	○							
T,P	特許3066500	生分解性高分子脂肪族ポリエステル及びその製造方法	経済産業省産業技術総合研究所長	○							

注）T:特許流通データベース、P:PATOLIS

表2 アンケート調査結果による開放可能な特許リスト

特許番号	発明の名称	出願人
特許 2583813	分解性組成物	グンゼ
特開平 8-228640	養殖用網	グンゼ
特開平 9-132701	微生物分解性延伸フイルム	グンゼ
特開平 10-165022	海苔網用素材	グンゼ

特許流通支援チャート 化学 5
生分解性ポリエステル

2002年（平成14年）6月29日　初 版 発 行

編 集　　独立行政法人
©2002　　工業所有権総合情報館
発 行　　社団法人　発 明 協 会

発行所　　社団法人　発 明 協 会

〒105-0001　東京都港区虎ノ門 2 - 9 - 14
　　電　話　　03（3502）5433（編集）
　　電　話　　03（3502）5491（販売）
　　F a x　　03（5512）7567（販売）

ISBN4-8271-0676-2 C3033　印刷：株式会社　丸井工文社
Printed in Japan

乱丁・落丁本はお取替えいたします。

本書の全部または一部の無断複写複製
を禁じます（著作権法上の例外を除く）。

発明協会HP：http：//www.jiii.or.jp/

平成13年度「特許流通支援チャート」作成一覧

電気	技術テーマ名
1	非接触型ICカード
2	圧力センサ
3	個人照合
4	ビルドアップ多層プリント配線板
5	携帯電話表示技術
6	アクティブマトリクス液晶駆動技術
7	プログラム制御技術
8	半導体レーザの活性層
9	無線LAN

機械	技術テーマ名
1	車いす
2	金属射出成形技術
3	微細レーザ加工
4	ヒートパイプ

化学	技術テーマ名
1	プラスチックリサイクル
2	バイオセンサ
3	セラミックスの接合
4	有機EL素子
5	生分解性ポリエステル
6	有機導電性ポリマー
7	リチウムポリマー電池

一般	技術テーマ名
1	カーテンウォール
2	気体膜分離装置
3	半導体洗浄と環境適応技術
4	焼却炉排ガス処理技術
5	はんだ付け鉛フリー技術